Georg Schelling

Festung Vorarlberg

Festung Vorarlberg

Ein Bericht über das Kriegsgeschehen 1945 in Vorarlberg
von Georg Schelling

Ergänzt und mit Registern versehen
von Meinrad Pichler

Zusammenstellung des Bild- und Dokumentationsmaterials:
Emmerich Gmeiner

teutsch

Umschlagbild: Französische Panzer vor der Landesregierung
in der Bregenzer Bahnhofstraße

3. Auflage

Druck und Verlag: J. N. Teutsch, Bregenz

ISBN 3-900252-00-9

Inhalt

Vorwort zur dritten Auflage

Wenn ein „historischer Bericht", der vor nahezu 40 Jahren erstmals veröffentlicht wurde, in die 3. Auflage geht, dokumentiert das, daß er zum Standardwerk geworden ist. Auch die zahlreichen publizistischen Ausführungen anläßlich der 40jährigen Wiederkehr der Befreiung Vorarlbergs vom Hitlerfaschismus haben nachdrücklich bewiesen, daß das Buch Schellings die wichtigste — für viele die einzige — Quelle zu diesen Ereignissen dargestellt hat. Dies mit gutem Recht, da es bis auf den heutigen Tag in den wesentlichen Teilen auch von neueren Forschungen nicht oder nur kaum zu korrigieren war.

Dies alles scheint eine Neuauflage nicht nur zu rechtfertigen, sondern nahezulegen. Mit dieser neuen Edition soll zugleich ein Versäumnis, das anläßlich der 2. Auflage von der Kritik nicht unberechtigt moniert worden war, behoben werden, nämlich Schellings Bericht einer aktuellen Bearbeitung zu unterziehen. Bearbeitung bedeutet in diesem Falle aber keinen Eingriff in den Text, der ja seinen Wert unter anderem aus seinem dokumentarischen Charakter bezieht. Das schließt mit ein, daß auf zeitgemäße Fragestellungen verzichtet werden muß, wie sehr auch dieses, fast ausschließlich aus militärischem Blickwinkel gesehene Ende des Nazi-Regimes viele Bereiche ausklammert, die heute von mindestens ebenso großem Interesse wären. Aber eben auch darin ist Schellings Arbeit ein Dokument der unmittelbaren Nachkriegszeit, in der stets vom „Krieg" die Rede war, wenn man den Nationalsozialismus meinte. Die Folgen des Krieges waren für jedermann unmittelbar zu spüren, was der Nationalsozialismus an Millionen von Menschen verbrochen hatte, wurde vielen — wenn überhaupt — erst im nachhinein im ganzen Ausmaß bewußt.

Bei Schelling scheint dieses Bewußtsein allerdings bisweilen heftig durch, sieht er, im Gegensatz zu zahlreichen seiner Zeitgenossen, stets die Befreier und nicht die Feinde. Dies ist nicht verwunderlich, wenn man weiß, daß er am eigenen Leibe die ganze Unmenschlichkeit dieses Regimes erfahren hatte: Monsignore Georg Schelling wurde im März 1938 als ehemaliger Schriftleiter des christlich-sozialen „Vorarlberger Volksblattes" ins Konzentrationslager Dachau deportiert und dort bis zum März 1945 gefangen gehalten. Wer sieben Jahre Dachau überlebt hatte, der wußte beim Thema Nationalsozialismus, wovon er sprach.

Schellings Text wurde also in der vorliegenden Ausgabe in keiner Stelle verändert, hier und dort aber ergänzt. Durch einige Publikationen der letzten Jahre konnte in einzelnen Punkten mehr Klarheit geschaffen werden, und dieser Tatsache wurde mit Anmerkungen (*) Rechnung getragen. Zugleich wurde der Text durch ein Orts- und Personenregister zugänglicher gemacht und um eine Auflistung thematisch nahestehender Literatur erweitert.

Darüberhinaus wurde auch der Bildteil ergänzt und aktualisiert, da sich auch nach so langer Zeit da und dort neue Quellen eröffnen.

Damit scheint uns Schellings „Bericht“ auf einen neuen Stand gebracht, ohne in der dokumentarischen Substanz verändert zu sein. Natürlich ist dem Bearbeiter bewußt, daß die eine oder andere Stelle noch hätte kommentiert werden können; leitende Absicht war aber, die „Festung Vorarlberg“ mit einigen Zusatzinformationen, die dem Autor noch nicht zugänglich waren, und mit einem praktischen Benützerteil zu versehen.

Bregenz 1987

Meinrad Pichler

Vorwort

Dieser vorliegenden Schrift liegt eine Artikelserie zugrunde, die unter dem Titel „Die letzten Kriegstage in Vorarlberg. Ein Tatsachenbericht." Von Mitte November bis zum Jahresende 1945 im „Vorarlberger Volksblatt" erschienen ist. Der Bericht wurde damals, wie Zuschriften aus allen Landesteilen besagten, mit größter Aufmerksamkeit gelesen.

Gegenüber der Erstveröffentlichung stellt diese Auflage in Buchform eine wesentliche Erweiterung dar. Nur der Abschnitt Bregenz, der im „Vorarlberger Volksblatt" gründlicher behandelt worden war als die anderen Kapitel, ist mehr oder weniger belassen worden, da inzwischen nicht mehr wesentlich Neues zutage gefördert wurde.

Die Veröffentlichung im „Volksblatt" war sozusagen ein erster Aufruf zur Mitarbeit an dieser Kriegschronik. Ich möchte hier allen jenen meinen Dank aussprechen, die durch gewissenhafte Berichterstattung einen guten Beitrag geliefert haben. Ich darf es den Lesern verraten: es waren so viele, daß eine Seite nicht reichen würde, wollte ich alle mit dem Namen aufzählen.

Grundsätzliche Bemerkungen

1. Bei der Erstveröffentlichung haben sich einige Leser daran gestoßen, daß in meiner Darstellung der Vorverhandlungen über Bregenz ehemals führende Nationalsozialisten „über Gebühr" gut herausgestrichen worden seien. Auch bezüglich Feldkirch haben sich schon unverbindlich ähnliche Vorwürfe angemeldet. Solche Kritiken veranlaßten mich, gerade jene Partien eingehend zu prüfen, wo ein heimatrettendes Bemühen eines Nationalsozialisten zur Sprache stand, und dort hartnäckig nach anderen Quellen zu forschen, wo bei einem Eigenbericht eines ehemaligen Parteigenossen der Verdacht begründet erschien, daß der Berichterstatter im Anblick der politischen Umwälzung ein Gesinnungsalibi glaubhaft machen möchte. Es ist nicht meine Absicht, jemand wegen seiner politischen Vergangenheit an den Pranger zu bringen, ich habe aber auch keinen Anlaß, für einen Nationalsozialisten den Anwalt zu machen. Mein Ziel ist nur, die objektive Wahrheit zu finden und festzuhalten.

2. Ein Wort muß auch gesagt werden zum Begriff „Widerstandsbewegung". Es liegt nicht im Zwecke dieses Buches, eine Darstellung der Widerstandsbewegung von Vorarlberg zu sein. Es liegt aber in der Natur des gegebenen Stoffes, daß die Tätigkeit der Widerstandsbewegung einen weiten Raum in diesem Buch einnimmt.

Die allermeisten Leute in unserem Lande, die gegen die nationalsozialistische Kriegführung Widerstand leisteten, kannten das Wort „Widerstandsbewegung" gar nicht, ein Beweis dafür, daß die Sache gesund aus dem Volke selber herausgewachsen ist. Dieser Verdienst bleibt unserem Volke. Später wurden dann all diese Selbsthilfebestrebungen als „Widerstandsbewegung" bezeichnet. Wenn dann manche politisch zweifelhafte Elemente darauf kamen, daß man mit dem Mantel der Widerstandsbewegung eine nicht ganz saubere Vergangenheit zudecken könnte, und wenn auf diese Weise Begriff und Name der Widerstandsbewegung entwertet wurden, so ist damit nicht auch das Verdienst jener entwertet, die tatsächlich für die Freiheit des Landes ihr Leben riskierten oder dafür eingesetzt haben, daß Hab und Gut der Mitbürger nicht durch den Krieg zerstört würden, ob nun das Bestreben von Erfolg gekrönt war oder ob es beim guten Willen bleiben mußte.

Manchmal wird auch nicht alles gut geheißen, was die Widerstandsbewegung im Einzelfall getan hat. Man hatte die Sache in der Eile falsch angepackt, vielleicht auch wenig überlegt, oder hatte gar keine Kenntnis von der tatsächlichen Gesinnung des Militärs. Nun: nachher ist gut reden, und die so reden, haben bestimmt keine Hand gerührt. Wir müssen aber auch dann wenigstens die gute Absicht der Freiheitskämpfer respektieren, wenn auch nur ein Mißerfolg vorliegt.

3. Etwas leichtfertige Urteile kann man manchmal auch über einen Teil des Militärs hören. Es ist das geschichtliche Verdienst des Alliierten Gerichtshofes von Nürnberg, daß er sein Urteil nach dem Maßstabe des von Gott der Menschheit gegebenen Naturrechtes fällte, das nicht erst in Paragraphen gefaßt und niedergeschrieben werden muß und das bei allen Völkern und zu allen Zeiten Gültigkeit hat. Von den vier Punkten, auf die jeder der Angeklagten des Nürnberger Kriegsverbrecherprozesses untersucht wurde, lautete einer: „Vorbereitung zum Angriffskrieg". Wir Österreicher waren das erste Opfer dieses Angriffskrieges. Deutschland hätte es nicht notwendig gehabt, einen Krieg ins Rollen zu bringen; es war stark und wäre umworben gewesen, wenn es eine besonnene Führung gehabt hätte. Gerade im Falle Österreich handelte es sich bestimmt nicht um das Begleichen einer Rechnung für ein durch den Versailler Vertrag erlittenes Unrecht. Ein Angriffskrieg ist unmoralisch. Man darf nun aber nicht jedem einzelnen Soldaten ein Urteil darüber zumuten, ob unter den gegebenen Umständen der Fahneneid verpflichtend war. Im stillen wird sich mancher seine Gedanken gemacht haben, laut durfte er aber nicht darüber reden, noch weniger durfte er danach handeln, denn das Kriegsrecht fragte nicht nach Vernunft und Naturrecht. Ja selbst noch im April 1945, als jedermann es ganz deutlich sah, daß ein weiteres Kriegführen ein Unsinn sei, standen — nun ganz abgesehen von den Folgerungen, die sich aus der Tatsache des Angriffskrieges ergaben — viele Offiziere und Soldaten vor Gewissenskonflikten. Das Rückgrat des deutschen Heeres preußischer Fassung war das Prinzip des vorbehaltlosen Gehorsams. Daß aber dort, wo die Unvernunft zu befehlen beginnt, der Gehorsam aufhört, wer sagte das den Soldaten? Und schließlich, wenn eine Widerstands- oder Sabotageaktion aufflog, ging das Recht des Stärkeren unbarmherzig über diejenigen weg, die sich gegen die Massenversklavung sträubten und zur Wehr setzten. Man denke nur an die grausamen Bestimmungen der „Sippenhaftung", die dem Soldaten jede Aktion unmöglich machte, da er damit seine Familie und seine Verwandten der Verfolgung durch die Gestapo aus-

setzte. Alles in allem: eine Menge Schwierigkeiten, die heute im nachhinein theoretisch leichter zu lösen sind, damals aber praktisch den Soldaten vor schwierige Situationen stellten.

Da das Militär in der Woche des Zusammenbruches eben noch Waffen und Uniform trug und das Gesicht wahren mußte, sah manchenorts die Widerstandsbewegung in jedem Uniformträger einen Feind der Heimat, der bereit ist, Vorarlberg gegen die nachrückenden Alliierten zu verteidigen. In Wirklichkeit dachte ein Großteil der Soldaten und Offiziere genau wie die Widerstandsbewegung und war daher leicht verbittert, wenn diese ihnen trotzdem, zum Beispiel durch Entwaffnungsversuche, ein Mißtrauen zu erkennen gab. Es war darum ein Bestreben, möglichst von beiden Seiten Berichte zu bekommen, damit die Tatsachen nicht einseitig dargestellt, sondern eben nach allen Seiten beleuchtet werden. Einigen Kapiteln sieht man es an, daß die Gegenseite mangels verläßlicher Quellen nicht befragt werden konnte.

4. Man kann darüber streiten, ob in einer solchen Chronik, die nun einmal den beschriebenen Ereignissen zeitlich doch noch sehr nahe steht, Namen genannt werden sollen. Im allgemeinen muß jedoch gesagt werden, daß die Glaubwürdigkeit der Darstellung eben durch Namensnennung am besten unterbaut wird. Dabei muß es in Kauf genommen werden, wenn dieser oder jener Name aus anderen, außerhalb dieser Chronik liegenden Gründen besser nicht genannt wäre.

Altach (Vorarlberg), 1. Mai 1947.

Der Verfasser

Vorarlberg sollte Schutzinsel werden

Als nach der Invasion der Alliierten an der französischen Küste das Deutsche Reich von Westen und von Osten her immer mehr zusammengedrückt und infolge der Bombardierungen und des Vorrückens der Front der Lebensraum des deutschen Volkes stetig enger und enger wurde, befaßte sich das Komitee vom Internationalen Roten Kreuz in Genf schon im Herbst 1944 mit dem Plan, in Deutschland Schutzzonen zu errichten, in denen die Kriegsopfer, gebrechliche Leute, Frauen und Kinder vor Luftangriffen verschont bleiben könnten.

Der schweizerische Konsul in Bregenz verfolgte diesen Gedanken mit größter Aufmerksamkeit. Es kam ihm zu Ohren, daß von deutscher Seite Bad Nauheim und Umgebung für ein solches Schutzgebiet vorgeschlagen wurde. Dieses Projekt konnte jedoch das Internationale Rote Kreuz nicht befriedigen, weil bei der geographischen Lage dieser Stadt — in Oberhessen, also im Innern des Reiches — das ungestörte Funktionieren einer direkten Verbindung zwischen Genf und dem Schutzgebiet kaum garantiert sein konnte.

Ing. Carl Bitz, Schweizer Konsul in Bregenz

Daraufhin fuhr Konsul Bitz nach Genf und unterbreitete dem Präsidenten des Internationalen Roten Kreuzes, Prof. C. Burckhardt, den er seit vielen Jahren persönlich kannte, den Vorschlag, das Land Vorarlberg mit einem Streifen bis Langenargen, und zwar in einer Tiefe von 30 Kilometer von der Schweizer Grenze aus gemessen, als Schutzzone erklären zu lassen. Für diesen Vorschlag machte Konsul Bitz folgende Gründe geltend:

1. Das vorgenannte Gebiet ist vom neutralen Boden der Schweiz aus direkt erreichbar.

2. Es bietet infolge seines fast subalpinen Klimas mit seinen Wäldern und Bergen und mit dem See beste Voraussetzungen für Kranke und Erholungsbedürftige.

3. Das Schutzgebiet ist durch seine natürlichen Grenzen für Flieger leicht erkennbar.

4. Die vielen Hotels, Gasthöfe, Klöster, Institute usw. bieten zweckentsprechende Unterkünfte für Schutzbedürftige in reichem Ausmaß.

5. Verkehrstechnisch weist das Gebiet sichere Zu- und Abtransportmöglichkeiten auf und es ist von allen Kriegsschauplätzen am weitesten entfernt.

Dadurch wären die Hauptbedingungen des Internationalen Roten Kreuzes erfüllt gewesen und das Land Vorarlberg wäre von Kriegshandlungen verschont geblieben*). Beim Internationalen Roten Kreuz fand der gemachte Vorschlag allerbeste Aufnahme und wurde auf kürzestem Wege den kriegführenden Mächten unterbreitet. Wie später in Erfahrung gebracht wurde, stimmte das alliierte Lager dem Vorschlag zu, während von deutscher Seite eine abschlägige Antwort erteilt wurde. Wie die Entwicklung bald zeigte, lag der Grund der Absage in der Absicht der Reichsregierung, immer mehr Rüstungsindustrien nach Süden, also auch an den Bodensee und nach Vorarlberg, zu verlegen.

In Genf bedauerte man das Fehlschlagen der Bemühungen sehr, gab aber Konsul Bitz die Zusicherung, daß das Internationale Rote Kreuz das Projekt weiter im Auge behalten wolle.

Als zu Beginn des Jahres 1945 überall im Reich Transportschwierigkeiten sich bemerkbar machten und es daher leicht vorauszusehen war, daß die Rüstungsindustrie des Landes bald lahmgelegt sein werde, glaubte Konsul Bitz, daß vielleicht jetzt die deutsche Militärverwaltung das seinerzeit vorgeschlagene Schutzgebiet freigeben werde. Das Reich wäre angeblich in diesem Zeitpunkt zu gewinnen gewesen, jedoch war der Krieg schon in das Endstadium getreten und die Alliierten verfolgten nur noch das eine Ziel, mit Deutschland rasch Schluß zu machen.

\) Ähnliche Vorschläge hatten eine ganze Reihe von süddeutschen Städten — besonders Konstanz und Ravensburg — gemacht, um im letzten Moment in den Status von „offenen", dem Roten Kreuz unterstellten Städten zu kommen. Das hätte militärische Schonung bedeutet (Moser 1985, 115).

Festungsabschnitt Vorarlberg

Im Verteidigungsplan des Reiches war der Gau Tirol-Vorarlberg der Heeresgruppe C unterstellt, die die oberitalienische Front und die Alpen umfaßt und in Bozen das Hauptquartier hatte. Diese Heeresgruppe wurde früher einmal von Generalfeldmarschall Kesselring, später von Generaloberst Vietinghoff befehligt.

Kommandant für den „Festungsabschnitt Vorarlberg" und für den „Festungsabschnitt Nordtirol" war der General der Gebirgstruppen Valentin Feurstein (aus Bregenz) mit dem Sitz in Innsbruck. Das Abschnittskommando Vorarlberg war anfangs April errichtet worden. Dem General Feurstein war als Kommandant für die Festung Vorarlberg Obstlt. Knoblauch, bis dahin Kommandeur der Garnison Bludenz, unterstellt, der vorläufig in Bludenz blieb. Die Ereignisse des 22. April veranlaßten ihn jedoch, seinen Sitz nach Bregenz zu verlegen. Sitz der Kommandantur war dann die Kronhalde.

Welche Truppen standen nun in Vorarlberg dem Festungskommandanten zur Verfügung?

1. Die Heimatgarnisonen. — Die Truppen der Heimatgarnisonen von Salzburg, Tirol und Vorarlberg bildeten das XVIII. Armeekorps der deutschen Wehrmacht. Es hatte seinen Sitz in Salzburg. Ein Armeekorps umfaßte gewöhnlich drei Divisionen. Im Kriege stand das Generalkommando dieses Korps im Felde und aus den Heimatgarnisonen wurde immer wieder der Soldatennachschub geholt. Die nun leitende Stelle in Salzburg hieß seitdem das Stellvertretende Generalkommando. Zum Bereiche des XVIII. Armeekorps gehörte auch Vorarlberg, das zwei Garnisonen hatte. Ein Bataillon, die „Kraftfahr-Ersatzabteilung 18" (kurz KF 18 genannt), lag in Bregenz und die „Gebirgs-Nachrichten-Ersatz- und Ausbildungsabteilung 18" (kurz „Nachrichtenabteilung 18" oder „GN 18" genannt), auch in der Stärke eines Baons, war in Bludenz. Kommandeur der Garnison Bregenz war Major Tress. Die Garnison Bludenz leitete Obstlt. Knoblauch und, weil er seit Anfang April das Festungskommando führte, in seiner Vertretung Major Hübner, dem in Bälde Major Scherribel folgte, weil Hübner an die Ostfront abkommandiert wurde. Major Tress wurde von Obstlt. Knoblauch zum Kommandanten des Nordabschnittes bestimmt (Kreis Bregenz mit Dornbirn und Hohenems). Seinen Kommandostand hatte er in Kennelbach-Herzenmoos. Als ziviler Berater wurde ihm der Landrat in Bregenz, Didlaukies (ein Ostpreuße), beigegeben. — Verwaltungsmäßig unterstanden die beiden Vorarlberger Garnisonen dem Stellvertretenden Generalkommando in Salzburg, hingegen einsatzmäßig dem Festungskommandanten, der seinerseits dem Heeresgruppenkommando unterstand. Dies war, wie wir noch sehen werden, Ursache von Kompetenzunklarheiten.

2. Mit dem Näherrücken der Front wurde der militärische Einsatz in Vorarlberg verstärkt durch zwei Kompanien des Gebirgsjäger-Ersatzbaons 137, Landeck. Diese beiden Kompanien wurden in der Nacht vom 15. auf 16. April nach Götzis und Hohenems verlegt. Auch bei diesen Soldaten handelte es sich

um Rekruten, die eben eingezogen waren, um Siebzehn- und Achtzehnjährige, deren Ausbildner zum größeren Teil Schwerkriegsverletzte waren. Ob auch in andere Orte des Landes von außen Truppen gebracht wurden, die dem Festungskommando unterstanden, ist dem Verfasser nicht bekannt geworden.

3. Außer den beiden Vorarlberger Garnisonen und den beiden Landecker Kompanien konnte Obstlt. Knoblauch noch die Wehrmachtsverbände zur Verteidigung Vorarlbergs einspannen, die sich vom Feinde abgesetzt hatten und durch Vorarlberg sich zurückzogen. Zu diesem Zwecke waren überall im Lande Auffangstäbe am Werk, die sich aber bei der Masse der zurückweichenden Truppen und ihrer Kriegsmüdigkeit nicht mehr durchsetzten.

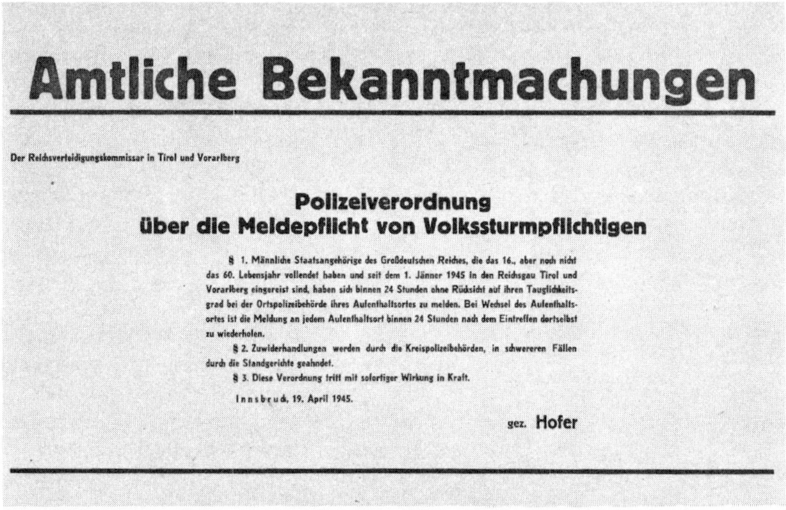

Amtliche Bekanntmachungen

Der Reichsverteidigungskommissar in Tirol und Vorarlberg

Polizeiverordnung
über die Meldepflicht von Volkssturmpflichtigen

§ 1. Männliche Staatsangehörige des Großdeutschen Reiches, die das 16., aber noch nicht das 60. Lebensjahr vollendet haben und seit dem 1. Jänner 1945 in den Reichsgau Tirol und Vorarlberg eingereist sind, haben sich binnen 24 Stunden ohne Rücksicht auf ihren Tauglichkeitsgrad bei der Ortspolizeibehörde ihres Aufenthaltsortes zu melden. Bei Wechsel des Aufenthaltsortes ist die Meldung an jedem Aufenthaltsort binnen 24 Stunden nach dem Eintreffen dortselbst zu wiederholen.

§ 2. Zuwiderhandlungen werden durch die Kreispolizeibehörden, in schwereren Fällen durch die Standgerichte geahndet.

§ 3. Diese Verordnung tritt mit sofortiger Wirkung in Kraft.

Innsbruck, 19. April 1945.

gez. Hofer

Polizeiverordnung des Reichsverteidigungskommissars in Tirol und Vorarlberg über die Meldepflicht von Volkssturmpflichtigen

4. Ferner wies der Gauleiter dem Festungskommandanten den Volkssturm (Standschützen) zu, der nur innerhalb des Gaues eingesetzt werden durfte. — Auf die Einsatzbereitschaft der Standschützen hielt Hofer große Stücke und kam sich da wohl vor als ein „Andreas II". Er bildete sich ein, die Begeisterung der Standschützen heben zu können, wenn er für sie erwirkte, daß sie wie im ersten Weltkrieg nur zur Verteidigung von Tirol und Vorarlberg herangezogen werden durften. In den vier Südtiroler Kasernen Gossensaß, Mals, Meran und Schlanders waren sogenannte „Standschützen-Ausbildungslehrgänge" eingerichtet worden, wo jeweils 2000 Mann in vierwöchigen Kursen unter Anleitung von Frontoffizieren eine militärische Grundausbildung erhielten. Kurse für Standschützenführer waren in Zürs.

Wehranlagen und Wehrmaßnahmen in unserem Lande

Normalerweise oblag in diesem Kriege die technische Durchführung der Bauarbeiten in den Kriegsgebieten der Organisation Todt (OT), die streng zentral von Berlin aus geleitet wurde. Dem jeweiligen Befehlsbereich einer OT-Einsatzgruppe. Je nach Bedarf waren solche OT-Einsatzgruppen in mehrere OT-Oberbauleitungen (OBL) unterteilt. Die Mitteilungen über die OT verdanke ich Herrn Baurat Ing. Dauner (Konstanz).

Im Bereich der Heeresgruppe C schmolz im Sommer 1944 infolge der Rückzugsbewegung der deutschen Südfront das Arbeitsgebiet zusammen. Es wurde daher die OT-Einsatzgruppe Italien mit der OT-Einsatzgruppe Alpen, die bis jetzt die Gaue Tirol-Vorarlberg, Salzburg, Steiermark und Kärnten umfaßt hatte, vereinigt. Die neue Einsatzgruppe führte den Namen „OT-Einsatzgruppe VIII Alpen und Italien" und hatte neben all den anderen Aufgaben die Stellungsbauten in Italien und in den genannten Alpenländern auszuführen.

Was die Landesverteidigung anbelangt, waren die Alpenländer in mehrere Operationszonen eingeteilt. Die Operationszone Alpenvorland erstreckte sich über die Provinzen Bozen, Trient und Belluno. Oberster Kommissar dieser Operationszone war Gauleiter Hofer. Für das östlich angrenzende Gebiet (Operationszone Adriatisches Küstenland) war Gauleiter Rainer (Kärnten) Oberster Kommissar. Wie groß der Arbeitsumfang eines solchen Kommissariates war, ist schon daraus ersichtlich, daß die Stellungsbauten den „Arbeitsbereich XX" bildeten. Sitz der Operationszone Alpenvorland war Bozen.

Gauleiter Hofer erhielt einen Führerbefehl, wonach ihm wie in anderen Reichsgebieten den Gauleitern der Ausbau von Grenzbefestigungen verantwortlich übertragen wurde. Sofort nach Errichtung des Kommissariates und Neueinteilung der OT-Einsatzbereiche schritt Hofer zum Stellungsbau Alpenvorland.

Die Voralpenstellung entspricht im allgemeinen jener des ersten Weltkrieges. Hofer unterteilte den Südtiroler Stellungsbau zunächst in sechs Bauabschnitte, denen jeweils ein Kreisleiter aus Tirol oder Vorarlberg als verantwortlicher Leiter zugeteilt war. (Ein bezeichnender Ausdruck dafür, daß der Krieg nicht mehr vom Militär, sondern von der Partei getragen wurde!) So führte z. B. Kreisleiter Mahnert (Bregenz/Dornbirn) zeitweilig den Bauabschnitt Rovereto, Kreisleiter Richter den Bauabschnitt Roncegno. Solhardt war Stellvertreter Mahnerts.

Bei der Eröffnungsbesprechung in Bozen im August 1944 machte Hofer vor den versammelten militärischen und OT-Stäben sowie Bauunternehmern die Äußerung: „Der Kreisleiter jedes Bauabschnittes ist der Alleinverantwortliche für die Durchführung der geplanten Bauarbeiten. Ihm sind alle anderen am Bau beteiligten Dienststellen und Organe unterstellt. Der Kreisleiter hat sämtliche mir vom Führer übertragene Vollmachten. Fangen Sie mit ihm keinen Krieg an; Sie werden ihn immer verlieren." Er soll noch (nach Dauner) hinzugefügt haben: „... auch, wenn Sie im Recht sind!"

Die Beschaffung der Arbeitskräfte sowie ihre Unterbringung und Verpflegung war Sache des Kreisleiters.

Im Dezember 1944 kam zu den sechs Bauabschnitten der Alpenvorlandstellung als Abschnitt VII der Bau der Reschenbahn dazu, und als sich nach Neujahr 1945 der baldige und endgültige militärische Zusammenbruch des Deutschen Reiches ankündigte und es vorauszusehen war, daß die Alpenländer noch am längsten gehalten werden können, sah sich Hofer vor die Aufgabe gestellt, auch gegen Westen und Norden seinen Gau zu sichern. So wurde die Alpenvorlandstellung um den „Bauabschnitt VIII Vorarlberg" erweitert. An seine Spitze wurde von Gauleiter Hofer Kreisleiter Richter von Bludenz berufen, der von Roncegno abgezogen und dort durch den Kreisleiter von Kitzbühel ersetzt wurde. Richter war offenbar der geeignete Mann für die neuerrichtete Stelle, denn er hatte sich für seinen Einsatz in Südtirol das Deutsche Kreuz in Silber geholt! Gleich wie die meisten Parteistrategen, die sich in unserem Lande wichtig machten, war Richter ein Landfremder. Er war heimatberechtigt in Friedrichshafen und stammte aus dem Kreis Altburg in Thüringen. In der Ordensburg Sonthofen war er weltanschaulich ausgebildet worden. — Sitz des neuerrichteten Bauabschnittes war Feldkirch. Die Ausführung der Bauaufträge oblag der OT-Oberbauleitung XIX; Oberbauleiter war Behr. Er hatte seine Kanzlei im „Bären".

Franz Hofer, Reichsstatthalter und Gauleiter von Tirol und Vorarlberg, beim Trachten- und Brauchtumstag des Standschützenverbandes Tirol-Vorarlberg am 20. Oktober 1940 in Bezau

Der Bereich des Bauabschnittes VIII überschnitt sich mit der sogenannten „Schwaben- oder Alemannenstellung". So wurde der Verteidigungsbereich Oberrhein genannt, den Himmler eine Zeitlang leitete. Dieser Plan umfaßte den Ausbau von Stellungen im Süden Badens und Württembergs. Aber auch unser Land bis an den Arlberg war in dieses Verteidigungssystem einbezogen. Das Projekt sah unter anderem auch die Befestigung von Bregenz vor. Zur Ausführung der Pläne war es in ganz Vorarlberg noch nirgends gekommen.

Vom Generalkommando des Wehrkreises XVIII-Salzburg hatte Gauleiter Hofer schon im November die Zuteilung eines Erkundungs- und eines Festungspionierstabes (auch Pioniereinweisungsstab geheißen) für Vorarlberg erwirkt. Leiter war Generalleutnant Zimmer; zur Inspektion erschien öfters ein Generalmajor Marcinkiewicz. Aufgabe solcher Erkundungsstäbe, die aus fronterfahrenen Offizieren und Unteroffizieren bestanden, war es, das Gelände eines Abschnittes auf die Verteidigungsfähigkeit zu überprüfen und den Verlauf der Kampflinien festzulegen. Das Erkundungsergebnis wurde sodann vom Festungspionierstab verwendet, der dann die Bautypen bestimmte*).

Da und dort tauchten in unserem Lande im November 1944 bis Februar 1945 solche Offiziere auf. In Dornbirn z. B. hatte ein Pionierstab sein Arbeitszimmer in der „Sonne" (Eisengasse), in Bludenz im Kaffee „Fritz". Zu gleicher Zeit wurden in Bregenz an der Rheinstraße Offiziere bei Vermessungen gesehen. Ein Kompaniekommando für diesen Pioniereinweisungsstab unter einem Major Schmitz befand sich in Dornbirn, wo es so lange blieb, bis der letzte Offizier noch beinahe vom Feind überrumpelt wurde. Ein Zug dieser Kompanie stand in Bregenz und hatte die Dienstkanzlei wie die OT im „Weinschlößle".

Obwohl die Pioniere des Einweisungsstabes grundsätzlich nicht zur Kampftruppe zu rechnen sind, hatten sie sich schließlich doch mit Aufgaben zu befassen, die sie in nahe Berührung mit der Front brachten. Sie hatten nicht nur die geeigneten Typen der Wehranlagen zu bestimmen und die Richtigkeit der Ausführung zu kontrollieren, sondern zuletzt auch die Brükken zu laden. Der Bregenzer Zug wurde im letzten Augenblick nach Egg kommandiert. Sonst scheint jedoch nicht die Absicht bestanden zu haben, diese Pioniere direkt in den Kampf einzusetzen, wie aus folgendem hervorgeht: Am Sonntag, 29. April, wurden die Abteilungen von Wolfurt und Kennelbach nach Dornbirn zurückgezogen, um dann nach Bludenz gebracht zu werden, dann aber noch einmal an die Bregenzerach kommandiert, weil die Arbeiten dort noch nicht ganz fertig waren. Vom See her hörte man schon

---

**) Der Bau des Vorarlberger Teils der sog. „Alemannenstellung" wurde in Arbeit genommen, obwohl am 5. Februar 1945 die Einstellung des gesamten Projekts vom Oberbefehlshaber West, Rundstedt, angeordnet worden war. Die an diesem gesamten Bauabschnitt eingesetzten 11.000 Arbeiter sollten an der Oberrheinfront verwendet werden (vgl. Rauchensteiner 1970, 256).*

Geschützdonner, die Pioniere ließen sich nicht mehr einsetzen, sondern meuterten (im Gasthaus Lecher in Dornbirn-Kehlen) und erhielten für Montag die Weisung, sich in den Raum Bludenz abzusetzen. Das Pionierkommando in der Eisengasse in Dornbirn hatte das Magazin für die Sprengstoffe, mit denen die Brücken von Bregenz bis Feldkirch in der Woche nach dem 22. April geladen wurden, in einem Bierkeller im Gütle (Bericht von Gstöhl). — Von den Einweisungspionieren sind wohl zu unterscheiden die Pioniere, die im Gefolge des General Schmidt nach Vorarlberg kamen und hier zu Brükkensprengungen eingesetzt wurden.

Nach Aussage von Higa-(Zollgrenzschutz-)Männern bereisten im Winter 1944/45 Offiziere vom Festungs-Artillerie-Kommando Innsbruck das Gebiet des Rhätikon, stellten Stützpunkte fest und kundschafteten die Grenzsicherungsmaßnahmen der Schweiz aus. Kleinere Abteilungen Artilleristen beobachtete man an mehreren Orten im Lande bei Vermessungen. Sie arbeiteten eng zusammen mit dem Pionierstab und standen ihm mit ihren Erfahrungen zur Seite.

Auf einen Wink (Übergabe von Pflocknummer und „Einweisungsprotokoll") durch den Abschnittsleiter (Kreisleiter) erhielt die OT den Bauauftrag.

Aus dem Verteidigungsplan — „Seifenblase" und „Gneisenau"

Nach dem Plan, der vom Erkundungsstab ausgearbeitet wurde, sollte in Übereinstimmung mit dem Plane der „Alemannenstellung" Bregenz zu einem festen Stützpunkt ausgebaut werden. Die Verteidigung sollte sich nicht nur auf die Klause und auf den Pfänderhang erstrecken, sondern es mußte auch entlang der Bregenzerach ein Querriegel gelegt werden. Auch für Dornbirn waren Befestigungen vorgesehen. Als guter Verteidigungspunkt wurde der Kummenberg und als noch weitaus günstigerer Feldkirch angesehen. Nachträglich hat Hofer noch drei Stellungsbauten befohlen, nämlich zwischen Feldkirch und Frastanz, bei Nüziders und am Arlberg, der ein Hauptbollwerk darstellen sollte.

Auf Grund der vom Erkundungsstab ausgearbeiteten Kampflinien wurde der Bauabschnitt VIII-Vorarlberg von Kreisleiter Richter in vier Unterabschnitte unterteilt (Bregenz, Dornbirn, Götzis, Feldkirch), denen jeweils ein geeichter Parteifunktionär als Leiter vorstand, so in Bregenz Bürgermeister Solhardt, in Dornbirn SS-Sturmbannführer Alfons Mäser, in Götzis Bürgermeister Lindemann und in Feldkirch der Kreisobmann der Deutschen Arbeitsfront, Ginthör, der wie Solhardt und Lindemann schon in Südtirol im Dienste der OT gestanden war.

Dementsprechend unterstanden der OT-Oberbauleitung XIX (Feldkirch) die Bauleitung 1 (Bregenz), Bauleitung 2 (Dornbirn), Bauleitung 3 (Götzis) und Bauleitung 4 (Feldkirch). Die fachlichen Führer dieser Bauleitungen, Techniker und Ingenieure, hatten die Aufgabe, die Anweisungen der politischen Leiter, denen sie unterstanden, unbedingt durchzuführen, damit die Bauten zeitgerecht und genauen technischen Zeichnungen gemäß ausgeführt würden. Im Unterabschnitt Bregenz z. B. unterstand dem politischen Leiter Solhardt der OT-Bauleiter 1, namens Kamper, dessen Vertreter Ing. Demharter wegen Erkrankung Kampers größtenteils die Geschäfte führte. In Götzis unterstand dem Unterabschnittsleiter Lindemann ein Baumeister namens Kaulich.

Ungeklärt ist noch, was unter dem von Hofer angeordneten Projekt Frastanz näherhin zu verstehen ist, jedenfalls kaum die Sprengung der Illbrücke und der Bahn in der Felsenau, sondern wohl eine eigene Sperre zwischen Felsenau und Frastanz, durch die ein etwa über die Letze und Maria Grün oder über Göfis zur Felsenau anrückender Feind hätte zum Halten gezwungen werden sollen. Da die Anweisung Hofers erst spät erfolgte, kam die OT für die Ausführung nicht mehr in Frage und daher kann auch der OT-Einsatzleiter Alpenvorland, Ing. Fritz Dauner, keinen näheren Aufschluß über das Projekt geben, das jedenfalls nicht über die Planung hinausgekommen ist. Doch wird von Leutnant Vonblon bestätigt, daß noch am 30. April auf der Schattenburg von einer „Kampflinie Frastanz" die Rede war. Beim Abzug des deutschen Militärs wurde insofern hier eine Kampflinie gebildet, als Geschütze aufgefahren wurden, um Überraschungen aus Richtung Felsenau vorzubeugen.

Während sonst in Vorarlberg nur solche Punkte befestigt wurden, bei denen die Natur durch einen Bergvorsprung oder durch eine Talenge einen Vorteil bietet, wurden in Dornbirn ausgesprochene Feldbefestigungen angelegt. Auf den ersten Blick muß man nachdenken, warum denn die Stadt Dornbirn überhaupt in das Verteidigungssystem einbezogen wurde, da sie sich fast zur Gänze über die Ebene ausbreitet.

Wie von mehreren höheren Offizieren bestätigt wird, liegt der eigentliche Grund für diese Verteidigungsmaßnahme in der Erwägung der Militärtaktiker, daß der Feind, an der unüberwindlichen Rheinstellung aufgehalten,

1. entweder gewaltsam durch die Schweiz hereinbreche, bzw. von der Schweiz durchgelassen werde, oder

2. im Rheintal, unterstützt durch die Zivilbevölkerung, Luftlandetruppen großen Stils absetzen werde. (Tatsächlich befaßten sich die Alliierten mit diesem zweiten Plan, wie wir in einem späteren Kapitel sehen werden.)

In Erwägung des ersten Falles waren auch die Rheinbrücken deutscherseits zum Sprengen vorbereitet und die Bunker in Tisis und Tosters konnten nur dann einen Sinn haben, wenn die Annahme zugrunde lag, daß der Feind über die trockene Liechtensteiner Grenze einbrechen könnte.

In Fall 1 wie 2 rechneten die Militärtaktiker damit, daß das Vorarlberger Rheintal Aufmarschgebiet würde, wobei der Feind nicht auf offenem Feld, sondern nur am Fuße des Berges aufgerieben werden könnte. Man faßte die Wahrscheinlichkeit ins Auge, daß Dornbirn mit dem Richtungsweiser nach dem Oberland, nach Bregenz und in den Bregenzerwald ein wichtiges Angriffsziel sein werde. Die Verteidigungsanlagen konnten aber auch dann dienen, wenn der Feind von Bregenz her durchbräche; darum wurde auch nach dem 7. März 1945, an welchem Tage die Alliierten den Unter-Rhein überschritten, am Ausbau der Dornbirner Feldbefestigungen weitergearbeitet.

Der Ogfr. Peter Ganahl, der zum Stellungsbaustab in Bregenz gehörte, berichtet, daß auch bei den Feldbefestigungen im Bereiche von Bregenz die Schußrichtung vielfach eher gegen die Schweiz als gegen Lindau zeigte. Als die Franzosen schon am Untersee standen, wurde der Hauptmann des genannten Pionierstabes gefragt, ob die Schußrichtung immer noch die gleiche bleibe. Seine Antwort lautete: „Es ist noch kein anderer Befehl da!" Hingegen wurde im Unterabschnitt Feldkirch nach dem 22. April die Zielrichtung, soweit noch möglich, korrigiert, jedoch nicht durchwegs. So traf Oblt. Vogel noch am Tage vor dem Einmarsch der Franzosen in Rankweil, also am 2. Mai, dort eine Gruppe Artilleristen an, die starr einem nicht zurückgezogenen Befehl gehorchend Vermessungen gemäß Annahme 1 und 2 machten.

Als Maßnahme gegen ein feindliches Eindringen über die Schweiz waren auch Höhenstellungen an der Liechtensteiner und Schweizer Grenze vorgesehen, z. B. am Schlappiner Joch (Montafon).

Zu Beginn des Jahres 1945 bis in den März hinein war die Theorie der Luftlandung bzw. des Einbruches von der Schweiz her so vorherrschend, daß sie einem ganz wesentlichen Teil der Abwehrkonstruktion zugrunde gelegt wurde.

Alle Maßnahmen, die gegen einen Einmarsch aus Richtung Schweiz getroffen wurden, starteten unter dem Deckwort „Seifenblase".

Die Abwehr wäre so gedacht gewesen, daß von den beiden Vorarlberger Garnisonen jene von Bregenz die Verteidigung des Unterlandes bis zum Kummen übernimmt und die Garnison von Bludenz die Sicherung des Oberlandes. Obstlt. Knoblauch, damals Kommandeur der Garnison Bludenz, hielt noch im Februar Übungen gemäß dem Projekt „Seifenblase" ab (Vogel). Es scheint die Tendenz vorgeherrscht zu haben, daß der Feind ins Allgäu abgedrängt werde, wenn er nicht auf Vorarlberger Boden kampfunfähig gemacht werden könne.

Nach Überschreiten des Rheines durch die alliierten Truppen schaltete sich auf einmal die Partei viel stärker in die Verteidigungsplanung ein, wobei Richter an Obstlt. Knoblauch vom kriegstechnischen Standpunkt aus gesehen solch unsachgemäße Forderungen stellte, daß es mehr wie einmal rote Köpfe gab (Vogel). Bald richtete sich jedoch der Blick mehr gegen die Leiblach und gegen das Allgäu zu, die „Seifenblase" schrumpfte immer mehr zusammen, schließlich sprach niemand mehr von ihr. Aktuell war jetzt ein zweiter Plan, unter dem Stichwort „Gneisenau", der sich gegen die Angriffe aus dem Norden und gegen die Möglichkeit vorgeschobener alliierter Luftlandungen richtete.

Die Umstellung vom Fall „Seifenblase" auf die neue strategische Situation ergab die Notwendigkeit, die Klause in Bregenz doppelt so stark, wie bisher vorgesehen war, zu blockieren; ferner in den Kummenbereich, also nach Götzis und Hohenems, eine Kampftruppe zu legen, und auch hinter Feldkirch Sperrmaßnahmen zu treffen. Daher die überstürzten Anordnungen Hofers, daß bei Frastanz, Nüziders und am Arlberg Verteidigungsstellungen gebaut werden müssen. Obstlt. Knoblauch stellte an Hofer das Ansinnen, erst am Arlberg eine Kampflinie zu beziehen, damit Vorarlberg nicht ein Trümmerhaufen werde; kam damit aber schlecht an. Hofer hat die Anregung schärfstens abgelehnt (Vogel). Ähnlich wie Obstlt. Knoblauch dachte auch General Feurstein.

Als am 22. April, 13.30 Uhr, der Alarm entsprechend „Gneisenau" gegeben wurde, rückten die beiden Vorarlberger Garnisonen in die vorgesehenen Stellungen ab. Es blieb dabei, daß die Garnison Bregenz das Unterland verteidigen mußte und die Garnison Bludenz das Oberland, nur hatte jetzt letztere eine Kompanie nach Bregenz abzugeben. Die beiden Landecker Jägerkompanien blieben in Hohenems und Götzis. Offiziere und Mannschaft hatten keinen Ehrgeiz, Ritterkreuze zu holen. Sonach wäre es in Vorarlberg wohl nicht hitzig hergegangen. (Die Mannschaften waren fast durchwegs Österreicher!) Für die Offiziere und Ausbildner dieser Vorarlberger und Landecker Kompanien war es von vornherein eine ausgemachte Sache, daß jeglichem Kampf aus dem Wege gegangen wird, allein schon der jungen Leute wegen, abgesehen von allen anderen Erwägungen. Auch der Festungskommandant General Feurstein hätte dafür gesorgt, daß ein aller Vernunft Hohn sprechendes Blutvergießen vermieden würde.

Es kam aber vieles anders, weil die Front eine Flut zurückweichender Truppen vor sich herschob und weil ein Arm dieses Stromes durch Vorarlberg einen Weg suchte. Der als aktiver Armeekommandant dem Range nach über Feurstein stehende General Schmidt übernahm das Festungskommando. Wie groß die Trümmer seiner Armee noch waren, die er über die Leiblach führte, läßt sich nur annähernd feststellen, da damals in wirrem Durcheinander auch andere, alle möglichen Truppengattungen dem Arlberg zueilten. Nach einem Bericht von Wagner (Rankweil) rechnete das Armeekommando in Satteins mit 8000—9000 Mann Kampftruppen. In dieser Zahl waren enthalten die örtlichen Garnisonen sowie die von Schmidt zurückgebrachten und die aufgefangenen Truppen, nicht aber der Volkssturm.

General der Infanterie Schmidt, Ritterkreuzträger, war Kommandeur der XXIV. Deutschen Armee, die im Raume Stuttgart gebildet wurde. Als Truppe führte er die 405. Infanterie-Division mit, die aus fünf Kompanien Wehrmachtstruppen und vier Kompanien Waffen-SS bestand und deren Kommandeur Generalmajor Faulmann (wohl ein Sachse) war. Das Kommando der XXIV. Armee hielt enge Verbindung mit der XIX. Armee, die sich über das bayerische Allgäu ostwärts absetzte.

Seine mitgebrachten, abgehetzten Truppen schonte General Schmidt, solange er konnte. Sowohl im Unterland wie im Oberland reihte er sie so gut wie möglich hinter der Standortgarnison ein (Wolfurt, Göfis). Unmittelbar vor Feindberührung traten nur die Pioniere in Erscheinung, die für die tatsächliche Sprengung der Brücken zu sorgen hatten, sowie SS, die mancherorts die allerletzten Sicherungen traf (in Götzis, Nüziders, Langen a. A.). Erst als die Bregenzer Garnison die Waffen weggeworfen, die Bludenzer sich einfach aufgelöst hatte und die Landecker über den Bergen war, kämpften ab Feldkirch nur noch die Truppen des Generals Schmidt und die Truppenreste, die er aufzufangen vermochte, in Vorarlberg.

Verrechnet hatte sich Hofer auch mit der Gendarmerie. In den ersten Wochen des Jahres 1945 hatte er noch einen preußischen Polizeioffizier mit dem Kommando über die Vorarlberger Gendarmerie beauftragt. Damals glaubte der Gauleiter noch daran, daß die Seele des Kampfes um jedes Dorf und jedes Haus in Vorarlberg die Gendarmerie sein werde!

Freudlose Arbeit

Als Hofer den Ausbau der Stellungen in Vorarlberg anordnete, war das zur Verfügung stehende OT-Personal schon sehr zusammengeschrumpft. Die Oberbauleitung mußte aus dem Abschnitt VI-Rovereto, also aus ziemlicher Frontnähe abgezogen werden. Es fehlte aber nicht nur an Personal; auch Zement und Eisen für Betonbauten waren schwer aufzutreiben. Benzin und Rohöl waren schon bei den Stellungsbauten in Südtirol zuletzt nur noch zu 5 Prozent des Bedarfes vorhanden.

Die OT übertrug die Ausführung der Arbeiten in Vorarlberg mehreren Firmen. Hauptunternehmer war die Firma Sager & Woerner in München. Sie stellte das gesamte Ingenieur- und Unterpersonal der einzelnen Bauleitungen. Dieses Personal war schon durch ganz Italien von der OT eingesetzt gewesen, zuletzt in Südtirol. Weitere Großfirmen aus dem Altreich, die in Vorarlberg arbeiteten und auch immer bevorzugt wurden, waren Weyß & Freytag (Berlin) und „Glückauf" (Berlin). Als „Subunternehmer" wurden sämtliche einheimische Baufirmen herangezogen, denen man die zu erstellenden Bauten auf einem kleineren Bezirk, z. B. auf dem Pfänder, in Lochau, in Hard, übertrug. Sogar solche Firmen, die nur über ganz wenige Leute verfügten, wurden als „Kleinstunternehmer" herangezogen. Sämtliche Arbeitskräfte, Baugeräte und Materialien der in die Bauindustrie einschlägigen Firmen mußten der OT zu Diensten stehen. Die Requirierung der Transportmittel (Pferde, Traktoren, Autos) besorgte die Fahrbereitschaftsleitung beim Landrat.

Da das Ende des Dritten Reiches nahe war, bedeutete die Arbeit im Dienste der OT für die Firmen ein Geschäftsrisiko und bot keinen besonderen Reiz. Dazu kam, daß die Anlagen, die zu bauen waren, nicht dem Frieden dienten, sondern der Verwüstung des Landes. In den Besichtigungsberichten, die den Firmen mit den nie fehlenden Mahnworten zugestellt wurden, werden nicht umsonst immer wieder reichsdeutsche Firmen belobt. Es ist überhaupt verlockend, in die Mappe eines Bauunternehmers von damals Einsicht zu nehmen und aus der Flut von Rundschreiben, Anweisungen und Mahnbriefen, die von der Oberbauleitung in Feldkirch und von den Bauleitungen der Unterabschnitte den Unternehmern in jenen Wochen zugegangen sind, beispielsweise jene herauszugreifen, die sich mit dem Arbeitstempo der einheimischen Firmen beschäftigen. Der Schlußrefrain ist stets eine Strafandrohung.

Da wird z. B. festgestellt, daß bei Regenwetter die Arbeitsstellen verlassen wurden. Dann werden genaue Richtlinien gegeben, wann mit Erlaubnis der zuständigen Bauleitung in Bregenz, Dornbirn usw. wegen Regenwetters die

Arbeit eingestellt werden darf und wie die ausgefallenen Arbeitsstunden eingebracht werden müssen. Widrigenfalls . . . Die Arbeitszeit dauerte normalerweise 60 Stunden in der Woche.

Am 26. März 1945 ließ Richter einen Runderlaß den Firmen zustellen, der folgenden Wortlaut hat:

„Betrifft Sonntagsarbeit.

Aus den mir zugegangenen Meldungen über den Arbeitseinsatz an den Sonntagen ersehe ich, daß eine größere Zahl von Arbeitskräften der Arbeit, die an jedem 2. Sonntag angeordnet wurde, fernbleiben. Leider gehen dabei deutsche Gefolgschaftsmitglieder mit schlechtem Beispiel voran.

Ich bitte Sie, die beim Stellungsbau eingesetzten Arbeitskräfte schriftlich darauf aufmerksam zu machen, daß ich künftig jede Verweigerung der angeordneten Sonntagsarbeit als eine Sabotage an der Reichsverteidigung betrachte.

Ich werde künftig Arbeitskräfte, die ohne zwingenden Grund und unentschuldigt der Arbeit fernbleiben, zu Schanzarbeiten in frontnahe Gebiete notdienstverpflichten lassen, um ihnen die Möglichkeit zu geben, den Unterschied zwischen der friedlichen Stellungsarbeit westlich des Arlbergs und dem Einsatz der letzten Kraft in den frontnahen Gebieten kennen zu lernen. Ich mache Sie persönlich dafür verantwortlich, daß die Gefolgschaft Ihres Betriebes an den Arbeitssonntagen vollzählig zur Stelle ist, und bitte Sie, die Fehlenden namentlich Ihrem zuständigen Einsatzleiter schriftlich mitzuteilen, damit die notwendigen Maßnahmen eingeleitet werden können. Gleichzeitig habe ich Anwesenheitskontrollen an den Baustellen angeordnet.

Heil Hitler!

Richter,
Bereichsleiter der NSDAP."

Am gleichen Tage geht von der Bauleitung Bregenz ein Zirkular aus, unterzeichnet von Ing. Demharter, der die Befehle Solhardts auszuführen hatte:

„Die Arbeitsleistungen der eingesetzten Leute lassen sehr zu wünschen übrig. Die Aufsichtsorgane müssen angewiesen werden, daß sie gegen jede Bummelei energisch einschreiten. Wenn sie das nicht tun, werden die Aufsichtsorgane zur Verantwortung gezogen."

Am 3. April: „Mit wenigen Ausnahmen sinken die an und für sich schon schlechten Leistungen immer noch weiter ab."

Es werden also, so heißt es dann weiter, Mindestleistungen festgesetzt werden müssen, z. B. muß ein Schützenloch in einer bestimmten vorgeschriebenen Zeit fertig sein. Widrigenfalls . . . So wieder Ing. Demharter, der übrigens nie mit dem Hitlergruß unterschreibt.

Bei der Inspektion in Lochau wurde beanstandet, daß die Schützenlöcher in verkehrter Richtung angelegt seien, was zu Untersuchungen wegen Sabotage führte.

Panzersperren, Kugelbunker, Schützengräben

Bei den Befestigungswerken unterschied man:

1. Feldmäßige Bauten, das sind Bauwerke, die nur gegen Beschuß durch leichte Waffen Sicherheit bieten;

2. Verstärkte feldmäßige Bauten, d. h. Bauten von 1 m Wandstärke in Beton, die auch gegen Bordwaffen und leichte Granaten schützen können;

3. Festungsmäßige Betonbauten, das sind Bauwerke mit Wand- und Deckenstärke nicht unter 2 m Beton, der mit mindestens 12 mm starkem Eisen armiert ist.

An festungsmäßigen Betonbauten wurden in Vorarlberg nur einige Panzersperren („Panzertürme") errichtet, und zwar bei der Klause bei Bregenz, bei der Bahnübersetzung an der Rheinstraße in Vorkloster, in Lustenau vor der Höchster Brücke, in Rankweil beim Valdunastall, in Altenstadt und in Nofels. Die Arbeiten an den Betonpanzersperren — fachtechnisch hieß man diese Bauwerke Betonfallkörper — wurden Ende März begonnen und nur schleppend angepackt. Erst in der letzten Aprilwoche wurde mit vielen meist ausländischen Arbeitern in Tag- und Nachtschicht an der Fertigstellung gearbeitet. In Bregenz z. B. wurde die erste Sperre, nämlich jene bei Gravenreuth, am 23. April in Angriff genommen. Mehrere einheimische Firmen waren beauftragt, keine zeigte aber eine besondere Unternehmungsfreude. Solhardt tobt, weil zu wenig gearbeitet wird. Mitte April kommt eine soundsovielte Kommission. Diesmal geht ein scharfer Wind. Der Feind rückt ja schon näher. Es wird verfügt, daß auch vor der Klause Fallkörper stehen müssen. Solhardt ordnet jetzt an, daß die Firma „Glückauf", die in Lauterach ein großes Baulager hatte, diese Klötze fertigstellen muß.

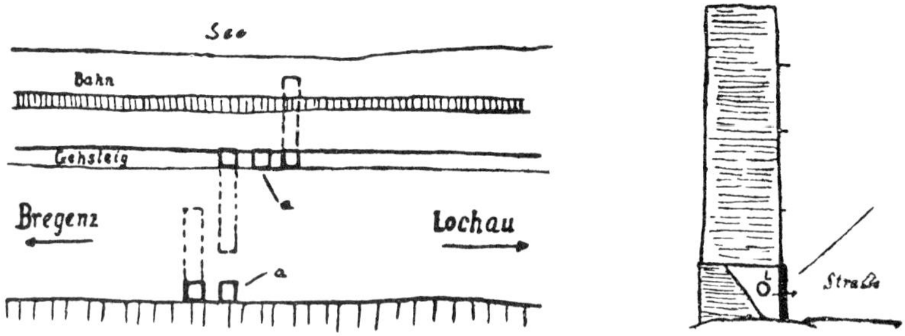

Anlage der Fallkörper bei der Schanz in Bregenz. Zwei kommen quer über die Straße zu liegen, einer über das Bahngeleise. Die zwei Betonklötze a) werden nicht umgelegt, sondern bleiben in der Lücke stehen, damit die Panzer nicht zwischen den liegenden Fallkörpern durchfahren können. Rechts: Schema eines Betonfallkörpers. Durch Entzünden der Sprengladung, die durch ein Loch (L) in den Hohlraum geschoben werden kann, wird die Sockelmauer herausgesprengt, der hohe Betonklotz bekommt das Übergewicht und fällt auf die Straße.

Die Fallkörper an der Klause waren 5 Meter hoch ab Sockel und maßen 2 mal 2 Meter im Querschnitt. Zwischen Fuß und Körper war eine Pappe eingelegt, damit der Klotz sich leicht ablöst. Durch eine mäßige Sprengladung, z. B. zwei oder drei Handgranaten, die man durch ein kleines Loch (in der Skizze mit L bezeichnet) hineinschob und entzündete, wurde die straßenseitige Wand des Fußes ausgebrochen. Dadurch kippte der Betonturm um und kam quer über die Straße zu liegen. Damit der Feind nicht mit starken Schiebebaggern die Klötze auf die Seite drücken und so eine provisorische Durchfahrt für die Panzer herstellen könne, wurden bei den Fallkörpern gewöhnlich straßenseitig drei Paare 35 mm starke Stahlstifte von 10—30 cm Länge eingesetzt, die sich beim Sturz in die Straße einbohrten. Nach Weisung höherer Stellen wurde bei solchen Fallkörpern eine verschwenderisch fette Betonmischung von 1:3 verwendet. Ein einziger Fallkörper benötigte eine normale Waggonladung Zement. (Wenn aber ein kleiner Bauer einen Riß an seinem Jauchekasten ausbessern wollte, war kein Zement zu haben!)

Die Straße Lochau—Bregenz war an zwei Stellen durch solche Betonklötze gesperrt, und zwar unter der Villa Sannwald bei Gravenreuth (an der Schanz) und an der Klause. Bei Gravenreuth kamen zwei Klötze über die Straße zu liegen und einer über das Bahngeleise. Bei der Klause scheint nur ein Fallkörper die Straße blockiert zu haben, weil sie hier enger ist. Ein zweiter Klotz lag auch über dem Bahnkörper. (Siehe Skizze Seite 101.)

Betonbunker zur Sicherung der Ruggbachbrücke an der Straße Hörbranz—Lochau beim Salvatorkolleg

Für den Bau betonierter Unterstände (Bunker) reichte die Zeit und das Material nicht mehr. Es wurden darum Holzbunker mit „gestrickten" Wänden gebaut, so in Bregenz, in Dornbirn und in Feldkirch-Tisis oder Trockenmauerbunker wie in Dornbirn. Holz war leichter aufzutreiben als Zement. Man vergleiche mit diesen erbärmlichen Abwehrmaßnahmen die Betonbunker im schweizerischen Rheintal!

Holzbunker standen viele in ganz Vorarlberg und noch viel mehr waren geplant. Hunderte wurden in Auftrag gegeben. Für das Land bedeutete dies einen großen Verlust an Bauholz. Für einen einzigen Bunker wurde soviel Bauholz benötigt wie für ein Einfamilienhaus. Diese Unterstände wurden durch Überdecken mit Erde und Reisig getarnt. In Bregenz standen solche Bunker an der Leiblachmündung, beim Salvatorianerkolleg, beim Strandhotel Lochau (gegen Angriffe vom See her), am Seeufer gegen Neuamerika usw.

Unter dem 26. März erhielten die Baufirmen die Verständigung, aufgesetzte Unterstände (gestrickte Holzbucker) dürften nicht mehr hergestellt werden, dafür würden Kugelbunker geliefert. Bereits angeschnittenes Holz sei anderweitig zu verwenden. Bei den vorhandenen Bunkern sei jetzt die Inneneinrichtung zu besorgen. Man mußte also schon bald kampfbereit sein.

Kugelbunker sah man bei uns sehr viele. Sie wurden aus Betonfertigteilen nach einem Patent der Eisenbetonfirma Dyckerhoff & Widmann in Berlin zusammengestellt und konnten drei Soldaten oder zwei Soldaten und eine Liegestätte fassen. Neben solchen größeren Bunkern mit 2,10 m Durchmesser wurden auch kleinere mit 1,70 m Durchmesser in Auftrag gegeben. Die Wandstärke betrug 7 cm. Die Kugelbunker hatten den Vorteil, daß sie auch bei Hochstand des Grundwassers in den Boden eingebaut werden konnten. Für Vorarlberg wurden sie im Auftrag der OT von mehreren einheimischen Firmen hergestellt. Ein solcher Bunker kam auch bei serienweiser Herstellung auf etwa 800 RM. Kostspielig war dabei besonders die dem Beton beigegebene Sika-Beimischung zum Zwecke der Wasserabdichtung.

In den Tagen um den 1. Mai 1945 sah man da und dort im Lande solche Riesenkugeln herumliegen, die nicht mehr in die Erde eingegraben worden sind. Eine solche lag noch lange — wie ein Museumstück — an der Bundesstraße in Dornbirn gleich unterhalb der Bahnschranken. Sie war die Ursache, daß beim Einmarsch einige Häuser dort schwer hergenommen wurden. Als nämlich die Panzer der Franzosen über den Fischbach her sich der Stadt näherten, wurde aus einem der ersten Häuser auf sie geschossen. Der Angriff richtete sich auf dieses Gebäude und es brannte ab. Unterhalb der Bahnlinie sahen die Franzosen dann die verdächtige Kugel und vermuteten, dort könnte wieder ein Widerstandsnest sein und eröffneten das Feuer. Dieser Bunker ist ein solcher vom größeren Format. Ein kleiner lag z. B. bei der ausgebrannten Autowerkstätte Anwander in Rieden. Nach dem Kriege wurden solche Bunker versuchsweise als Futtersilo verwendet.

Ausgesprochen feldmäßige Anlagen wie Schützengräben, offene Feuerstellungen für Maschinengewehre und Panzerfäuste gab es tausende im Land. Ganz wenige wurden dann wirklich von Schützen besetzt. Der Rückzug ging eben nicht nach einem vorgezeichneten Schema.

Ein Beton-Kugelbunker in Dornbirn an der Straße nach Lauterach war noch längere Zeit nach Kriegsende zu sehen.

Panzergräben wurden ausgehoben in Bregenz (im Garten des Gasthauses „Zur Klause"), in Lustenau vor der Höchster Brücke, in Götzis am Kobel, in Altenstadt, in Nofels und in Tisis-Letze. Angesichts der Fixigkeit, mit der die französischen Pioniere mit ihren Baggern Übergänge über solche Gräben schufen, mußten sich die Parteistrategen Richter & Konsorten wie Buben vorkommen, die in der Erde ein Gräblein ziehen und „Panzerlis" spielen.

Panzersperren aus Baumstämmen, die in die Straße gerammt wurden, verriegelten in großer Zahl Engpässe. Auch Brücken wurden auf diese Weise gesperrt. Solche Hindernisse waren für die anrückenden alliierten Truppen nicht unüberwindlich, für die Heimatbevölkerung jedoch trotzdem unheilbringend. Siehe Götzis!

Eine umfangreiche Sperranlage war in Lustenau bei der „Straßenspinne" an der Höchster Brücke. Über diesen Brückenkopf führt ein Dammweg und hier laufen auch die Straßen zusammen, die nach Hard und Bregenz, zum alten und neuen Lustenauer Bahnhof, nach Lustenau und über die Brücke nach Höchst und Fußach führen. Da es Fels oder Talengen hier nicht gibt, mußte die Sperre auf ebenem Terrain angelegt werden. In Engpässen wie vor St. Arbogast wurden zwei Reihen Holzstämme in einem Abstand von zwei Meter in die Erde gerammt und der Zwischenraum mit Erde und Steinen gefüllt. Nach diesem Muster wurde in Lustenau ein großes Dammviereck angelegt, durch das die Straßenmündungen beim Brückenkopf gesperrt werden konnten. Durch Wiesen und Obstbaumreihen wurde ein drei Meter breiter und ein Meter tiefer Graben gezogen und sodann mit dem gewonnenen Erdmaterial die zwei Meter hohe und zwei Meter breite von Rundholz gebildete, neben dem Graben verlaufende Schanze aufgefüllt. Bei beiden Ausfallstraßen gegen Hard sowie an der Ausfallstraße zum neuen Bahnhof und gegen Lustenau sollte je ein Betonkörper, der im Augenblick der Gefahr gefällt worden wäre, die Lücke des Panzergrabens und -dammes schließen. Der Panzerwall umfaßte auch den Rheindamm und wurde dann der rheinseitigen Dammsohle nach fortgeführt, bis das Viereck geschlossen war. Das Überschwemmungsvorland des Rheines wurde an zwei Stellen durch dreifache wuchtige Pilotenreihen für Fahrzeuge unpassierbar gemacht. Während der ganzen Zeit zwischen dem 20. Februar und 30. April waren dauernd 200 bis 250 Arbeiter bei dieser Panzersperre beschäftigt. Es waren zumeist Ausländer, ein Drittel davon Ukrainerinnen, die den Bauern weggeholt wurden. Zu der genannten Zahl kamen noch die Zimmerer und Waldarbeiter. Zur Herbeischaffung des Holzes wurden die Bauern mit ihren Gespannen dienstverpflichtet. Die rund 300 Kubikmeter besten Nutzholzes wurden aus den Lustenauer Privatwaldungen geholt.

Das Volksaufgebot

In anderen Gegenden des Reiches waren nach dem Beispiele des Gauleiters Koch von Ostpreußen die Verteidigungskommissare dazu übergegangen, die OT auszuschalten und die Stellungen, die meist Schanzarbeiten waren,

Solcherart wurde die Bevölkerung bereits im Kindesalter auf militärische Einsätze vorbereitet.

durch Volksaufgebote errichten zu lassen, wobei die Parteifunktionäre wie Sklavenhalter die Aufsicht führten. Diese Methode kostete nichts und nebenbei konnten die Parteigewaltigen noch ein letztes Mal an politisch Andersdenkenden oder geistig Überlegenen ihr Mütchen kühlen. (Geistige Überlegenheit war, wie erinnerlich, Grund genug zu politischem Mißtrauen!)

Für die Landesverteidigung hatten die Gauleiter äußerste Vollmachten. Hofer übertrug diese auch an die Abschnittsleiter (Kreisleiter). So stand dem Kreisleiter Richter in Vorarlberg tatsächlich eine unheimliche Macht zu. Nicht etwa bloß die OT und die Gendarmerie, selbst militärische Stellen mußten sich seinen Anordnungen fügen.

Da für festungsmäßige Bauten kein Material mehr aufzutreiben war, drängte Richter auf den Ausbau von Erdbefestigungen, zu denen ganz wenig Baumaterial und nicht viel geschultes Personal benötigt wurden. Die Schanzanlagen gehörten auch zu den Bauaufträgen, die von den Firmen auszuführen waren. Die Unternehmer mußten ihre Arbeiter restlos einsetzen. Nötigenfalls erhielten sie von den politischen Leitern Arbeitskräfte zugewiesen.

Es gab aber auch solche Arbeiten, bei denen Masseneinsatz geeignet war, z. B. das Schneiden und Zurichten der Faschinen für die Schützenstellungen und das Ausschaufeln der Panzerabwehrgräben. So kam es auch bei uns zu einer Art Volksaufgebot. Es wurden zunächst organisierte Gruppen herangezogen, z. B. schulentlassene Hitlerjugend (wie in Götzis), Arbeitsdienst und Betriebe. Mancherorts sollten auch Volkssturmmänner schanzen, waren aber kaum dazu zu bewegen, eine Schaufel in die Hand zu nehmen, so die

Hitler-Jugend im Jahre 1938 in Bregenz

Großwalsertaler in Göfis und die Rankweiler in Götzis. Wozu denn auch! Man konnte doch den 50 bis 60 Jahre alten heimatverwurzelten Männern nicht zumuten, daß sie besten Ackerboden aushoben und zum Schauplatz eines tausendmal zu verdammenden Krieges machten.

Dann gab aber auch ein „Notdienstverpflichtungsgesetz", mit dem auch Richter immer wieder drohte, den politischen Leitern eine Handhabe, jederzeit alle arbeitsfähigen Zivilpersonen zu Schanzarbeiten zu zwingen.

In Vorarlberg war dieses Aufgebot nicht allgemein wie in anderen Ländern; mehr oder weniger wurden nur jene geholt, die in den Augen der Partei politisch nicht einwandfrei waren. Sie mußten sich hauptsächlich mit Faschinen befassen. Die Kampfkommandanten hatten jedoch die Befugnisse, jederzeit die Zivilbevölkerung zum Schanzen antreten zu lassen. Hofer, Richter und die „nachgeordneten Dienststellen" übten einen schweren Druck auf diese Schanzarbeiter aus. Es fehlte nicht an Drohungen mit dem Konzentrationslager. Trotzdem war kein Blitztempo festzustellen, weil dem Volksaufgebot wie jeder Zwangsarbeit die Seele fehlte, nämlich der Wille zur Sache.

Die OT-Oberbauleitung mußte ihre Leute immer mehr nach Tirol abgeben zur Behebung von Fliegerschäden an Bahnen und Straßen und, als im April 1945 die Arbeiter der Baufirmen schon ausblieben und jede geordnete Arbeit aufhörte, verlegte sie ihren Sitz nach St. Anton a. A.

In den letzten zwei Wochen vor dem Kriegsende waren also die Führer der Partei ganz auf die Standschützen, auf den Reichsarbeitsdienst und auf das Volksaufgebot angewiesen. An Punkten jedoch, wo die Verteidigung ernst genommen werden konnte, wie in Bregenz und Feldkirch, übernahmen Pioniere die Ausführung der Verteidigungsvorhaben oder es wurde sonstiges Militär zum Ausbau der Stellungen herangezogen.

Der Arlberg als Sperr-Riegel

Gauleiter Hofer, der die Festung Tirol bis zum letzten halten wollte, gab Befehl, den Arlbergpaß zu sperren und den Tunnel zu sprengen. Dazu war aber weder Bauabschnitt VIII-Vorarlberg noch der Abschnitt VII-Landeck-Reschenbahn beauftragt worden, sondern der Befehl ging direkt von Hofer an Kreisleiter Bernard von Landeck, der die Arbeit mit nur vertrautesten Parteifunktionären in Zusammenarbeit mit Pionieren der Wehrmacht in Angriff nahm. Aus diesem Spezialauftrag an Bernard ist es auch zu erklären, daß der genannte Kreisleiter seine Zwingvögte bis in das Vermuntwerk schickte.

Die Oberbauleitung für den Abschnitt VIII löste sich in St. Anton auf.

In Tirol kam es nicht mehr zum Ausbau einer Hauptkampflinie, sondern nur noch zu örtlichen Straßensperren an den Einfallstoren, die den Einmarsch wohl um Stunden zu verzögern, aber niemals aufzuheben vermochten.

Die Front naht

Hofer: „Vielleicht können wir's derhalten!"

In den Gehirnen der verbohrten und doch halb verzweifelten Nationalsozialisten geisterte noch Anfang April der Wahn: Wenn es den deutschen Armeen gelänge, sich auf einige gutgeschützte Gebirgsbasteien zurückzuziehen, dann würde in einer stürmischen Offensive mit Hilfe einer (allerdings noch zu erwartenden) neuen Waffe der Feind aus dem Land hinausgeworfen. Am 1. Februar 1945 prophezeite Gauleiter Hofer den Sieg nach zwei bis drei Monaten. Nach genau drei Monaten war die endgültige Niederlage besiegelt, war Hitler tot und machte sich Hofer fertig zur Flucht. Als Anfang April tausende Flüchtlinge Wien verließen, konnten sie praktisch nur noch in den Alpenländern untergebracht werden, deren Fluchtbevölkerung vorher schon infolge Evakuierung der bombengefährdeten Rheinlandgroßstädte ein für die gewohnte Wohnbequemlichkeit unangenehmes Ausmaß angenommen hatte. Aber in den Alpenländern wiesen Befestigungsbauten darauf hin, daß auch diese Gebirgsgegenden — und diese vielleicht ganz besonders — verteidigt würden.

Auf einer Lagebesprechung in Innsbruck am 19. April 1945 zog Hofer über die anderen Gauleiter her, wie sie, um schön dazustehen, den Führer durch falsche Angaben über die Produktionserfolge ihrer Rüstungsbetriebe angelogen hätten. Jetzt sei man so weit, daß in vier bis fünf Tagen die Amerikaner an der Tiroler Grenze stünden und anklopfen werden: „Herr Hofer, wir sind da!" „Aber", bemerkte der Gauleiter, „vielleicht können wir's derhalten!" (von Winder, Feldkirch).

Mit dem Tage der Kapitulation der Herresgruppe C, als drei noch völlig intakte Armeen mit 300.000 Mann die Waffen niederlegten, war es mit dem Traum von der Alpenfestung aus.

Abtransport von Fremdarbeitern und Zivilgefangenen

In Vorarlberg hielten sich gegen Kriegsende ungefähr zehntausend Fremdarbeiter auf, die für die zu erwartenden Umsturztage sowohl für das Land Vorarlberg wie auch für die benachbarte Schweiz eine große Gefahr bedeuten konnten. Mit Racheakten, Gewaltmaßnahmen und Plünderungen mußte gerechnet werden.

Auch in diesen Belangen hatte sich Konsul Bitz nicht entgehen lassen, in aller Stille Vorkehrungen zu treffen, die seiner Heimat und unserem Lande in den Tagen des Zusammenbruches Sicherheit und Schutz gegen die freiwerdenden Massen bringen sollten. Nach frühzeitiger Fühlungnahme mit französischen Fremdarbeitern und Kriegsgefangenen sowie auch mit den Kommandos der schweizerischen Grenztruppen war es möglich, mit dem Abtransport der Fremdarbeiter nach Frankreich, Holland und Belgien einzusetzen, noch bevor die französischen Kampfverbände den oberen Bodensee erreicht hatten. In der Woche zwischen 22. und 29. April war der Abtransport der Fremdarbeiter mehrfach Gegenstand von dringenden Verhandlungen zwischen dem Konsul, dem Vertreter des Internationalen Roten Kreuzes und den deutschen Dienststellen. Als Grenzübertrittstellen wurden Höchst und Tisis bestimmt*).

Mit dem Herannahen der Front setzte der Druck der Flüchtlinge gegen die Grenze ein und ein endloser Strom von Rückwanderern bewegte sich Tag und Nacht über Höchst nach St. Margrethen. Diese Heimkehrer wurden von den schweizerischen Grenztruppen, die auf den Massenandrang vorbereitet waren, entweder in großen Lagern untergebracht oder in direkten Zügen nach Frankreich durchgeschleust. Da schon vor dem Eintreffen der französischen Truppen etwa 6000 Fremdarbeiter unser Land verlassen konnten und

Flüchtlingsfamilien im Auffanglager St. Margrethen Ende April 1945

**) Bereits am 12. März 1945 hatte in der Nähe von Feldkirch ein Treffen zwischen dem Präsidenten des Internationalen Roten Kreuzes Dr. Carl Burckhardt und dem Leiter des Reichssicherheitshauptamtes SS-General Ernst Kaltenbrunner stattgefunden, wo neben der Evakuierung von Konzentrationslagern auch die Übernahme von Fremdarbeitern durch die Schweiz besprochen wurde. Am 19. April gab Kaltenbrunner schließlich grünes Licht für den Beginn solcher Überstellungen (Aussage Kaltenbrunners beim Kriegsverbrecherprozeß in Nürnberg, Protokoll Bd. XI, 336 f.).*

auch nachher der Abtransport ohne Stockung weiterging, war die erste Gefahr, die in unserem Grenzland zu Unruhen und Plünderungen großen Stils hätte führen können, abgewendet.

In Bregenz wurde nichts unterlassen, um die Fremdarbeiter und Zivilgefangenen an die Schweizer Grenze zu bringen, wohin sie alle zustrebten. Es wurden auch geschlossene Transporte, die von Lindau nach Bregenz hereingelassen wurden, im Bregenzer Hafen von einem Schweizer Schiff nach Romanshorn übernommen. Andere Transporte kamen sogar mit Kiesschiffen von Nonnenhorn nach Hard.

Von Höchst wird berichtet, daß dort in jenen Tagen eine Volksmenge zusammenkam wie noch nie in der Geschichte dieses Grenzortes. Als die Schweiz, besonders nach dem 2. Mai, mit der Kontrolle strenger wurde, wuchs das Völkerbabel noch mehr an. Im ehemaligen Lager des Reichsarbeitsdienstes waren gegen 900 Personen untergebracht, Vertreter von 29 Nationen. Außerdem waren in Privathäusern Hunderte von Flüchtlingen und Heimkehrern. Am 23. April — um ein Beispiel zu nennen — passierten Höchst 300 französische Frauen und Mädchen, die aus Deutschland kamen, zum Teil aus Konzentrationslagern. Sie führten mehrere Schwerkranke mit sich und auch einige Tote. Am folgenden Tag kamen 150 Italiener nach Höchst, darunter vier Geistliche. Es gab Tage, an denen 50 Omnibusse Heimwärtsziehende an die Grenze brachten.

Freundnachbarliche Hilfe

Konsul Bitz hatte auch für die Vorarlberger Frauen und Kinder gesorgt. Die Grenzgemeinden erhielten von der Schweiz die Einladung, Frauen und Kinder sicherheitshalber hinüberzubringen, bis die Kriegswelle über Vorarlberg hinweg sei. Am 2. und 3. Mai suchten tatsächlich gar manche Familien Zuflucht in der Schweiz und nahmen vielfach auf einem Handwagen Kleider und Vorräte mit; in Einzelfällen trieb man auch Vieh über die Brücken.

Wenn, abgesehen von Meiningen, nicht im größeren Ausmaß von dem Angebot Gebrauch gemacht wurde, so lag der Grund darin, daß der Vormarsch der Franzosen im Unterland der Hauptstraße nach erfolgen konnte und daher die am Rhein gelegenen Gemeinden vom Kriege kaum gestreift wurden. Erst infolge Umgehung von Götzis trat die Front an den Rhein heran. Für den Ernstfall standen in der Schweiz Unterkünfte für Zufluchtsuchende bereit.

Für die aus Deutschland zurückströmenden Schweizer hatte der Konsul mit seinem Mitarbeiter in Fürsorgesachen, Direktor Aus der Au, in der „Krone“ in Bregenz ein Auffanglager für 70 Personen eingerichtet.

„Die Franzosen in Friedrichshafen . . .“

Am Samstag, 21. April 1945, abends 8 Uhr, wurde im Postamt in Bregenz bekannt, daß Radolfzell am Untersee von den Alliierten besetzt sei. Landrat

Didlaukies erkundigte sich sofort telefonisch in Überlingen, was an dieser Mitteilung wahr sei. Von dort wurde mitgeteilt, Radolfzell sei zwar noch nicht besetzt, doch seien die Alliierten nur noch 50 km von dieser Stadt entfernt. Der Einmarsch könne stündlich erfolgen.

Am Sonntag, 22. April, vormittags 9 Uhr, war in der Kreisleitung in Bregenz eine Besprechung, wie die von Reichsverteidigungskommissär Gauleiter Hofer angeordnete Sperre der Gaugrenzen praktisch durchgeführt werden solle. An der Besprechung nahmen der Standortälteste Obstlt. Jenny, Kreisgeschäftsführer Gebhardt und je zwei Offiziere der Gendarmerie und der Standschützen teil. Es wurde beschlossen, die Grenze durch Wehrmacht und Standschützen zu sperren.

Die Konferenz war noch nicht zu Ende, als Hauptmann Ney vom Festungskommando eintrat und als neuesten Bericht die Meldung brachte, daß die alliierten Truppen bereits vor Friedrichshafen stünden.

Am Nachmittag kursierten in der Stadt „sichere Nachrichten", die Franzosen seien in Ravensburg.

Alles das hat sich zwar noch nicht bewahrheitet. In Bregenz enstand eine merkliche Nervosität, die ansteckend wirkte. Viele Familien brachten die Kinder und ihre wertvolle Habe aufs Land. Die Partei sammelte schon am Montag Hakenkreuze und Hitlerbilder ein, um sie dem berechtigten Spott der Zukunft zu entziehen. Bereits am Sonntagnachmittag begannen die Ämter in Bregenz mit der Sichtung des Aktenmaterials. Auch bei der Gestapo rauchte der Kamin zu sonst ungewohnter Zeit. Mit vervielfachtem Einsatz wurde jetzt auf den Baustellen der Wehranlagen gearbeitet. Ostarbeiter, ungarische Soldaten, Hitlerjugend, Standschützen — alles mußte schanzen.

In dem Durcheinander, das zwischen 22. und 29. April nicht zuletzt auch beim Militär herrschte, hatten selbst die Behörden Mühe, allgemein gültige Richtlinien an die Gemeinden hinauszugeben, Meist wandten sich die auf dem Rückzug befindlichen Truppen an die Bürgermeister der Gemeinden, wenn sie Lebensmittel oder Treibstoff haben wollten; manchmal beschlagnahmten sie Lebensmittel direkt bei den Geschäftsinhabern, wie es z. B. eine SS-Abteilung in einer Bäckerei in Dornbirn-Oberdorf gemacht hat. Einige Gemeinden verteilten die Vorratslager an die Bürger auf eigene Faust. Von Gauleiter Hofer wurde an den Landrat in Bregenz die Erlaubnis zu den Vorschußzuteilungen von Lebensmitteln, damit die Vorräte nicht durch die Kriegsereignisse zugrunde gehen oder sinnlos geplündert würden, erst am Samstag, 28. April, gegeben. Zu diesem Zeitpunkt war die Lage schon so, daß nicht mehr alle Gemeinden verständigt werden konnten.

Am 22. April Alarm in der Kaserne in Bludenz. Am selben Abend noch rückten drei Kompanien zum Einsatz aus. Die eine wurde nach Rankweil gelegt, die andere nach Lochau, bzw. dann auf den Pfänder, die dritte kam nach Feldkirch-Maria Grün.

Wer immer die Hoffnung noch nicht aufgab, war Solhardt. Noch am Donnerstag, 26. April, rechnete er mit ein paar Wochen der Abwehr. Aus seiner Bauleitung erging an diesem Tage eine Anweisung an die Baufirmen, in der es unter Punkt 6, wo von den Schützenständen die Rede ist, heißt: „Faschiniert

Ing. Carl Solhardt, Bürgermeister der Stadt Bregenz von 1938 bis 1945

Panzersperre in der Belruptstraße

wird nur, wenn mit Verschüttungen innerhalb der nächsten vier Wochen gerechnet werden muß."

Wenn damals die französische Armee die Richtung nach Bregenz und nicht nach dem Untersee eingeschlagen hätte, so wäre sie beim Einmarsch in Vorarlberg kaum auf namhaften Widerstand gestoßen. Die Straßensperren (in der Reichsstraße unweit der Kaserne stadteinwärts, in der Belruptstraße und in der Michel-Felder-Straße) wurden erst in der folgenden Woche errichtet und die Betonfallkörper an der Klause waren noch nicht sprengfertig; es arbeiteten noch an die 50 französische Fremdarbeiter daran. Die Bregenzer Widerstandsbewegung hatte alles vorbereitet, um Brückensprengungen zu verhindern, aber die Verhaftungen, die am 23. April vorgenommen wurden, durchkreuzten ihre Pläne. Jedoch konnte die Widerstandsbewegung damit rechnen, daß die Garnison kaum einen Schuß abgeben werde, wenn sie eingesetzt würde, und daß der Volkssturm (Standschützen) seine vornehmste Arbeit darin sehe, die Verwüstung der Heimat zu verhüten.

Nicht bloß an der Klause, auch im übrigen Land hatte am 22. April das deutsche Militär die letzten Verteidigungsvorbereitungen noch nicht getroffen. Nach Lochau wurde dann am Montag auf die alarmierenden Nachrichten hin das vorgesehene Sprengmaterial gebracht, in den Vorderwald am folgenden Tag, in das Wirtatobel erst am Donnerstag (1500 kg), zu den Frutzbrücken am Freitag und am Samstagvormittag zur Brunsttobelbrücke nach Doren (Bericht von Andreas Gstöhl, Dornbirn, der im Auftrag des Pionierkommandos in der Eisengasse die Transporte durchführen mußte).

Weil die Franzosen den Einbruch in das Gebirge hinausschoben, bis die ganze Bodenseegegend militärisch gesichert war, hatten Partei und Wehrmacht noch eine Woche Zeit, das Land Vorarlberg abwehrbereit zu machen.

Am Tor der Festung

Gemäß dem Beschluß der Konferenz vom 22. April wurden auch Standschützen zur Sperrung der Gaugrenze herangezogen. Hiefür wurde die Rheinauer Kompanie bestimmt.

Die Reichsstraße von Lindau nach Bregenz war die einzige Stelle, an der unter Umständen Einlaß gewährt wurde. An den anderen Straßen waren die Grenzbrücken gesperrt. In Unterhochsteg (Reichsstraße Lindau—Bregenz) durften laut Befehl nach Vorarlberg hereingelassen werden: Einheiten der Armee unter Führung ihrer Offiziere, dann einzelne Militärpersonen, die ordnungsgemäß bewaffnet waren, also mindestens Gewehre trugen, ferner alle jene, die ein Marschpapier vorweisen konnten, das ihre Zugehörigkeit zu dem in Bludenz in Aufstellung befindlichen Freikorps „Adolf Hitler" nachwies, und dann noch solche, denen der Stadtkommandant in Bregenz die Einreise bewilligte. Die Militärpersonen, soweit sie Einzelgänger waren, mußten in die Kaserne nach Bregenz überwiesen werden, wo sie zu Einsatzeinheiten zusammengestellt werden sollten.

Über Zulassung oder Abweisung konnte verantwortlich entscheiden der jeweilige Dienstführende im Offiziersrang, also vor allem der Brückenkommandant, der auch den Sprengbefehl hatte, ein Leutnant des Heeres. Bald wurde auch der Kommandant der Volkssturmabteilung jeweils abwechslend mit drei Politischen Leitern zur Führung der Kontrolle eingereiht. Zwei von diesen Politischen Leitern waren Angehörige der Kreisleitung Villingen in Baden, einer war aus Bayern.

Hören wir, was Schulleiter Niederer, damals Kompanieführer der Rheinauer Standschützen und für die Einlaßkontrolle verantwortlich, über den Betrieb beim Zollamt in Unterhochsteg berichtet:

„Nacht für Nacht lagerten in den Gebüschen am bayerischen Ufer der Leiblach Hunderte, die dann in der Morgenfrühe auftauchten und versuchten, den Weg nach Bregenz und weiter in die Schweiz freizubekommen. Darunter waren sehr viele Italiener und Holländer, dann aber auch Spanier, Franzosen, Belgier, Balten, Angehörige fast aller europäischen Völker. Tausende der Zurückgewiesenen sammelten sich in den Vororten von Lindau ziellos, regellos, ratlos. Die Schweizer Konsularvertretung in Bregenz hatte Hochbetrieb, täglich durchfuhren ihre Wagen die Grenze. Endlich öffnete sich ein Ventil für die ungeduldig Wartenden: die Flüchtlinge wurden mit

In einem Konvoi von mehreren Pkw passieren in den Vormittagsstunden des 23. April 1945 der Staatschef der französischen Vichyregierung, Marschall Petain, und seine Gattin die Schweizer Grenze bei St. Margrethen.

Schiff von Lindau nach der Schweiz gebracht. In Deutschland ansässig gewesene Schweizer kamen mit ihren Familien daher, Gepäck mitführend oder schleppend, was nur möglich war, und wurden dann von ihrem Konsul mit den nötigen Papieren versehen, damit sie weiterreisen konnten. Was nicht durchgelassen wurde, wandte sich nach Osten, Richtung Kempten—Salzburg, in der Hoffnung, daß dort keine von Hofer errichtete Festungsgrenze sei. Zu diesen gehörte auch eine Gruppe Inder aus den Hilfstruppen Hitlers, die mit ihren weißen Turbanen Aufsehen erregten. Mit asiatischem Stoizismus suchten sie einen anderen Weg nach Osten. Der „Gruppe Laval", den Angehörigen der Vichyregierung mit ihrem Dolmetscherpersonal, war Sonderbewilligung zu geben. Von geschlossenen Einheiten war vor allem der Stab der XXIV. Armee zu bemerken, der kurz nacheinander einreiste, dann zurückkehrte und wieder einreiste, ferner die SS-Unterführerschule Radolfzell (oder Überlingen) mit Sack und Pack, auch mit weiblichen Angehörigen in Uniform und Stiefeln. Sie bezog im Salvatorianerkolleg in Lochau auf einige Tage Quartier. Zwei Tage lang, bevor sie von dort wieder abrückte, wurden im Klosterhof Schriften und Bücher verbrannt, ein Zeichen der Selbstaufgabe. Eines Tages begannen diese SS-Leute, aus ihren Magazinen Feldstecher an andere Soldaten zu verschenken, fabriksneue Heeresgläser, 52 Stück. Ob es Befreiung von Raubgut, noble Geste oder Zeichen der Auflösung sein sollte, konnte niemand sagen.

Ein trauriger Anblick bot sich an der Brücke in Unterhochsteg in einer Nacht Ende April. Von Lindau kam eine Marscheinheit daher, geführt von SS-Unteroffizieren, lauter junge Buben, der letzte Jahrgang, der eben den verkürzten Arbeitsdienst hinter sich hatte. Harte Kommandos brachten sie zum Stehen, mit ebenso harten Kommandos wurden die schwerbepackten, kaum halbwüchsigen jungen Menschen wieder in Bewegung gesetzt. Es war in der beginnenden Morgenfrühe ein Bild, das sich schwer auf die Seele legte: der Kinderstube, Vätern und Müttern entrissenes liebstes Gut, nun hilflos, ergeben, in ein unbestimmtes Schicksal geschleppt, Kanonenfutter.

Was sonst an Herresangehörigen daherkam, war meist einzelreisend. Mit allen möglichen Fahrzeugen, vielfach auch zu Fuß, kamen Tag und Nacht Leute aller Truppengattungen und aller Rangstufen und meldeten sich an der Kontrollstelle.

Politische Leiter gab es auch genug zu sehen. Jeden Tag kam eine Anzahl an, einmal in mehreren Kraftwagen eine Gauleitung in Bausch und Bogen, um sich, wie sich die Herren mit dem schönen Schlagwort jener Zeit ausdrückten, hier zum Einsatz zur Verfügung zu stellen. Was irgendwie aufgeflogen oder getürmt war, flüchtete sich in die Alpenfestung. Sollte man es tragisch oder humoristisch nehmen, auf alle Fälle war das Ganze eine Karikatur, wenn man an den verflossenen Glanz dachte: Mit Fahrrädern von weit hergekommen, tauchten Reichsarbeitsdienst-Führerinnen auf, im Äußeren nun zu menschlicher Form zurückverwandelt, die Habe in Rucksäcken und Paketen auf dem Ständer rückwärts aufgeschnallt . . . woher? wohin? wozu? Vehikel jeder Art und verschiedensten Ursprungs tauchten auf, besetzt mit Soldaten, beladen mit Strandgut, gefunden, geraubt, wer wußte es, jedenfalls ‚organisiert' . . . Zwei SS-Männer in einem kleinen Personenwagen, auf den hinteren Sitzen vier große Käselaibe, fast zuviel Last für die ächzenden Federn des Wägelchens . . . ein Bild, man wußte nicht, sollte man es einreihen in die Gattung Raubzug oder verzweifelte Selbsthilfe in Erwartung der letzten Tage einer langen Belagerung.

Am 28. und 29. April verschwand das zivile Element mehr aus dem Strom der Flüchtigen, das Bild der militärischen Regellosigkeit trat mehr in den Vordergrund — und dann folgten die Kampfhandlungen, die dem Fluchtgetriebe in Unterhochsteg ein jähes Ende bereiteten."

Gebhard Niederer hatte seine Kompanie am 29. April spät abends heimlich weggeführt.

Der Grund, warum Hofer den Gau gegen Massenzuzug sperren mußte, war der Mangel an Lebensmittelreserven.

Der Kampf um Bregenz

Für die Bewohner von Bregenz war die Woche vor dem 1. Mai keine kleine Nervenprobe. Im Wirrwarr der Gerüchte kannte sich niemand mehr aus. Das eine Mal hieß es, ganz Vorarlberg sei Lazarettbereich, dann wieder, Bregenz sei offene Stadt, jedoch Dornbirn und Feldkirch würden verteidigt. Schließlich hörte man, alle Verhandlungen hätten sich zerschlagen. Niemand wußte aber recht, wer verhandle, wo verhandelt werde usw. Die Führer der Partei hatten keine Ursache mehr, große Reden zu halten. Andere Leute durften nur munkeln. Niemand war sich auch darüber im klaren, wer eigentlich über Leben, Tod und Eigentum der Bürger letztlich entscheidet, die Wehrmacht oder die Partei. Dann wurden auf einmal an verschiedenen Straßenkreuzungen der Stadt plakatwandgroße Tafeln aufgestellt, auf denen in mächtigen Lettern stand: „Lazarettbereich-Sperrzone". Warum diese Tafeln gerade am Beginn der Kirchstraße, am Bahnhof, an der Kreuzung Römerstraße-Blumenstraße und in Vorkloster unweit der Schule angebracht wurden, wußte wiederum niemand, doch mußten diese Tafeln immerhin als ein günstiges Zeichen gewertet werden. Dann wurde Bregenz tatsächlich offene Stadt, denn das Militär zog ab. Anderentags rollten die Kolonnen wieder in die Stadt zurück. Wer hätte sich da noch auskennen sollen? Dann Fliegeralarm und keine Entwarnung mehr . . . Jetzt kannte man sich aus! Gerüchteweise hatte man von fieberhaften Bemühungen einiger einsatzbereiter Männer um die Rettung der Stadt gehört. Es hagelte unmittelbar nach dem Umsturz auch an Anschuldigungen. Das ist menschlich begreiflich, denn solche Wunden, wie sie das Antlitz der Stadt Bregenz erlitten hat, können nicht gleichgültig hingenommen werden. Kriegführen kann ein Handwerk sein, aber auch ein Verbrechen.

Im folgenden sei der Versuch gemacht, an Hand von Tagebuchaufzeichnungen und persönlichen Erinnerungen der Männer, die sich in jenen Tagen für das Wohl ihrer Mitbürger eingesetzt haben, den Ablauf der Ereignisse des 1. Mai 1945 und seine Vorgeschichte zu rekonstruieren. Als wichtigste Quellen, hauptsächlich über die Verhandlungen, kommen neben einer Reihe von sehr wertvollen Einzelprotokollen und Kurzberichten die Tagebuchaufzeichnungen von Oberstabsarzt Dr. Georg Poschacher und von Konsul Carl Bitz, Bregenz, in Betracht sowie die Erinnerungen von Dr. Guido Tarabochia, Bregenz, und General der Gebirgstruppen Valentin Feurstein, Innsbruck. Dr. Poschacher war fünf Jahre lang Chefarzt in Riedenburg; im Zivilberuf ist er praktischer Arzt und Zahnarzt in Tittmoning an der Salzach.

Der Stadtkommandant

Wer in Bregenz die Stadt- und Kampfkommandantur übernehmen sollte, wurde erst später geklärt. Der Standortälteste Obstlt. Jenny (trotz seines einheimisch klingenden Namens kein Vorarlberger) kam als Verwaltungsbeamter des Militärs nicht recht in Frage. Als NS-Führungsoffizier hätte er den politischen Vorbedingungen voll und ganz entsprochen, damit ist aber noch nicht gesagt, daß er auch ein Taktiker war. Jenny gedachte überhaupt nicht, in Bregenz zu bleiben. Am Sonntag, 22. April, mittags, wurde dann endgültig Obstlt. Reicherter zum Stadtkommandanten von Bregenz bestellt. Er war kriegsbeschädigter Panzeroffizier. Von Obstlt. Knoblauch war er bis jetzt mit der Errichtung der Panzersperren beauftragt.

Reicherter war aus der SA hervorgegangen und galt als radikaler Nationalsozialist, sonst wäre er wohl kaum an diesen politisch wichtigen Posten gekommen. Von der Person des Kampfkommandanten konnte das Schicksal von Bregenz und von ganz Vorarlberg abhängen. Die Widerstandsbewegung suchte daher gleich nach Wegen, daß die Stadt diesen Mann los würde. Noch am Sonntagabend sprach ein Führer der linksgerichteten Widerstandsbewegung von Bregenz bei Fabrikant Gert Huber (Firma Sannwald) vor, ob er vielleicht Reicherter bewegen könnte, die Stadt ohne Verteidigung zu übergeben; in diesem Falle würde die Widerstandsbewegung den Schutz des Oberstleutnants für die nächste Zukunft garantieren. Gert Huber riet zur Vorsicht und schlug vor, es solle beim Generalkommando in Innsbruck erwirkt werden, daß Reicherter abberufen oder befördert werde. Vielleicht könnte Dr. Tarabochia ins Vertrauen gezogen werden, der zu General Feurstein gute Beziehungen habe.

Am anderen Tage verwendete sich ein Führer des christlichen Flügels der Widerstandsbewegung bei Gert Huber und trug das gleiche Begehren vor. Wieder wurde der Vorschlag erörtert, daß Dr. Tarabochia bei General Feurstein geeignete Schritte unternehme. Tarabochia wurde gefragt, ob er allenfalls bereit wäre, den Posten des Stadtkommandanten von Bregenz anzutreten, wenn er ihm übertragen würde.

Daß der Vorschlag auf Dr. Tarabochia fiel, war kein bloßer Zufall. Rechtsanwalt Dr. Tarabochia war vor dem Jahre 1938 Nationalsozialist und wurde nach der Machtergreifung Ratsherr in Bregenz und „Kreisgruppenführer des Rechtswahrerbundes“ und in dieser Eigenschaft juristischer Berater des Kreisleiters. Noch im gleichen Jahre geriet er mit den Führern der Partei in Konflikte, nicht zuletzt, weil er das weltanschauliche Kampfprogramm der Partei ablehnte. Bei Kriegsausbruch rückte er an die Front ein. Als er zu Beginn des Jahres 1945 in das Heimatlazarett Riedenburg kam, machte er kein Hehl daraus, daß er jeden Tag der Fortsetzung des Krieges als ein Verbrechen ansehe, was ihm neuerliche Verwarnungen durch die Partei eintrug. Dr. Tarabochia hielt es dafür für ausgeschlossen, daß er als Stadt- und Kampfkommandant bestätigt würde. Er wäre aber sofort bereit gewesen, die kampflose Übergabe der Stadt anzustreben. Damit hatte auch die Widerstandsbewegung gerechnet; außerdem wußte diese die Standschützen (im Volksmund „die neue Waffe“ geheißen) in ihren Reihen und konnte sich auch auf die Garnison verlassen, da sie vom Widerstandsgeist gründlich durchgeackert war. Der Kommandeur des Bataillons, Major Tress, früher wohl Nationalsozialist, tat praktisch mit der Widerstandsbewegung mit.

Am Mittwoch, 25. April, rief Major Tarabochia von der Wohnung des Fabrikanten Gert Huber aus Obstlt. Reicherter in der Kreisleitung (Kampfkommandantur) an und fragte ihn nach der Lage. Reicherter meinte, der Volkssturm des Kreises Bregenz sei eine Enttäuschung, er lasse ihn durch die Wehrmacht ersetzen, er habe schon Einheiten der Waffen-SS zur Verstärkung auf dem Wege. Tarabochia wendete ein, eine moderne Panzerarmee könne man durch diese Vorkehrungen doch nicht aufhalten, worauf Reicherter geantwortet haben soll: „Ich werde kämpfen und wenn ich der letzte Partisane Deutschlands sein sollte!" Seine Ausdauer reichte dann aber, als es ernst wurde, nicht ganz so weit!

Als ziviler Berater stand dem Kampfkommandanten Reicherter Bürgermeisterstellvertreter v. Schwerzenbach zur Seite. (Bürgermeister Solhardt war Stellvertreter des Kreisleiters Richter. Richter seinerseits war Stellvertreter Hofers in dessen Amt als Reichsverteidigungskommissar.)

Mit der Bestellung eines Stadtkommandanten ging die Verfgügungsgewalt über Polizei und Gendarmerie vom Landrat auf den Stadtkommandanten über. Reicherter befahl sofort Polizei und Gendarmerie Alarmbereitschaft an und gab bekannt, daß sie mit einem militärischen Einsatz zu rechnen hätten. Jedoch war die vorgesetzte Dienststelle der Polizei in Innsbruck mit dieser Maßnahme Reicherters nicht einverstanden und so machte er sie wieder rückgängig. Mit 27. April konnten Polizei und Gendarmerie wieder ihren eigentlichen Aufgaben nachgehen.

Gert Huber (-Sannwald)

Dr. Georg Poschacher, Standortarzt für die Lazarette von Bregenz und Lochau

Verhandlungen mit dem Roten Kreuz

Da am 22. April auch für Bregenz die Lage brenzlig geworden war, suchten die verantwortlichen Stellen für die zahlreichen Lazarette und für die Zivilbevölkerung Schutzmaßnahmen zu erwirken.

Oberstabsarzt Dr. Poschacher, Standortarzt für die Lazarette von Bregenz und Lochau und Chefarzt des Lazarettes Bregenz (mit den Teillazaretten Riedenburg, Marienberg, Mehrerau, Oberschule, Hotel Europe und Gallusstift), besprach die Lage mit Oberfeldarzt v. Lemmen, dem Kommandeur der Sanitätsabteilung Innsbruck, und mit dem Generalarzt a. D. Dr. Kofler, Bregenz. Es wurde zunächst mit dem schweizerischen Konsul Bitz Fühlung genommen, von dessen Bemühungen, daß Vorarlberg ein Schutzgebiet werden sollte, sie wohl gehört haben mochten. Konsul Bitz legte die Anfrage Dr. Poschachers und Dr. Lemmens, ob die Vorarlberger Lazarette nicht unter den Schutz des Internationalen Roten Kreuzes genommen werden könnten, dem Präsidenten des Roten Kreuzes in Genf vor und erhielt die Zusicherung, daß sofort ein bevollmächtigter Delegierter nach Bregenz geschickt werde.

Am Dienstag, 24. April, begab sich Oberstabsarzt Dr. Poschacher mit Oblt. Müller in dieser Angelegenheit zum Standortältesten Obstlt. Jenny und besprach sich auch mit anderen Wehrmachtsstellen. Nach einem dreimaligen Anlauf gelang es dem damals stellvertretenden Leiter des Wehrmeldeamtes Bregenz, Obstlt. Lang, die Zustimmung des Stellvertretenden Generalkommandos in Salzburg zur Aufnahme von Verhandlungen mit dem Internationalen Roten Kreuz zu erhalten.

Dr. Poschacher und Dr. Kofler besprachen noch am selben Nachmittag mit Konsul Bitz etwaige Maßnahmen zum Schutze der Verwundeten. Konsul Bitz setzte sich für die „offene Stadt" ein. Nach dieser Vorbesprechung wurden dann an den beiden folgenden Tagen die entscheidenden Verhandlungen geführt, und zwar bei der Dienststelle des Roten Kreuzes in Bregenz im Gebäude der Länderbank am Kornmarktplatz (damals noch Adolf-Hitler-Platz geheißen).

An der Besprechung am Mittwoch, den 25. April, nahmen teil: Obstlt. Reicherter an Stelle des Standortältesten Jenny, der inzwischen nach Bludenz versetzt worden war, Oberstabsarzt Dr. Poschacher, Generalarzt a. D. Dr. Kofler, der schweizerische Konsul Bitz, Regierungsrat Dr. Kröning vom Reichsinnenministerium, und vom Internationalen Roten Kreuz die Herren v. Zupan, Leiter der Roten-Kreuz-Station in Bregenz (ein Ungar), Dr. Bachmann und Dr. Turrikum (ein Schweizer); letzterer war der Delegierte, der vom Präsidenten des Roten Kreuzes dem Konsul versprochen worden und eben zu diesen Verhandlungen angekommen war.

Das Rote Kreuz wurde in erster Linie um Schutz für die in Bregenz und Feldkirch untergebrachten Verwundeten gebeten. Konsul Bitz und v. Zupan sagten Schutzmaßnahmen bereitwilligst zu, erklärten jedoch, daß der Umfang der Hilfe davon abhänge, in welcher Form die beiden genannten Städte zu Schutzzonen gemacht würden. Konsul Bitz appellierte an Obstlt. Reicherter, in Bregenz ein „Schutzgebiet" für die Verwundeten und für die Kinder zu errichten: in diesem Falle würden Medikamente und Nahrungsmittel in genügender Menge zur Verfügung gestellt werden (an Medikamenten herrschte ein katastrophaler Mangel). Reicherter hielt diesen Vorschlag für unmöglich, weil Bregenz und Vorarlberg zur Festung erklärt seien. v. Zupan ersuchte um Aufschluß über die Zahl der Verwundeten. Es wurde ihm mitgeteilt, daß 6000—8000 Verwundete in Vorarlberg seien, von denen ein erheblicher Teil nicht transportfähig sei. Die Konferenz neigte zum Standpunkt, daß es unter den gegebenen Verhältnissen die beste Lösung sei, Bregenz zu einer „offenen Stadt" zu erklären.

Auch Obstlt. Reicherter, obwohl Nationalsozialist, war schließlich dafür. Es brauchte allerdings viel Beredsamkeit, bis er einsah, daß im Kriege nicht bloß Führerprinzip und soldatischer Geist reden müssen, sondern daß man auch an jene zu denken habe, die ihre gesunden Glieder geopfert haben. Besonders die Herren vom Roten Kreuz redeten ihm ordentlich zu.

Nach dieser informierenden Aussprache wurde beschlossen, am anderen Tage im Beisein des Kommandeurs der Sanitätsabteilung die Verhandlungen weiterzuführen.

Bei der Besprechung am Donnerstag, den 26. April, vormittags, waren neu zugegen Oberfeldarzt v. Lemmen und Gefr. Wetzel aus der Lazarettkanzlei des Oberstabsarztes in Riedenburg.

Der Vorschlag, daß die Stadt Bregenz zur „Internationalen Lazarettstadt" erklärt werden solle, mußte fallengelassen werden, denn zu einer solchen Erklärung hätten sich beide kriegführenden Parteien verpflichten müssen; dies hätte aber sehr lange Verhandlungen notwendig gemacht, zu denen keine Zeit mehr war. Wenn Bregenz zu einer „Internationalen Lazarettstadt", also zu einem eigentlichen „Schutzgebiet" erklärt worden wäre, hätten z. B. die Franzosen nicht über die Klause hereinkommen können, um Vorarlberg zu besetzen. Die Herren aus Genf erklärten aber, wenn vom deutschen Kommando bestimmt werde, daß Bregenz „offene Stadt" sei, würde dies sofort durch das Internationale Rote Kreuz den Alliierten mitgeteilt werden und das Rote Kreuz könnte für den Schutz der Verwundeten garantieren.

Oberfeldarzt v. Lemmen wollte nun mit dem Festungskommandanten General Feurstein in Innsbruck und mit dem Stellvertretenden Generalkommando in Salzburg die Frage der „offenen Stadt" besprechen.

In der Sitzung wurde auch auf die Frage eingegangen, was dann zu unternehmen sei, wenn das Stellvertretende Generalkommando in Salzburg es ablehne, daß Bregenz und Feldkirch offene Städte werden. Besprochen wurde u. a. die Möglichkeit einer vorübergehenden Unterbringung der Verwundeten in schweizerischen Grenzorten. Dabei sollten die Feldkircher Lazarette in gleicher Weise wie jene von Bregenz berücksichtigt werden. Aber eine Unterbringung von 6000 Verwundeten in der Schweiz, und zwar bei kurz bemessener Frist, hätte auch große Schwierigkeiten gehabt. Außerdem hätten dann gerade die vielen Transportunfähigen keinen Schutz finden können.

Die Herren vom Roten Kreuz erklärten auch, sie hätten sich in Lindau davon überzeugt, daß praktisch dort nur Lazarette seien. Dies würden sie den

Alliierten mitteilen. Lindau wurde beim Einmarsch auch tatsächlich nicht beschossen. (Wer am meisten bemüht war, daß Lindau die Garnison los wurde und daß es als Lazarettstadt anerkannt wurde, war der dort wohnhafte Dornbirner Jörg Rhomberg.)

Stellungnahme der Stadtrates

Noch am gleichen Donnerstag, 26. April, befaßte sich auch der Stadtrat von Bregenz mit dem Problem der Verteidigung oder Freigabe der Stadt. Für die Ratsherren war die Frage besonders heikel. Sollten sie in dieser wahrscheinlich doch letzten Entscheidung der Partei folgen oder der Vernunft? Schließlich mußte ihnen das Wohl der Stadt doch näher liegen als ein Kampf, der für das Ganze des Krieges gesehen absolut keinen Zweck und Sinn mehr hatte. Die Sitzung war durch den stellvertretenden Bürgermeister auf 17 Uhr einberufen worden.

General Feurstein hatte am 24. April Major Tarabochia die Stelle eines Quartiermachers in Innsbruck angeboten, die dieser aber nicht annahm. Tarabochia aber teilte dem General mit, daß er gerne mit ihm eine Besprechung hätte. Diese wurde auf Freitag, 27. April, vormittags 9 Uhr, verabredet. Dr. Tarabochia hatte den Vorteil, daß er mit General Feurstein durch Familienbeziehungen verbunden war; er konnte ihn daher unter Beiseitelassung des militärischen Zeremoniells unter vier Augen über die Lage in Bregenz informieren.

Valentin Feurstein, General der Gebirgstruppen

Dr. Guido Tarabochia

Die Herren vom Roten Kreuz hatten durch den Direktor der Länderbank nach der Sitzung am Donnerstagvormittag erfahren, daß Major Tarabochia zu General Feurstein nach Innsbruck fahren wolle. Daraufhin wurde um 13 Uhr Dr. Tarabochia von Oberstabsarzt Dr. Poschacher zu einer Besprechung mit Dr. v. Lemmen nach Riedenburg gebeten. Dr. Poschacher bemühte sich, die Vorsprachen Dr. v. Lemmens und Dr. Tarabochias in Innsbruck möglichst in die gleiche Richtung zu lenken und gab Dr. Tarabochia, der damals Patient in Riedenburg war, die notwendigen Wehrmachtspapiere für die Fahrt nach Innsbruck. Die Einladung v. Lemmens, sofort mit ihm nach Innsbruck zu fahren, mußte Tarabochia ablehnen, da er auf 14.30 Uhr eine Besprechung mit den Herren des Roten Kreuzes bei Konsul Bitz verabredet hatte und weil er auch noch die Stadtratssitzung um 17 Uhr abwarten wollte, um in Innsbruck auch den Wunsch der offiziellen Stadtvertretung vortragen zu können.

Bei der Besprechung in der Wohnung des Konsuls garantierten die Vertreter des Internationalen Roten Kreuzes, v. Zupan und Turrikum, daß das Rote Kreuz die Verpflegung mit Lebensmitteln und Medikamenten für 10.000 Verwundete restlos übernehmen werde, wenn es Major Tarabochia in Innsbruck durchsetze, daß Bregenz und Feldkirch offene Städte werden.

In der Stadtratssitzung waren sich die anwesenden Ratsherren in dem Wunsche einig, daß Bregenz als offene Stadt behandelt werde. Ratsherr Reiner von Lochau schloß sich den Ausführungen Tarabochias an. Der Standschützenführer Kuner bemerkte, seine Leute wollten von einem Widerstande nichts wissen. v. Schwerzenbach äußerte sich: „Es ist ein Wahnsinn, Bregenz zu verteidigen.“ Einstimmig wurde der Beschluß gefaßt, daß sich der Vizebürgermeister mit zwei Ratsherren zum Kreisamtsleiter Gebhardt und zum Stadtkommandanten Reicherter begeben solle, um sie von der Entschließung der Ratsherren in Kenntnis zu setzen. Bürgermeister Solhardt war bei dieser Sitzung nicht zugegen, war angeblich augenblicklich auch nicht auffindbar, mußte allerdings auch nicht eingeladen werden, da er ja als OT-Funktionär im Militärdienst stand; wahrscheinlich wurde auf seine Anwesenheit auch kein großer Wert gelegt, weil man befürchten konnte, daß die Einhelligkeit der Stellungnahme durch ihn gescheitert wäre.

Unmittelbar im Anschluß an die Sitzung um 18 Uhr fuhr Major Tarabochia nach Innsbruck ab. Auf dem Wege besprach er sich noch mit Dr. Arthur Ender in Feldkirch, bei dem er die von Dr. Lassner besorgten Unterlagen holte, die er zu den Verhandlungen für die Feldkircher Lazarette benötigte. Dr. Tarabochia gab die Zusicherung, daß er auch für Feldkirch im gleichen Sinne wie für Bregenz eintreten werde.

Günstiger Verhandlungsausgang in Innsbruck

In Innsbruck begab sich Dr. Tarabochia zur vereinbarten Stunde zu General Feurstein, der sein Kommando an diesem Morgen von der Hofburg auf die Hungerburg (Hotel Maria Brunn) verlegt hatte, weil die Stadt den Bombardierungen stark ausgesetzt war. Dr. Tarabochia schilderte dem General bei wiederholten Vorsprachen die Lage in Bregenz und die Stimmung der Bevölkerung; nachdem das Reich doch nicht mehr zu retten sei, müsse wenigstens noch für die Erhaltung der Heimat und für die Lazarette gesorgt werden, und dazu sei es höchste Zeit. Der Major suchte auch den Oberfeldarzt v. Lemmen auf, der, von der Besprechung in Bregenz angekommen, beabsichtigte, vom Stellvertretenden Generalkommando in Salzburg das Einverständnis zu erbitten, daß Bregenz und Feldkirch zu offenen Städten erklärt werden. Dr. Tarabochia redete es ihm aus, nach Salzburg zu fahren, da General Feurstein als Befehlshaber für Tirol und Vorarlberg die zuständige Instanz sei. Die gemeinsame Besprechung bei General Feurstein war um 16 Uhr. Das Ergebnis: Der General war mit dem Vorschlag, daß Bregenz und Feldkirch offene Städte werden sollten, nach sorgfältigem Überprüfen aller Umstände einverstanden, vorbehaltlich der gleichlautenden Stellungnahme des Gauleiters. Da Major Tarabochia glaubte, bei Hofer nichts ausrichten zu können, weil er es mit ihm verdorben habe, fuhr General Feurstein selber zu ihm. Gauleiter Hofer war grundsätzlich nicht ablehnend, hatte aber „Gewissenskonflikte", wie er sich äußerte, denen der General dadurch abhalf, daß er den Befehlshaber der Heeresgruppe C, Generaloberst Vietinghoff, anrief. Vom dortigen Generalstabschef wurde die Antwort des Generalobersten noch für die Nacht in Aussicht gestellt. Sie traf um ein Uhr früh in Innsbruck ein.

Schutzmaßnahmen für die Lazarette — Plan einer Demonstration

Inzwischen gehen in Bregenz und in Lochau die Bemühungen weiter, das befürchtete Unglück zu verhüten. Erwähnung verdient auch der Plan, die Stadt durch ein ungarisches Regiment zu retten. Die diesbezüglichen Verhandlungen kamen wegen des raschen Vordringens der Amerikaner nicht über die erste Fühlungnahme hinaus. Das Regiment soll bei Kempten gestanden und wegen seiner Unzuverlässigkeit nicht mehr eingesetzt worden sein. Die Kenntnis über das Bestehen des Planes kommt über die Freiheitsbewegung des Bregenzerwaldes. Doch ist nicht zu erfahren, wer in Bregenz mit dem ungarischen Regiment verhandelt hat.

Oblt. Müller, Lazarettoffizier von Riedenburg, und Hauptmann v. Lichtenturn, Lazarettoffizier im Strandhotel (früher Heimatwehrkommandant von Salzburg), versuchten, bei Offizieren der Kampftruppe durch Zureden etwas zu erreichen. Zuvor gewannen sie den Chefarzt im Strandhotel, Dr. Mugler. Obwohl dieser aus der Bewegung hervorgegangen war — er war SA-Standartenführer in München-Oberland — war er bald für die Idee der kampflosen Übergabe gewonnen und hat dann diesen Standpunkt auch folgerichtig vertreten. Er hat z. B. Obstlt. Knoblauch gedroht, wenn das Geschütz vor seinem Lazarett nicht binnen zwei Stunden entfernt sei, werde er auf eigene Verantwortung die Geschützbedienung gefangennehmen und die Kanonen wegfahren lassen. Er hat sie auch entfernt, ohne Widerstand zu finden.

Dann suchten die beiden Lazarettoffiziere auch Reicherter und Knoblauch zur Aufgabe des Verteidigungswillens zu bewegen. Es ging dabei nicht ohne schwere Auseinandersetzungen ab. Oblt. Müller warf den Offizieren Feigheit vor, daß sie sich nicht getrauten, angesichts der hoffnungslosen Lage selbständig zu handeln. Er ging sogar so weit, Obstlt. Knoblauch zu drohen: „Ihr Stabsoffiziere werdet noch zur Verantwortung gezogen werden." Es war aber nicht viel zu erreichen; Knoblauch hielt sich starr an die Befehle, später versicherte er aber doch einmal, er werde den Truppen keinen Schießbefehl geben.

Hauptmann v. Lichtenturn hatte einen eigenen Plan. Durch eine Demonstration aller Gehfähigen der Lazarette Bregenz und Lochau, insgesamt etwa 2000 Mann, sollten die militärischen Stellen zur Aufgabe des Widerstandes gezwungen werden. Am Freitag früh versicherte er sich der Mithilfe des Stabsfeldwebels Franz Kopf (aus Bregenz) in Schloß Hofen und fuhr dann in Begleitung des Chefarztes des Lazarettes Lochau, Dr. Mugler, zu Oblt. Müller und Oberstabsarzt Dr. Poschacher nach Riedenburg, wo sie über den augenblicklichen Stand der Verhandlungen aufgeklärt und an den Kampfkommandanten Reicherter gewiesen wurden; dort sollten sie sich zuerst über die militärische Lage informieren. Reicherter erklärte, nicht zuständig zu sein. Sodann begaben sie sich zu Obstlt. Knoblauch, mit dem sie eine lange Besprechung hatten. Als die Lazarettoffiziere mit einer Demonstration drohten, antwortete Knoblauch heftig: „Das wäre Verrat!"

Im Verlaufe der Verhandlungen wurde der Vorschlag des Oberstabsarztes Dr. Poschacher durchbesprochen, daß in einem Umkreis von 500 Meter um die Lazarette alles Kriegsmaterial, wie Munition und Treibstoffe, entfernt und die angelegten Deckungen wieder zugeworfen werden sollen. Der Festungskommandant erklärte sein Einverständnis mit dem Vorschlag Dr. Poschachers. Damit den Sinn dieser Maßnahmen auch Fanatiker einsehen konnten, die vielleicht meinen möchten, an der Verteidigung der Stadt festhalten zu müssen, wurden dann auf Veranlassung Dr. Poschachers überall an den Zufahrtsstraßen zu den Lazaretten, 500 Meter davon entfernt, Tafeln angebracht mit einem großen roten Kreuz und der Aufschrift: „Lazarettbereich-Sperrzone."

Bregenz atmet auf

Am Samstag, 28. April, hatte Dr. Poschacher noch einmal eine Unterredung mit Obstlt. Knoblauch in der Kronhalde. Dieser erklärte als verantwortlicher Kommandant: „Bregenz ist offene Stadt." Bereits am frühen Morgen, um 7.45 Uhr, war das Kommando in der Kronhalde durch General Feurstein von der zustimmenden Antwort des Befehlshabers der Heeresgruppe C benachrichtigt worden.

Als am Samstag, 28. April, die Nachricht von der Freigabe der Stadt Bregenz aus Innsbruck eintraf, war eben General Schmidt mit seinem Stabe und mit zwei oder drei Kreisleitern auf der Kronhalde bei Bregenz. Alles atmete auf, nur die Kreisleiter und General Schmidt waren wenig erfreut.

Obstlt. Knoblauch fand es jedoch nicht für gut, wenn die Bevölkerung von der Entscheidung zu früh erführe, weil sich in diesem Falle der Feind für den Vormarsch in das Oberland Vorteile holen könnte; außerdem müsse die Antwort der Alliierten abgewartet werden. Die völlige Räumung der Stadt von Soldaten sei aber augenblicklich noch nicht möglich, da noch wesentliche Truppenteile in Richtung Arlberg durchzögen. Wenn dann der Feind auf Artillerieschußweite (15 km) nahegekommen sei, soll kein kämpfender Soldat mehr in Bregenz sein. Ein Widerstand soll erst wieder in der Gegend von Bludenz versucht werden.

Die Bevölkerung erfuhr jedoch von dieser Entscheidung und atmete auf.

Gleich nach dem Eintreffen der endgültigen Antwort aus Innsbruck beauftragte Obstlt. Knoblauch im Namen der Wehrmacht den Landrat Didlaukies mit der Weiterleitung an das Rote Kreuz in Genf.

Der Landrat verständigte den Schweizer Konsul Bitz, der sofort nach St. Margrethen fuhr und mit Genf Verbindung aufnahm. Er gab die Meldung telefonisch und telegrafisch an Prof. Burckhardt, den Präsidenten des Internationalen Roten Kreuzes, weiter. Im Verlaufe des Sonntags traf die Nachricht ein, daß die Alliierten den Vorschlag zur Kenntnis genommen hätten und mit ihm einverstanden seien.

Die Bregenzer Garnison wurde nach verschiedenen Orten des Landes verlegt; so kam die Genesenenkompanie nach Röthis und die Kompanie, die seit Anfang März in Hard stationiert gewesen war, nach Thüringen.

Am Sonntag, 29. April, vormittags, erwog Dr. Poschacher, auch noch die Kaserne und das Salvatorianerkolleg in Lochau für Lazarette einzurichten, nachdem der Kommandeur der Sanitätsabteilung in Innsbruck, Dr. v. Lemmen, die Absicht geäußert hatte, Lazarettzüge aus Tirol nach Vorarlberg zu schicken, da Bregenz und Feldkirch nunmehr offene Städte seien. Der Fliegerangriff auf das Bahnhofgelände in Lauterach am 25. April legte andererseits die Räumung des „Hotel Europe" und die Unterbringung der Verwundeten im Gallusstift nahe. Dieses Teillazarett war für solche Soldaten bestimmt, die von hier aus die Schule für Amputierte besuchen wollten. Der Unterricht wäre in der Gewerbeschule gegeben worden. — Die unmittelbare Nähe des „Hotel Europe" beim Bahnhof erwies sich, wie schon von Anfang an befürchtet wurde, als ungunstig zur Verwendung für ein Lazarett.

Ein Tieffliegerangriff auf die Bahnhofgegend am Vormittag des 29. April, bei dem ein nach Bregenz einfahrender Zug der Bregenzerwaldbahn beschossen wurde, fünf Personen tödlich getroffen und sieben so schwer verwundet wurden, daß sie bald starben, sowie die Textilfabrik Benger in Flammen geriet, machte die Bevölkerung von Bregenz wieder stutzig. Von uns aus, so sagte man sich, ist Bregenz offene Stadt, von der Gegenseite aber werden wir beschossen.

Konsul Bitz, der von allen Seiten mit Anfragen bestürmt wurde, konnte zur Antwort geben, die Erklärung von Bregenz und Feldkirch zu offenen Städten sei vom Präsidenten des Roten Kreuzes in Genf sofort am Samstag nach Paris weitergegeben, das zuständige französische Kommando sei jedoch inzwischen weiter nach Osten verlegt worden, sodaß in der Benach-

Beim Tieffliegerangriff am Vormittag des 29. April auf den Bregenzer Bahnhof kamen zwölf Menschen ums Leben, ein Großteil des Fuhrparkes ging in Flammen auf.

richtigung der vordersten Linien eine Verzögerung eintreten könne.

Dem Landrat Didlaukies wurde die zustimmende Antwort der Alliierten um 20 Uhr durch den Vertreter des Roten Kreuzes in Bregenz, v. Zupan, übermittelt, also zu einer Zeit, da schon einige Stunden zuvor wieder Militär zur Verteidigung der Stadt aufgezogen worden war, ohne daß jedoch die Bevölkerung durch die Wehrmachtsstellen von der geänderten Lage verständigt worden wäre. Der Landrat gab die Meldung von der zustimmenden Antwort der Alliierten sofort an den Ia-Offizier des Festungskommandanten, Hauptmann Ney, weiter. Dieser nahm sie zur Kenntnis und versprach, sie sofort dem Kommandierenden General weiterzuleiten.

Am nächsten oder spätestens am übernächsten Tag hätten Vertreter des Internationalen Roten Kreuzes nach Bregenz und Feldkirch kommen sollen, um die Einhaltung der Bedingungen zu kontrollieren.

Verhängnisvolle Wendung

Die ersten Anzeichen der verhängnisvollen Wendung des Schicksals der Stadt Bregenz wurden am Sonntagnachmittag wahrgenommen. Aus Feldkirch wurde im Lazarett Riedenburg angefragt, ob es wahr sei, daß Feldkirch und Bregenz auf einmal wieder nicht offene Städte seien. Im Auftrage Dr. Poschachers geht Lazarettoffizier Müller dem Gerüchte nach und wendet sich an das Festungskommando in der Kronhalde. Offenbar wieder keine offenen Städte . . .

Auch in Lochau wurde man nervös, denn auf einmal gegen Abend war Militär angekommen und es wurde wieder die Leiblachbrücke geladen. Woher diese plötzliche Wendung?

Wie Bürgermeisterstellvertreter v. Schwerzenbach durch Prof. Pirker erfuhr, daß sich Truppen an der Klause eingefunden hätten und sich dort anscheinend zur Verteidigung einrichten, suchte er Aufklärung beim Landrat, der aber noch keine Informationen hatte, dann beim Kommando in der Kronhalde, wo jedoch Obstlt. Knoblauch nicht zu erreichen war. Schließlich erhielt er von General Schmidt die Antwort, daß er (Schmidt) sich nicht an die Abmachungen halte, weil ohne Befragen der Wehrmacht verhandelt worden sei. Den Gauleiter Hofer konnte Schwerzenbach nicht telefonisch sprechen, aber aus seiner Kanzlei erhielt er Bescheid, Kesselring habe entschieden, daß Bregenz verteidigt werde. v. Schwerzenbach wies darauf hin, daß die Abmachungen eingehalten werden müßten, weil sie dem alliierten Hauptquartier bereits mitgeteilt seien und weil von dort die zusagende Antwort schon da sei. Er stieß aber auch jetzt noch auf Verständnislosigkeit und bat, um das Schlimmste zu verhüten, wenigstens die Gegenseite zu verständigen, daß sich die Wehrmacht nicht an die Abmachungen halte. Kreisleiter Richter konnte er nicht auffinden.

Auch Major Tarabochia suchte bei Obstlt. Knoblauch Auskunft zu erhalten, der aber gerade in Feldkirch war. Kurz vor 21 Uhr führte er vom Wohnzimmer des Chefarztes in Riedenburg aus in dessen Anwesenheit ein Ferngespräch mit General Feurstein in Innsbruck im Hinblick auf die neue Lage und erhielt die Antwort:

„Ich teile dir mit, daß ich abgesetzt bin als Befehlshaber von Vorarlberg. Morgen werde ich abgesetzt werden als Befehlshaber von Tirol."

„Und was ist mit Bregenz?"

„Geh' zum General, der jetzt für Vorarlberg maßgebend ist; mache ihn mit den Verhandlungen bekannt und sage ihm, daß wir uns an die Abmachungen halten müssen."

Auch Oberfeldarzt v. Lemmen hatte von Kesselring eine schwere Rüge erhalten, setzte aber trotzdem seine Bemühungen fort.

Daß Tirol und Vorarlberg von der Heeresgruppe C (Süd) abgetrennt worden und der Heeresgruppe West zugeteilt worden waren, erfuhr man erst später.

Nach dem Bericht des Obstlt. Knoblauch erhielt General Schmidt schon am Samstagnachmittag die Befehlsgewalt über Vorarlberg. Obstlt. Knoblauch schreibt: „Am Samstagnachmittag kam General Schmidt wieder zu mir und erklärte mir, Tirol und Vorarlberg würden ab sofort nicht mehr zum Befehlsbereich Vietinghoffs gehören, sondern Gen.-Fldm. Kesselring unterstehen. Gen. Feurstein sei des Befehles über Vorarlberg enthoben und er, Gen. Schmidt, trete an seine Stelle. Kesselring habe sich Schmidt gegenüber geäußert, die Erklärung von Feldkirch und Bregenz zu offenen Städten sei ja ein Wahnsinn, da man hiedurch die Schlüssel zu Vorarlberg in Feindesland lege.

Jene Offiziere, die sich dafür eingesetzt hätten — also Feurstein, Knoblauch, Tarabochia usw. — würden entsprechend zur Verantwortung gezogen werden ... In dem plötzlichen Kommandowechsel von Vietinghoff auf Kesselring und von Feurstein auf Schmidt liegt m. E. der tiefste und betrübendste Grund, daß es überhaupt zu einer Beschießung von Bregenz kommen konnte. Landfremde Führer, landfremde Soldaten und die Partei mit Kreisleiter Richter im Hintergrund — sie bestimmten den weiteren Ablauf der Dinge."

Nach Ansicht des Volkes konnte niemand anderer die Verteidigung von Bregenz veranlaßt haben als die Führer der Partei, gegen die sich der Groll auch allgemein richtete. Nachdem der größte Teil des Reiches besetzt und die Hauptstadt gefallen war, konnte der Sinn der Verteidigung von Vorarlberg und der anderen Alpenländer nur noch der sein, den Führern der Partei die Frist, sich in den Bergen unsichtbar zu machen, um 24 Stunden hinauszuziehen. Die Stimmung in der Bevölkerung gegen den Nationalsozialismus erreichte den Höhepunkt, als wahrgenommen wurde, daß unter den Truppen, die vom Bodensee und Allgäu her über Bregenz und den Bregenzerwald zurückfluteten und hier zum Widerstand eingesetzt wurden, sehr viele Angehörige der SS waren. Viele von ihnen kamen aus der SS-Unterführerschule in Überlingen.

Der neue Festungskommandant Schmidt, Kommandierender General der XXIV. Armee, war mit den letzten Resten seiner Truppenbestände im Rückzug vom Schwarzwald her begriffen. Für den 69jährigen General, dem typischen Vertreter der alten preußischen Militärschule, bedeutete die deutsche Niederlage ein unfaßbares nationales Unglück. Er verzweifelte am eigenen Volke und fand keinen Reim auf das Attentat, das in seiner badischen Heimat auf ihn verübt worden war*).

Wahrscheinlich hätte General Schmidt das Kommando der Festung Vorarlberg übernommen, auch wenn General Feurstein nicht abgesetzt worden wäre, weil er als Armeekommandant der Rangältere war. Kesselring würde schon einen Weg gefunden haben, um die Kompetenzen abzugrenzen.

Obstlt. Knoblauch wurde von General Schmidt übernommen, mußte sich aber praktisch auf die Ausführung der Befehle des Generals beschränken.

General Schmidt ließ sich in der Nacht von Samstag auf Sonntag in Bregenz nieder, und zwar im „Hotel Europe", das eben geräumt worden war. Daraufhin suchte ihn der Lazarettoffizier von Riedenburg, Oblt. Müller, auf und machte ihn im Namen der Lazarettverwaltung darauf aufmerksam, es sei nicht zu verantworten, daß ein Kommandostab in einem Haus einquartiert sei, das durch ein rotes Kreuz auf dem Dach als Lazarett gekennzeichnet ist.

**) General Schmidt war per Schiff in Lochau angekommen, nachdem er den Kontakt zu seiner 19. Armee im nördlichen Bodenseeraum verloren hatte. Schmidt wurde Oberbefehlshaber in Vorarlberg, weil er an Ort und Stelle war und sich so im Kompetenzen- und Kommunikationswirrwarr durchsetzte. Einzelne Quellen bezeichnen ihn als General der Waffen-SS (vgl. Rauchensteiner 1970, 257).*

Wenn der Stab nicht im Verlaufe des Tages das Haus verlasse, müsse das große rote Kreuz auf dem Dache des Hotels überstrichen und unkenntlich gemacht werden. Darauf zog der General mit seinem Stab am Sonntagnachmittag nach Haselstauden ab und nahm dort Quartier im ehemaligen Kloster neben der Kirche. General Schmidt hatte an sich Verständnis für die Lage der Stadt Bregenz; aber wenn er im Kommando erschien, war er stets begleitet vom unheimlichen Schatten eines SS-Offiziers (öfters waren es gleich ihrer drei, die einen Kordon um ihn schlossen). Dieser SS-Offizier — er war Oberführer, stand also im militärischen Rang eines Generals — duldete es nicht, daß außer den Abteilungskommandanten bei den Besprechungen jemand zugegen war. Er traute niemandem. Aber wer wollte noch in dieser Lage Lorbeeren erwerben! Wenn eine Aktion fehlschlug, gab es überall, abgesehen bei den kommandierenden Offizieren, grinsende Befriedigung. Wenn aber SS erschien, zitterte alles, vom Gefreiten bis zum General. Zwischen der militärischen Leitung und den Vertretern der Partei gab es dauernd Meinungsverschiedenheiten, weshalb die Kreisleiter oft Konferenzen mit Schmidt hatten.

Auftragsgemäß mußte General Schmidt den Befehl des Generals Feurstein, daß Bregenz offene Stadt sei, widerrufen und die Verteidigung der Stadt anordnen. Über die Aussichtslosigkeit dieses Kampfes dürfte er sich kaum im unklaren gewesen sein, denn zur Verteidigung auch eines strategisch erstklassigen Geländes braucht es Geschütze und Munition. An Artillerie konnten in Bregenz und im Pfändergebiet nur eingesetzt werden: zwei 8,8-cm-Flakgeschütze, die auch gegen Panzer bestens verwendbar waren, und einige 3,5-cm- und 2,0-cm-Flakkanonen. Am Sonntagabend wurde ein Zug der in Hard stationiert gewesenen Kompanie, der gerade noch nicht nach Thüringen abtransportiert war, an die Klause geworfen. Die anderen drei Züge kamen erst am Montag früh von Thüringen dahin.

Vorsprachen bei General Schmidt

Noch um 21 Uhr am Sonntag, also sofort im Anschluß an das Ferngespräch Dr. Tarabochias mit General Feurstein, begaben sich Dr. Poschacher und Dr. Tarabochia, wie ihnen General Feurstein angeraten hatte, zu General Schmidt nach Haselstauden. Der General: „Meine Herren, wollen Sie mich entwaffnen? Ich verliere meine Soldatenehre, wenn ich nicht kämpfe." Schließlich erklärte der General: „Es wird gekämpft an der Klause, in Bregenz werde ich mich nicht schlagen."

In gleicher Weise wurden auch Obstlt. Knoblauch und Major Tress abgefertigt, als sie gleich darauf ebenfalls versuchten, General Schmidt zu bewegen, es nicht auf den Kampf und die Zerstörung der Stadt ankommen zu lassen. Major Tress hatte ernstlich im Sinne, den General zu erschießen.

Obstlt. Knoblauch unternahm noch einen zweiten Versuch mit dem gleichen negativen Resultat. Der General bestand darauf, Befehl zu haben, Bregenz zu verteidigen. General Schmidt muß aber doch nach der Vorsprache von Dr. Poschacher und Dr. Tarabochia gefühlt haben, daß etwas nicht in Ordnung sei, denn um 22 Uhr rief er Kesselring an. Dieser wollte von den Abmachungen General Feursteins nichts wissen. Bregenz werde verteidigt.

Wenn General Schmidt diesen Befehl des Feldmarschalls auf die Verteidigung der Klause einschränkte und beabsichtigte, erst am Kummenberg die nächste Kampflinie auszubauen, so tat er dies auf eigene Faust.

Ein schwacher Widerruf

Nachdem also die Rückgängigmachung des Befehles nicht zu erreichen war, mußten doch die Alliierten davon verständigt werden, daß Bregenz nun nicht mehr offene Stadt sei, und ebenso war es wichtig, die Alliierten davon in Kenntnis zu setzen, daß tatsächlich nur die Klause, nicht aber die Stadt verteidigt werde. Das letztere war zwar nicht offiziell und man hätte keinen Gebrauch davon machen dürfen, aber wertvoller war in diesem Falle die Rettung der Stadt als die Hütung eines Militärgeheimnisses. Die Benachrichtigung des Gegners drängte, denn am Sonntagabend hatten französische Truppen bei Hohenweiler die österreichische Grenze erreicht.

Um Mitternacht suchte Major Tarabochia den schweizerischen Konsul Ing. Bitz auf, um mit ihm die neue Lage zu besprechen. Der Konsul machte augenblicklich seinen Wagen fertig und fuhr mit Herrn Aus der Au nach St. Margrethen. Dort konferierte er mit Oberst Baumgartner, dem Chef der Rot-Kreuz-Station in St. Margrethen, mit Dr. Mäder vom Territorialkommando (Grenztruppen) St. Margrethen und mit Herrn Wilpols von der Eidgenössischen Fremdenpolizei. Gegen 2 Uhr früh verständigte er Genf, daß es mit der Einhaltung des Vertrages nicht stimme, bat aber im letzten Augenblick, diese Mitteilung nicht weiterzugeben, weil weder das Konsulat noch das Internationale Rote Kreuz über militärische Stellungen Aussagen machen könne. Man suchte auch gleichzeitig telefonisch einen Parlamentär ausfindig zu machen, der der heranrückenden Armee die Nachricht von der geänderten Lage zu übermitteln hätte, denn es schien fraglich, ob die Mitteilung, die man vielleicht noch in letzter Stunde über Genf abgeben könne, die Kampftruppen noch rechtzeitig über Paris erreichen werde.

Konsul Bitz kam um 4 Uhr mit dem Bescheid nach Bregenz zurück, er müsse einen offiziellen Auftrag der Wehrmacht haben, und es wurde ausgemacht, Major Tarabochia solle bis 9 Uhr früh eine amtliche Klarstellung der Wehrmacht überbringen. Jede Minute war kostbar. Major Tarabochia und Landrat Didlaukies eilten sofort zu Obstlt. Knoblauch in die Kronhalde und machten ihm klar, daß man doch anstandshalber die Alliierten von der veränderten Lage in Kenntnis setzen müsse. Das Kommando mußte zunächst noch nicht erfahren, daß man bei dieser Gelegenheit auch die Mitteilung, daß wohl die Klause, nicht aber Bregenz verteidigt werde, offiziell hinüberbringen wollte. Obstlt. Knoblauch setzte sich in Verbindung mit Haselstauden und trug das Begehren dem Generalstabschef, einem Obersten, vor, erhielt aber die Antwort, daß nur der General als Befehlshaber die Ermächtigung geben könne; der General dürfe aber nicht vor 7 Uhr geweckt werden. Der Oberst vertrat den Standpunkt, die Wehrmacht habe nie den Auftrag gegeben, daß die Alliierten vom offenen Charakter der Städte Bregenz und Feldkirch in Kenntnis gesetzt werden sollen. Landrat Didlaukies und Dr. Tarabochia waren über diese gemeine Verdrehung der Tatsachen begreiflich empört; es wurde jedoch bald einwandfrei festgestellt, daß die Benachrichtigung der Alliierten offiziell durch die Wehrmacht erfolgt sei und nicht durch eine Privatperson oder durch eine Verwaltungsbehörde. Der Landrat legte Wert darauf, daß auch der Kommandierende General richtig aufgeklärt werde.

Um 7 Uhr früh (Montag) waren Obstlt. Knoblauch, Major Tarabochia und Landrat Didlaukies in Haselstauden. Zuerst war eine Unterredung beim Generalstabschef. Dann wurde Landrat Didlaukies in Begleitung von Obstlt. Knoblauch zum General vorgelassen. Der Hinweis, die Offiziersehre erfordere es, daß der Gegner vom neuen Beschluß benachrichtigt werde, wurde mit der Bemerkung abgewiesen: „Das wäre die Preisgabe eines Militärgeheimnisses und kommt nicht in Frage." General Schmidt bestritt die Zuständigkeit des Generals Feurstein zur Abgabe der ersten Erklärung an das Rote Kreuz; ein endgültiger Vertrag sei nicht zustandegekommen.

Feldmarschall Kesselring wurde angerufen. Nach dem Telefongespräch erklärte der Kommandierende General dem Landrat in großer Erregung, er hätte seiner vorgesetzten Dienststelle gegenüber richtiggestellt, daß der Landrat die Erklärung, Bregenz sei offene Stadt, im Auftrage der deutschen Wehrmacht und nicht als zivile Behörde weitergegeben habe. Die Truppen seien jedoch gezwungen, nördlich der Stadt Bregenz innerhalb der 15-km-Zone zu kämpfen, da sie von den Alliierten angegriffen worden seien, bevor deren Rückantwort dagewesen sei. Kesselring habe entschieden, es werde nördlich der Stadt weitergekämpft. Es sei ein Wahnsinn, fügte der General hinzu, diese Verteidigungsstellung nördlich der Klause zu räumen, da dieses Gelände der Angelpunkt für die Verteidigung von Bregenz sei. Ferner sei es in internationalen Vereinbarungen nicht üblich, eine 15-km-Zone vorzusehen. General Schmidt meinte sogar, diese Stellung nördlich der Klause mindestens einige Zeit halten zu können. Er sprach auch über den Fall Garmisch-Partenkirchen. Diese Orte seien nach Verhandlungen mit dem Roten Kreuz als offene Lazarettstädte kampflos übergeben worden, aber gegen den Willen der Heeresgruppe. Hitler hätte befohlen, daß es keine offenen Städte gebe; er (der General) und sein Vorgesetzter hielten sich an diesen Befehl. Nach dem Fall von Garmisch-Partenkirchen wolle er nicht mit Vertretern des Komitees vom Internationalen Roten Kreuz verhandeln.

Nach Major Tarabochia lehnte Kesselring eine Mitteilung an das Rote Kreuz über die geänderte Lage ab. Ein Hauptmann bemerkte allerdings, wenn der Marschall den wahren Sachverhalt wüßte, würde er einen anderen Standpunkt einnehmen.

Ein offizieller Auftrag des Befehlshabers der Heeresgruppe, die Alliierten von der neuen Situation in Kenntnis zu setzen, war also nicht erreichbar. Jedoch ermächtigte General Schmidt den Landrat ausdrücklich, das Internationale Rote Kreuz einfach dahin zu benachrichtigen, daß nördlich der Stadt gekämpft werde, weil der Gegner angreife. Er fügte noch hinzu, er hoffe, daß die Kämpfe nicht nach Bregenz hereingetragen werden; er habe nicht die Absicht, innerhalb der Stadt zu kämpfen.

Auf Ersuchen des Landrates wollte der General die Depesche an das Internationale Rote Kreuz diktieren, konnte aber vor innerer Erregung keine zusammenhängende Erklärung zustandebringen und beauftragte die beiden Bittsteller, selber eine Erklärung in dem von ihm angegebenen Sinne abzufassen und sie dem Roten Kreuz zuzuleiten.

Zum Gefechtsstand Kronhalde zurückgekehrt, formulierten Obstlt. Knoblauch, Landrat Didlaukies und Major Tarabochia eine Erklärung wie folgt:

„Der Befehlshaber der deutschen Truppen in Vorarlberg bittet, dem Internationalen Roten Kreuz folgendes mitzuteilen: Die deutschen Truppen waren gezwungen, innerhalb der 15-Kilometer-Zone Widerstand zu leisten, weil sie dort vom Gegner angegriffen wurden. Die Stellung nördlich der Stadt wird verteidigt. Der Befehlshaber hat nicht die Absicht, innerhalb der Stadt zu kämpfen. Das Gleiche trifft für Feldkirch zu."

Diese zweite Erklärung war also nicht wie die erste im Namen des Befehlshabers der Heeresgruppe abgegeben worden.

Major Tarabochia und Landrat Didlaukies begaben sich nun zu Konsul Bitz — es war eben 9 Uhr — mit dem Ersuchen, obige Erklärung nach Genf weiter-

Französische Truppen beim Vormarsch in der Nähe des Grenzüberganges Gmünd bei Hohenweiler

zuleiten. Der Konsul fuhr sofort nach St. Margrethen, um die Franzosen über das Rote Kreuz zu verständigen. Ebenso ersuchte Dr. Tarabochia auch den Vertreter des Roten Kreuzes, Doktor Meyer, der am gleichen Montagvormittag nach St. Margrethen fuhr, er möchte auch die Alliierten in diesem Sinne benachrichtigen und solle nicht unerwähnt lassen, daß die Bregenzer den Kampf ablehnen.

Vizebürgermeister v. Schwerzenbach erwog noch einmal mit dem Standschützenbaonsführer Alton und mit dem Stationsleiter des Internationalen Roten Kreuzes in Bregenz, v. Zupan, Mittel und Wege, um das Allerschlimmste hintanzuhalten. Während sie eben noch berieten, traf die Mitteilung vom endgültigen ablehnenden Entscheid des Kommandierenden Generals Schmidt ein.

Die Franzosen überschreiten die Grenze bei Hohenweiler

Am Sonntag abend war die Lage in Hohenweiler schon sehr kritisch. Jede Stunde konnte der Einmarsch der Franzosen erfolgen; herüben lag noch die ganze Nacht viel SS, die recht lästig war. Das Hissen der weißen Fahnen war also mit Gefahren verbunden. Der angesehene Familienvater Hermann Rottmeier wurde von der SS erschossen, weil er die weiße Fahne am Hause aufgezogen hatte*).

Die ersten französischen Panzer überschritten die österreichische Grenze bei der Gmündmühle auf der Kempten—Arlberg—Straße am Montag, 30. April, früh. Nach dem Einmarsch war dort eine Tafel aufgestellt, auf der stand: „Ici la Ière Armée Francaise est entrée en Autriche le 29 Avril 1945." (Hier betrat die I. französische Armee den österreichischen Boden am 29. April 1945.) Eingehende Erkundigungen haben ergeben, daß das richtige Datum der 30. April ist**).

Bei der Besetzung von Hohenweiler fielen ein deutscher und ein französischer Soldat. Vier große Bauernhöfe samt Stallungen und Wohngebäuden sowie ein weiteres Wohnhaus sind vollständig abgebrannt, weil vereinzelte SS-Leute bei den Häusern Widerstand leisteten, als die Panzer das Dorf durchzogen. Mehrere Häuser litten unter dem Beschuß.

**) Eine ausführliche Beschreibung der Ereignisse in Hohenweiler und besonders der Tötung von Hermann Rottmeier bietet Rupp 1985.*

***) Löffler-Bolka (S. 68) führt ein Reihe französischer Quellen an, wonach die Franzosen um 20.30 Uhr des 29. April in Hohenweiler gewesen sein sollen. Tatsächlich aber waren sie jenseits der Grenze in Niederstaufen, nur einige hundert Meter von der — damals ja nicht bestehenden — Grenze entfernt. Gegen acht Uhr am Morgen des 30. April fuhren die ersten französischen Panzer über die Brücke in Hohenweiler-Gmünd (schriftl. Mitteilung von Herrn Josef Berkmann, Hohenweiler, der Zeuge dieser Ereignisse war).*

Wie am Grenzübergang Gmündmühle in Hohenweiler, war auch am Grenzübergang Unterhochsteg wenige Tage nach dem Einmarsch eine Tafel mit folgendem Text angebracht: Hier betrat die I. französische Armee österreichischen Boden am 29. April 1945. (Übersetzung)

Ca. 50 m weiter in Richtung Bregenz war ein weiteres Schild angebracht mit den Worten: „Hier ist Österreich, Freundesland" (Übersetzung). Damit waren die Franzosen die einzigen, die nicht die alliierte Proklamation Nr. 1 anschlagen ließen, in der es hieß, „die Alliierten marschierten als Sieger ein" (Rauchensteiner 1979, 94).

Eine mutige Tat

In Lochau waren Hauptmann Lichtenturn (Strandhotel) und Stabsfeldwebel Kopf (Schloß Hofen) unablässig am Werk, die deutsche Abwehr auszuschalten. v. Lichtenturn bearbeitete die Abteilungen, die bei der Villa Fetz standen, ging die Pakstellungen oberhalb Lochau ab und klärte überall Offiziere und Mannschaften auf. Das Gleiche tat Stabsfeldwebel Kopf bei den Männern, die in den Stellungen bei der Schmiede Willburger und bei Rupp Bereitschaft hatten. Die Kampfbegeisterung war gering. Man war unentschlossen, kampfunlustig und abwartend. In der Nacht vom Sonntag auf Montag suchte Stabsfeldwebel Kopf auch den Oberleutnant auf, der den Abschnitt Schloß Hofen-Lochau mit zwei Kompanien halten sollte, um ihm die Sinnlosigkeit des Widerstandes im Lazarettbereich und innerhalb einer geschlossenen Ortschaft klarzumachen.

Der Oberleutnant drohte, Kopf an die Wand zu stellen. Kopf war nur von dem San.-Ogfr. Waschitz begleitet. Er erklärte dem Oberleutnant, man könne ihn wohl an die Wand stellen, es würden aber trotzdem die Deckungen zugeworfen werden. Auf keinen Fall werde hier gekämpft. Die Haltung der Mannschaften, die vorher von Kopf mit Schnaps bewirtet worden waren, war so, daß der Oberleutnant auf das energische Auftreten des Stabsfeldwebels hin sich bewegen ließ, seine Abteilungen zurückzuziehen. Kopf veranlaßte die Mannschaften, die Deckungen zuzuwerfen, ja, gab nicht nach, bis auch die Rasenstücke, soweit möglich, aufgelegt waren, damit nicht etwa Flieger ein falsches Bild bekämen.

Stabsfeldwebel Franz Kopf

Hauptmann v. Lichtenturn unternahm es am Montag in den frühen Vormittagsstunden, den General Schmidt, der die Verteidigungsanlagen an der Klause besichtigte, unter Hinweis auf das nahe Lazarett um Verlegung des Geschützes am „Langen Stein" zu ersuchen. General Schmidt berief sich auf den Führerbefehl, es müsse jede Stadt und jeder Ort verteidigt werden und es gebe keine Lazarettstädte oder Schonung von solchen. Schmidt, so berichtet Hauptmann v. Lichtenturn, sei sehr unruhig und nervös gewesen und sei, ohne ihn weiter anzuhören, nach Bregenz weitergefahren.

Verlegung des Festungskommandos

Da die französischen Truppen bereits vor Lochau standen, zog General

Schmidt am Montag, 11 Uhr vormittags, das Festungskommando von der Kronhalde ab und verlegte es nach Klaus („Adler"). Zwei Stunden später verließ unverständlicherweise auch der Stadtkommandant Obstlt. Reicherter Bregenz mit dem Ziele Röthis. Seine Spur verliert sich von hier ab. Das Fehlen einer eigentlichen Kampfkommandantur für den Stadtbereich hat sich in den nächsten 24 Stunden für Bregenz als sehr nachteilig erwiesen.

Das Abschnittskommando Nord unter Major Tress blieb noch ein paar Stunden in Kennelbach-Herzenmoos.

In der Kaserne der Kraftfahr-Ersatzabteilung 18, Reichsstraße, wurden um 10 Uhr vormittags die Posten eingezogen. Die letzten 70 Mann, offenbar nicht ganz Einsatzfähige bzw. Verwaltungspersonal, sollten nach Röthis marschieren und sich dort der Genesendenkompanie anschließen. Nachmittags ließ Obfw. Gasser die einen dahin, die anderen dorthin gehen. Er selber nahm 14 Mann nach Lustenau und schloß sich dort mit ihnen dem Volkssturm an.

Kreisgeschäftsführer Gebhardt ging dem Bregenzerwald zu. Landrat Didlaukies blieb in Schwarzach. Am Sonntag war von Innsbruck an die höheren Zivilbehörden die Weisung ergangen, sich in den Raum Bludenz zurückzuziehen, sobald sich die militärischen Dienststellen abgesetzt hätten, hingegen sollen die Bürgermeister ihr Amt weiter versehen (nach Didlaukies).

Es blieb nun nichts mehr anderes übrig, als die Patienten der Lazarette in die Luftschutzkeller und Stollen zu bringen und die Bevölkerung der Stadt vom nahenden Unheil in Kenntnis zu setzen.

Kampfgebiet Hörbranz-Lochau

Am Morgen des 30. April steuerte eine französische Panzerabteilung von Lindau-Reutin kommend Oberhochsteg zu, mußte aber dort umkehren, ohne Hörbranz zu erreichen, weil in der Früh drei Leiblachbrücken gesprengt worden waren. Am späten Nachmittag rückte dann eine Panzergruppe auf der Reichsstraße von Hohenweiler her nach Hörbranz und Lochau vor.

Fabrikant Gert Huber war der erste, der sich in direkter Fühlungnahme mit den Franzosen für die Stadt Bregenz verwendete. Zwischen 12 und 13 Uhr, also knapp bevor die Betonklötze umgelegt wurden, passierte er die Klause, die von Posten bewacht war. Geschlossene Truppenverbände sah er nicht, sondern nur auf der Straße einzelne Militärpersonen. Da während des ganzen Vormittags jeder Verkehr nach Lochau gesperrt war und das Militär die Zivilisten zurückwies, mußten die Posten den Wagen Hubers für einen militärischen Dienstwagen angesehen haben, zumal er in höchster Geschwindigkeit durch die Klause fuhr. Die Geschützbedienung am „Langen Stein" machte erstaunte Gesichter, daß bei dieser Situation noch ein Wagen mit Vollgas nach Lochau fuhr, schoß aber nicht. Bei der Säge Frener hörte Gert Huber schon das Geräusch der Panzer, fuhr jetzt, so rasch er nur konnte, den unteren Weg gegen Hörbranz zu seiner Fabrik, wo er die Hissung der

Ein vorgehender französischer Stoßtrupp überquert die „Hangnacher Brükke" über die Leiblach und betritt Vorarlberger Boden.

weißen Fahnen veranlaßte, worauf auch der Kirchturm und die ganze Gemeinde weiß beflaggte. Gert Huber lief mit dem Gemeindesekretär Sigg dem oberen Ortsende zu. Schon hörten sie Schüsse in Lochau. Beim Berger Kreuz hielt Huber einen französischen Wagen an — es war ungefähr 14 Uhr —, in dem ein Offizier und ein Soldat saßen, und verlangte, zum Kommandanten geführt zu werden, da er eine wichtige Meldung hätte. Der Oberleutnant nahm jetzt einem Motorradfahrer das Rad ab und fuhr mit Huber zu den vorderen Linien vor. Inzwischen wurde die Kolonne von der Pfänderlehne her mit Maschinengewehren beschossen. Die Franzosen erwiderten das Feuer aus allen Rohren. In scharfer Fahrt kam Fabrikant Huber zum Kommandowagen, der auf der Straße zwischen Gutshof Rupp und Brauerei Reiner angehalten hatte. Hier übergab er noch einmal formell Hörbranz und intervenierte im Auftrag der Bregenzer Widerstandsbewegung für die Stadt.

Bald nach 13 Uhr begannen in Lochau die Kampfhandlungen. Der Widerstand war nach 2½ Stunden gebrochen. Die Franzosen waren in zwei Gruppen von Hohenweiler her nach Lochau vorgestoßen. Die eine Kolonne kam der Straße, die andere dem Waldrand entlang. Auf der Linie Schloß Hofen-Gutshof Rupp wurden sie von der deutschen Abwehr aufgehalten und vom Berg (Hausreute) herunter durch Maschinengewehre beschossen. Beim Gasthof Wellenhof prallten sodann die französischen Angriffe und die deutsche Abwehr hart aufeinander. Die 8,8-cm-Kanone am Langen Stein wie die paar kleinen Geschütze und Maschinengewehre mußten bei der Kurve vor

Die an der Straßengabelung am Langen Stein in Stellung gebrachte Kanone sollte den Feind sowohl aus Richtung Unterhochsteg als auch Lochau in Schach halten.

dem Wellenhof den Vormarsch des Gegners stoppen. Das Gasthaus „Zum Wellenhof" hatte vier schwere Treffer. Die Franzosen blieben nichts schuldig. Da das Gasthaus vom Lazarett Lochau beschlagnahmt und mit rotem Kreuz gekennzeichnet war, brachten die Franzosen ihre Verwundeten in den Keller des Hauses, wo ihnen von den Hausbewohnern die erste Hilfe geleistet wurde. Ein Lazarett hatte die Kampftruppe im Gasthaus Reiner eingerichtet.

Bei den Kämpfen in Hörbranz waren deutscherseits ein Leutnant und ein Unteroffizier tödlich getroffen worden, in Lochau kamen sechs deutsche Soldaten und drei Zivilpersonen ums Leben. Die Franzosen hatten beim Wellenhof zwei Tote und mehrere Schwerverwundete. In Hörbranz war in der chemischen Fabrik Deuring ein großer Brand entstanden und wurden durch Brückensprengungen und Artilleriebeschuß mehrere Häuser stark beschädigt. In Lochau entstand bei mehreren Gebäuden größerer Schaden, auch Vieh ging zugrunde. Drei Häuser wurden total zusammengeschossen. Als erstes brannte das Haus Kaufmann nieder. In unverantwortlicher Weise war in dessen Tenne ein Pakgeschütz aufgestellt worden. Die beiden kostbaren 8,8-cm-Flakkanonen, die in diesem Abschnitt der deutschen Verteidigung als einzige schwere Waffe zur Verfügung standen, waren zum Entsetzen des Generals Schmidt vom Feinde außer Gefecht gesetzt, als sie angeblich zusammen erst sechs Schüsse abgegeben hatten. Das Wrack der einen Kanone konnte man noch lange beim Langen Stein zwischen Straßenrand und Eisenbahn liegen sehen. Das Geschütz hätte von diesem Punkte aus beide Zufahrtsstraßen beherrschen sollen. Es hatte drei Volltreffer. Das zweite große Geschütz stand bei Hehle am Stein. Vom Eichenberg herunter hörte man immer wieder Maschinengewehre knattern. Flugzeuge waren von den Deutschen weder bei den Kämpfen in Lochau und Bregenz noch im übrigen Vorarlberg eingesetzt worden.

Am Abend der Besetzung wurden von den Franzosen nach Lochau starke Streitkräfte geworfen. Die französische Kommandostelle wurde im Gasthof Meßmer eingerichtet. Kommandant war ein Major namens Viotte.

Nach Niederringung des Widerstandes prüfte der Oberst, der zu der Unterredung mit Gert Huber herangerufen worden war, an Hand der Karten und durch Befragen der Einheimischen die Möglichkeit, mit Panzer über den Berghang in die Stadt zu gelangen. Gert Huber informierte den Oberst über die Befestigungen an der Klause, über die Beschaffenheit des Geländes und über die mutmaßliche Besetzung der Stellungen. Er gab an, daß die Linie vom Rhombergstein zum See von höchstens 200 Mann gehalten werde, ohne daß indes jemand in der Lage wäre, verläßlich genaue Angaben zu machen; die Soldaten seien zwar gut bewaffnet, aber ohne Kampfgeist. Die Straßen und Wege am Pfänderhang seien zum Teil nicht fertig ausgebaut, zum Teil durch Baumstämme blockiert. Der Oberst überzeugte sich bald, daß in dem schwierigen Gelände, das überdies erst noch gesäubert werden mußte, nur Infanterie eingesetzt werden könne. Am Abend fragte er nach Wegführern, stellte aber den Plan, die Stadt vom Berge her zu nehmen, vorerst zurück, da er auf keinen Fall Leute opfern wollte.

In Eichenberg war schon am Montagvormittag eine Kompanie der Wehrmacht dazu bewogen worden, die Kampfbereitschaft aufzugeben. Sie folgte ohne weiters der Aufforderung und legte die Waffen nieder. Dann aber setzten sich SS-Truppen in Eichenberg und besonders in Lutzenreute fest, deren Anwesenheit im ganzen Orte Schrecken verbreitete. Die Rot-Kreuz-Schwester Elsa Baldauf aus Eichenberg, Tochter des Schulleiters dort, die in diesen Tagen als Sanitäterin männlichen Mut bewies, hat die rasche Säuberung von Möggers und Eichenberg von diesen unheimlichen Gesellen in die Wege geleitet*).

Das Ultimatum an Bregenz

Am Montag, 30. April, vormittags, kamen über Ersuchen des Konsuls Bitz vier Delegierte des Internationalen Roten Kreuzes, vier Ärzte zur Betreuung der Lazarette für die Zeit der Beschießung nach Bregenz. Drei von den Delegierten wurden gleich zu den Lazaretten gebracht. Dr. Richter nahm das La-

---

**) Ein ausführlicher Bericht darüber, wie Elsa Baldauf zweimal die Franzosen nach Eichenberg holte, nachdem nach der ersten Säuberung ein SS-Trupp nach Lutzenreute zurückgekehrt war, findet sich bei Pirker 1946, 38 ff.*

zarett Riedenburg in Obhut, Dr. Igle die Lazarette Marienberg, Gallusstift und Oberschule und Dr. Burckhardt das Lazarett Mehrerau. Inzwischen war es Nachmittag geworden und die Stadt wurde bereits beschossen. Der schon erwähnte Doktor H. E. A. Meyer, der vierte Delegierte, ein kaum dreißigjähriger Schweizer Arzt, unternahm es, zum französischen Kommandanten hinüberzufahren, um für die Lazarette und die Stadt Schonung zu erwirken.

Zu diesem Unternehmen lud er auch Oberstabsarzt Dr. Poschacher ein, der ohne Zögern zusagte. Dr. Meyer hatte schon in Konstanz eine ähnliche Aufgabe erfüllt. Dort hatte er mit Erfolg dem Kommandierenden General Asyl durch das Rote Kreuz angeboten. So hat er auch an der Bregenzer Klause noch am Montag versucht, dem Hauptmann, der dort Dienst tat, den Schutz des Roten Kreuzes anzutragen, falls er auf die Umlegung der Betontürme verzichten würde. Der Hauptmann wagte jedoch nicht, gegen den Befehl zu handeln. (Bericht von Gert Huber, der die ganze Nacht von Montag auf Dienstag bei Meßmer verbrachte und sich länger mit Dr. Meyer unterhalten konnte.)

Um 17 Uhr fuhren Dr. Meyer und Dr. Poschacher mit dem Wagen des Roten Kreuzes bis zum Gasthaus „Seehof“. Die Straßen waren leer. Die Kaserne hatte schon Einschläge. Da von den deutschen Truppen die Sperrblöcke an der Klause durch Sprengladungen umgelegt worden waren und quer über die Straßen lagen, gingen Dr. Meyer und Dr. Poschacher zu Fuß bis zur ersten Sperre (bei Gravenreuth). Dr. Meyer hatte die Rote-Kreuz-Fahne entrollt und winkte. Bei der ersten Sperre rührte sich nichts, desgleichen auch nichts bei der zweiten (an der Klause). Während all dem hörte man regelmäßig Einschläge in Bregenz. Hinter dem Langen Stein gegen das Strandhotel zu sah man wieder Leute auf der Straße. Kein Mensch kümmerte sich um die beiden Parlamentäre.

Das Reservelazarett Lochau in der Reichsfinanzschule (ehemals Strandhotel) war von den Franzosen bereits übernommen und sehr anständig behandelt worden.

Mit dem Leiter dieses Lazarettes fuhren Dr. Meyer und Dr. Poschacher zum Gasthaus Meßmer in Lochau, wo das Kommando der Franzosen war. Sie wurden sofort zu Major Viotte vorgelassen, bei dem sie mit Rücksicht auf die 3000 Patienten um Schonung der Stadt ersuchten. Durch Funkspruch wurde unverzüglich das Brigadekommando in Kenntnis gesetzt. Der Kommandant sagte dann noch, der General bedaure es, österreichische Städte beschießen zu müssen. Die Offiziere waren zurückhaltend, aber sehr höflich.

Ein französischer Leutnant brachte sodann die beiden Herren nach Opfenbach bei Wangen, wo sie in ein großes Gasthaus geführt und vom französischen Oberst Lecoq, einer eindrucksvollen Persönlichkeit, empfangen wurden. Die beiden Parlamentäre unterhielten sich mit ihm in französischer Sprache. Zuerst berichtete Dr. Meyer als Vertreter des Roten Kreuzes, dann Dr. Poschacher, der auf die große Zahl der Verwundeten hinwies. Der Oberst zeigte sich höflich-korrekt, schaute sie lange wortlos an und sagte dann:

„Wenn ich 10 Minuten vor 3 Uhr früh erfahre, daß die Sperre an der Klause gesprengt ist, sodaß ich durchfahren kann, dann werde ich die Stadt schonen, sonst erfolgt um 3 Uhr 2 Minuten ein schweres Bombardement durch Artillerie und Flieger."

Wiederholt sagte er: „J'écraserai Bregenz" (Ich werde Bregenz vernichten). Dr. Poschacher erwiderte, daß bei so kurzer Frist die Sprengung kaum mehr möglich sein werde. Darauf der Kommandant:

„Gut! Ich werde um 3 Uhr 2 Minuten durch einen Stoßtrupp feststellen lassen, ob die Straße besetzt ist oder ob ich durchmarschieren kann. Wenn sie besetzt ist, erfolgt das Bombardement, wenn frei, wird die Stadt verschont bleiben."

Zum Schlusse machte er ein Kompliment: „Ich mißtraue den Deutschen, aber ich vertraue den Männern der Wissenschaft."

Tief beeindruckt, aber fest entschlossen, alles zu tun, um die Stadt zu retten, fuhren Dr. Meyer und Dr. Poschacher nach Lochau zurück. Dort hörten sie im französischen Quartier, daß der Kommandant bereits die Lage der Lazarette in Bregenz festgestellt habe, sodaß damit zu rechnen sei, daß diese geschont würden. Es war 23.30 Uhr, als sie in Lochau ankamen.

Nach einiger Zeit konnten sie nach Bregenz weiter. Voraus fuhr langsam ein französischer Panzer und knapp hinter ihm der Opelwagen, geführt von einem französischen Leutnant, mit Dr. Meyer und Dr. Poschacher. Sie fuhren ohne Licht. Vom Pfänder hörte man dauernd den Widerhall der Artillerieeinschläge. Bei der Klause stellten die Franzosen fest, daß diese Sperre von den Deutschen nicht besetzt sei. Der französische Leutnant versprach: „Zehn Minuten vor 3 Uhr bin ich wieder hier. Sie können dann unbesorgt wieder zu mir herübergehen." Dr. Meyer und Dr. Poschacher verabschiedeten sich und gingen durch die Sperre. Sie entrollten die Fahne des Roten Kreuzes, traten sehr fest auf und riefen immer wieder: „Hier kommt das Rote Kreuz!" Bald nach Passieren der zweiten Sperre stießen sie auf vorgehende deutsche Infanterie. Das war natürlich ein äußerst schlechtes Zeichen. Der Leutnant, der die Abteilung führte, sah zwar die Unmöglichkeit der Verteidigung ein, konnte aber nicht selbständig handeln.

Oberstabsarzt Dr. Poschacher suchte rasch ein Telefon, um die deutsche Kommandantur zu erreichen und unter Hinweis auf die Drohung des französischen Brigadekommandos die Zurückziehung der deutschen Truppen von der Klause und der Stadt Bregenz zu erwirken. Doch: Postamt, „Hotel Europe", Bahnhof — alles geschlossen oder verlassen oder es waren die Fernsprecher durch Beschießung zerstört. Erst bei der Gendarmerie in der Montfortstraße konnte er einen Fernsprecher finden.

Ein Oberstleutnant meldete sich knurrend am Apparat: „Das ist wieder eine Sache vom Volkssturm, der nicht kämpfen will."

„Nein, das hat mit dem Volkssturm gar nichts zu tun, sondern es handelt sich um 3000 Schwerverwundete."

„Gut, rufen Sie den General unter Fernamt Wotan an."

Es war schon 2 Uhr, also jede Minute kostbar. Das Amt meldete sich nicht. In der Not rief Dr. Poschacher noch einmal den Oberstleutnant an.

Antwort: „Suchen Sie ihn auf dem Wege zur Sperre abzufangen, er ist schon weg von hier."

Dr. Poschacher hatte inzwischen die Lazarette über die Lage informiert. Alles wurde in die Stollen geschickt, denn um 3 Uhr früh war ein Bombardement zu erwarten. Er veranlaßte sodann noch, daß der fünf Minuten lange Feindalarm ausgelöst werde. Es wurde aber um 2 Uhr 45 Minuten nur Fliegeralarm gegeben, da die zivile Verwaltung nicht berechtigt war, ohne Weisung einer militärischen Dienststelle den Feindalarm auszulösen.

Es war 2.25 Uhr, als Dr. Poschacher von der Gendarmerie in der Montfortstraße wegkam. Im Laufschritt eilte er bis zur Kaserne, dann im Schritt bis zur ersten Sperre, ganz allein. Auf der Straße waren deutsche Soldaten. Vom Pfänder hörte man immer noch den Widerhall von Artillerietätigkeit. Bei der ersten Sperre trafen auch Dr. Meyer und der deutsche Leutnant ein. Der Oberstleutnant war nicht auf der Straße und kam auch nicht an die Sperre. Dr. Meyer ging bis zur Klause vor, um den französischen Offizier aufzuhalten, wenn Dr. Poschacher den Oberstleutnant doch in letzter Minute noch treffen und daher etwas verspätet kommen sollte. Man hörte kein Auto des Oberstleutnants herfahren.

Schwer entschlossen geht dann um 8 Minuten vor 3 Uhr Dr. Poschacher durch die Sperre. Mehrmals muß er sich zu Boden werfen, da in nächster Nähe Granaten einschlagen. Dem französischen Leutnant teilen Dr. Poschacher und Dr. Meyer mit, daß bei der Kürze der Zeit nichts zu erreichen gewesen sei.

Die beiden blieben zunächst im französischen Quartier in Lochau und versuchten noch ein letztesmal, die Lage zu retten. Dr. Meyer verlegte jetzt das Schwergewicht seiner Argumente auf den Umstand, daß 1500 Schweizer und sehr viele französische Zivilarbeiter in Bregenz und Umgebung seien.

Am Montagnachmittag und während der Nacht auf Dienstag funktionierte merkwürdigerweise trotz Beschießung das Telefon zwischen Lochau und Bregenz. So konnte Bürgermeisterstellvertreter v. Schwerzenbach von seiner Befehlsstelle im Stollen am Brand (hinter der Herz-Jesu-Kirche) aus den Ratsherrn Reiner von der Brauerei in Lochau und den Stabsarzt im Lazarett (Strandhotel) ersuchen, sie möchten dem französischen Kommandanten mitteilen, daß er als ziviler Vertreter der Stadt Bregenz nicht an Widerstand denke und seinerseits die Stadt übergebe. v. Schwerzenbach erhielt vom Kommandanten die Aufforderung, sich beim Morgengrauen mit weißer Fahne zwecks Übergabe der Stadt an der Klause einzufinden.

Von Schwerzenbach rief auch das Lazarett Schloß Hofen an und ließ über den dortigen Chefarzt, Stabsarzt Dr. Reimayr, den Franzosen seine Bereitwilligkeit zur Übergabe der Stadt mitteilen. Dr. Reimayr machte im Laufe des Telefongespräches den Vizebürgermeister darauf aufmerksam, daß es notwendig sei, nicht nur die Lazarette und die Franzosen zu verständigen, sondern daß es vielmehr bei den militärischen Dienststellen, also über das Wehrbezirkskommando oder über den Stadtkommandanten die Räumung der Stellungen vor der Stadt, insbesonders der Klause erzwingen müsse.

Im Verlaufe der Nacht teilte Ratsherr Reiner dem Vizebürgermeister mit, der französische Major bedaure es, daß er am Abend Bregenz als erste österreichische Stadt beschießen mußte, daß aber Bregenz kaum einer weiteren Bombardierung ausgesetzt sein werde, wenn nur an der Klause gekämpft werde. Um diese Stunde lag der Befehl aus dem Brigadequartier noch nicht vor.

Nach Rückkehr der Parlamentäre aus Opfenbach wurde von Reiner-Lochau aus an den Bürgermeister in Bregenz ein Ultimatum gerichtet, die Stadt werde vernichtet werden, wenn nicht um 3 Uhr früh ein Eisenbahnzug von Lochau nach Bregenz rollen könne, ohne beschossen zu werden. Von der Aufforderung, beim Morgengrauen an der Klause zu erscheinen, verlautete diesmal nichts mehr, weil sie ja vom Kommandanten in Lochau und nicht vom Obersten ausgegangen war.

Obwohl v. Schwerzenbach mehr oder weniger fast ununterbrochen auf der Befehlsstelle im Stollen am Brand sich aufhielt, funktionierte aus nicht mehr feststellbaren Gründen die Zustellung des Ultimatums nicht gleich. Das bedeutete einen empfindlichen Zeitverlust. Das Ultimatum erreichte den Vizebürgermeister um 1 Uhr. Er vermochte aber bis 3 Uhr ebensowenig auszurichten wie Dr. Poschacher, denn — so lautete seine Antwort nach Lochau — er konnte das deutsche Verteidigungskommando nicht ausfindig machen. Eine Polizeistreife und ein Motorradfahrer, die ausgeschickt wurden, um mit den Offizieren des Kampfkommandos in Bregenz oder des Abschnittskommandos Nord (Kommandant Major Tress) Verbindung herzustellen, kamen erfolglos zurück. Das Generalkommando, das er telefonisch erreicht hatte, war um keinen Preis vom Verteidigungsvorhaben abzubringen. Es wäre also nur die einzige Möglichkeit gewesen, zum Ziele zu kommen, wenn die Truppenoffiziere im Verteidigungsabschnitt zu überreden gewesen wären, die Stellungen aufzugeben.

Aber Bregenz bot damals eben ein grauenhaftes Bild des militärischen Durcheinanders, das hauptsächlich deswegen gegeben war, weil der Kampfkommandant Obstlt. Reicherter am Montagmittag die Stadt verlassen hatte. Wohin wollte man sich wenden? Das Festungskommando war auch nicht mehr in der Kronhalde und der General saß in Klaus. Doch wer wußte das? Wer wußte, ob Major Tress noch in Kennelbach-Herzenmoos war? Tatsächlich war er schon zwölf Stunden früher, nämlich am Montagnachmittag zwischen 2 und 3 Uhr im Herzenmoos aufgebrochen, nachdem eine Stunde vorher der größere Teil seiner Kraftfahrtruppen Adieu gesagt hatte.

Nach Äußerung des ehemaligen Dachauer Häftlings Hans Quaeck, der in jener Nacht in Lochau als Dolmetscher und Telefonist einspringen mußte, war v. Schwerzenbach sehr aufgeregt und in furchtbaren Nöten. Quaeck hatte den Eindruck, daß er sich ehrlich bemüht habe, das deutsche Kommando zu finden, um es von der Verteidigung der Stadt abzubringen.

Von Schwerzenbach berichtet in seinem Protokoll über die Verhandlungen in diesen zwei schicksalsschweren Stunden einige bemerkenswerte Einzelheiten: Statt des Generals konnte er nur den Ia-Offizier Ney fernmündlich erreichen, der ihm in barschem Ton vorwarf, daß Bregenz so viele Schwierigkeiten mache. Wenn es so weitergehe, könne man ja auch auf Deutsche schießen. Es werde gekämpft. (Hauptmann Ney war kein Nationalsozialist, aber Soldat durch und durch, dem der Krieg ein Handwerk war.) Ein Anruf beim Gauleiter in Innsbruck war vollkommen ergebnislos. Sein letztes Wort war: „Opfer müssen gebracht werden. Verlieren Sie nur nicht noch die Nerven!" Von Kreisleiter Richter wurde v. Schwerzenbach sehr kurz im negativen Sinne abgefertigt.

Eine halbe Stunde vor Ablauf des Ultimatums hat Hofer dann noch selber den Vizebürgermeister angerufen und ihm mitgeteilt, daß jetzt Kesselring versuche, mit den Alliierten eine Vereinbarung zustandezubringen, daß die militärischen Aktionen in Bregenz hinausgeschoben würden, bis die Schwerstverwundeten in Sicherheit gebracht seien. Dieser Entschluß des Feldmarschalls in letzter Minute war die Wirkung wiederholter Interventionen beim Gauleiter, doch noch zu versuchen, mit dem Kommandeur der alliierten Truppen eine Kampfpause für den Abtransport der Schwerkranken und Schwerverwundeten zu vereinbaren, wenn schon trotz der Überfüllung der Lazarette und Krankenhäuser und trotz der Unmöglichkeit noch dazu Frischverwundete aufzunehmen und zu versorgen, die kampflose Übergabe der Stadt gar nicht zu erreichen sei. Oberstabsarzt Dr. Poschacher, der von diesen Bemühungen unterrichtet war, unterstützte sie bei seinen Vorsprachen im französischen Quartier.

Dr. Poschacher ließ sich durch einen französischen Soldaten in das Lazarett Lochau (Strandhotel) führen, wo er den Rest der Nacht und den Dienstagvormittag verbrachte. Mit Bregenz stand er bis 6 Uhr früh immer noch in telefonischer Verbindung.

Um 4 Uhr früh ging französische Sturminfanterie gegen den Haggen vor und kämmte die Gegend aus. Es wurden innerhalb zwei Stunden etwa 200 Gefangene eingebracht und im Hofe der Konservenfabrik Hagn festgehalten. Es waren Angehörige aller Waffengattungen, meist Reichsdeutsche (Bericht von Gert Huber). Auf der Kommandostelle wurden sie dann nach Art und Stärke der Verteidigung des Berghanges ausgefragt. Nicht lange darauf erschienen die ersten Tiefflieger über Bregenz und begann starkes Artilleriefeuer.

Hauptmann Lichtenturn gab auch jetzt noch seinen Plan nicht auf, durch einen Demonstrationszug die deutsche Verteidigung zum Abzuge zu bewegen. Auch Stabsarzt Dr. Reimayr in Schloß Hofen hatte bereits am Abend zuvor in einer Ansprache den Lazarettinsassen diesen Plan entwickelt und die gehfähigen Patienten, insgesamt 526, hatten sich einmütig bereit erklärt, aufzumarschieren. Am Dienstag ließ v. Lichtenturn die Patienten neuerdings antreten und wiederum wollten sie geschlossen das allfällige Risiko eines solchen Demonstrationszuges auf sich nehmen. Etwa um 7 Uhr begab sich der Hauptmann zum französischen Major im Gasthaus Meßmer, um seine Zustimmung zum Aufmarsch zu erlangen. Dies hätte natürlich eine mehrstündige Einstellung der Feindseligkeiten zur Folge gehabt. Major Viotte erklärte aber kurz, es sei jetzt die ganze Nacht genug verhandelt worden. Wenn sich der deutsche Oberstleutnant beim Stabe nicht bemühe, an den Apparat zu kommen oder an der Klause zu erscheinen, sei es jetzt mit der Geduld aus. Nun werde gekämpft!

Krieg über Bregenz

Nachdem in den frühen Abendstunden des Montag verschiedentlich Häuser von Bregenz aus Richtung Lindau beschossen worden waren — deutscherseits hatten sich auch zwei Panzergeschütze in den Kampf eingemischt —, setzte dann um 20.15 Uhr die erste heftige Beschießung mit Artillerie ein. Dienstag, 1. Mai, 5 Uhr früh, überflogen Aufklärer Bregenz, worauf eine knappe Stunde später neuerdings ein Artilleriefeuer aus Lindau und Hörbranz auf die Stadt niederprasselte. Tiefflieger strichen in unzähligen Wellen über die Häuser hinweg, und als um 9 Uhr die Stadt mit Brandgeschossen heimgesucht wurde, sanken viele Gebäude in Asche. Die untere Stadt war in Rauch gehüllt.

Den ganzen Vormittag bereiteten die Franzosen unablässig die Beseitigung beider Straßensperren vor. (Nach Dr. Poschacher.)

Als noch vor Mittag die Deutschen mit der Sprengung der Bregenzerachbrücken begannen, konnten die französischen Beobachter wissen, daß das deutsche Militär Bregenz geräumt habe.

Die brennende Stadt Bregenz, aufgenommen von einem französischen Kriegsberichterstatter am Mittag des 1. Mai 1945

Um 7.30 Uhr war das Kommando in Klaus verständigt worden, daß feindliche Panzer über Lochau auf den Pfänder gefahren seien und bald den Gebhardsberg erreichen würden, daß also die Stadt von der Flanke bedroht sei. Der General tobte: man hatte doch überall Panzersperren gebaut und Brükkensprengungen vorbereitet — im Wirtatobel waren schon zuvor um 23 Uhr

Brücke und Straße gesprengt worden (trotz allen Bemühens konnten Bürgermeister Heim und Postenführer Hauke von Langen die Zerstörungen nicht hintanhalten. Angeblich soll auch Lt. Renz einen Versuch unternommen haben, mußte aber fliehen und büßte bei einem ähnlichen Unternehmen in Lauterach das Leben ein), aber an diese Höhenstraße auf den Pfänder hatte niemand gedacht oder man hatte ihre strategische Bedeutung unterschätzt. Jetzt war es zu spät. Also Rückzug über die Ache! Dies berichtet Dr. Mayer. Dr. Josef Mayer war in der Kanzlei des Abschnittskommandos in der Kronhalde bzw. Klaus eingesetzt. Einem öfteren Zusammentreffen mit ihm verdankt der Verfasser wertvolle Informationen. Dr. Mayer war Verwaltungsjurist der Bezirkshauptmannschaft Pullendorf in Burgenland, kam nach dem Anschluß 1938 in das KZ Dachau und wurde nach fünfjähriger Haft zum Kriegsdienst eingezogen. Nach dem Krieg war er durch ein paar Monate bei der Bezirkshauptmannschaft Bludenz tätig, später war er bei der Bezirkshauptmannschaft Güssing in Burgenland angestellt.

Bei dieser Nachricht von den Panzern auf dem Pfänder handelt es sich wohl um eine bewußte Falschmeldung, die nicht von vornherein als unglaubwürdig erachtet werden mußte, wie aus folgendem erhellt. Am Vormittag des 1. Mai waren auf dem Pfänder noch deutsche Soldaten. Wegen der Tieffliegerangriffe hielten sie sich zumeist in den Häusern auf, z. B. im Moos. Öfters mußten sie wegen Panzergefahr antreten und gingen zunächst bis zu der Stelle vor, wo sich das Ende der Lochauer Straße unterhalb der Pfänderhöhe im Walde verliert, und dann auf dieser Straße weiter gegen Flüelen zu. Es kamen jedoch keine Panzer. Befehlsgemäß warfen die Soldaten noch einige Schützenlöcher auf und fällten Tannen über Straßen und Wege. Erst gegen 17 Uhr, als die Panzer der Franzosen schon in Bregenz standen, erhielten sie den Befehl, sich zu sammeln und marschierten ab. Sie kamen aber nicht weit. Französische Infanterie hatte von Lochau aus über die Parzelle Riese den Pfänder erreicht, nahmen den Großteil der abziehenden Soldaten bei der Pfänderdohle gefangen und bezog Quartier im Pfänderhotel.

Auf dem Hochberg brannte an diesem Tage die Alphütte ab; ob Wehrmacht oder verärgerte Werwölfe den Brand verursacht haben, ist nicht recht geklärt. Am nächsten Tag (2.) erreichte eine 150 Mann starke Gruppe Franzosen, die einige Gefangene mit sich führten, um 14 Uhr den Pfänder und ließen sich auch im Pfänderhotel nieder, wo sie einige Tage, bis zum Eintreffen der Marokkaner, blieben. Sie waren durch den Neuschnee von Möggers her über den Pfänderrücken marschiert.

Die Säuberung des Gebietes überließen sie scheinbar einer nachkommenden Abteilung, da sie nicht mehr umkehrten, als ihnen gemeldet wurde, in Bromatsreute hielte sich noch SS versteckt.

Über die neue Lochauer Straße hatte kein alliierter Panzer den Pfänder zu erreichen versucht. Nach Fluh kamen die ersten Franzosen am Mittwoch (2.) Vormittag mit einigen Spähwagen über die obere Langener Straße.

In Bregenz war bald nach Mittag (1. Mai), etwa um 12.30 Uhr, französische Infanterie eingedrungen, denn drei beherzte Männer, nämlich Prof. Pirker als Sprachkundiger, der jüngere Alois Boß von Weißenreute als Wegkundi-

Alois Boss, Dr. Paul Pirker, Emil Dietrich

ger und Emil Dietrich waren in das andere Lager hinübergegangen und zeigten den Franzosen einen Bergweg über den Haggen.

Umgehung der Klause

Prof. Dr. Pirker war schon am frühen Morgen aufgebrochen, denn angesichts der Beschießung der Stadt am Vorabend mußte rasch etwas geschehen, damit die Katastrophe von Bregenz abgewendet werde. Es war klar, daß die Beschießung am Abend nur das Vorspiel für den folgenden Tag sein sollte, daß also für den Dienstag Furchtbares zu erwarten war. Am Montagabend waren die Geschütze offenbar nur auf die Ziele eingeschossen worden. Prof. Pirker wählte den Weg über Altreute und Haggen, um den deutschen Stellungen auszuweichen, ging dann wieder bis zur Villa Fetz herunter, um an die Klause zu sehen, und dann wieder zurück bis zum Jesuheim. In Lochau wurde er vom französischen Kommandanten bereitwillig angehört.

Erregt fragte Prof. Pirker, warum denn Bregenz so beschossen werde; es seien ja fast keine Soldaten in der Stadt. Er sei gekommen, um zu bitten, daß das Artilleriefeuer eingestellt werde. Auf dem ganzen Weg sei ihm kein deutscher Soldat begegnet. Er habe nur weggeworfene Panzerfäuste und Uniformstücke gesehen. Er sei bereit, den Franzosen einen verläßlich sicheren Weg über den Berghang zu zeigen (Nach Gert Huber).

Der Kommandant suchte verständlich zu machen, die Einstellung des Feuers sei nicht so leicht, die Flugzeuge seien bestellt und er habe nur einen einzigen Radioapparat zur Verfügung. Es wurde dann doch eine Infanterieabteilung in der Stärke von zwei Kompanien zusammengestellt, die dann nach zwei Stunden, um halb 10 Uhr, mit den Wegführern abging.

Auf dem Hang oben standen sie plötzlich vor der Mündung eines Maschinengewehres. Prof. Pirker versicherte aber den Franzosen, daß der Weg absolut sicher sei. Sie umgingen den Maschinengewehrstand — tatsächlich war kein deutscher Soldat da, wohl aber lagen Maschinen- und Infanteriegewehre, Munition, Stahlhelme usw. herum. Die deutsche Verteidigung war abgerufen und über die Ach zurückgezogen worden. Offenbar ging das Absetzen vom Feind sehr rasch vor sich. Es kann aber auch sein, daß es sich um den Gefechtsstand einer Abteilung des Majors Tress handelte, die einfach alles liegen ließ und für sich den Krieg als beendet betrachtete. (Major Tress berichtete noch nach Klaus den Abgang einer Kraftfahrerkompanie, wie Dr. Mayer mitteilt; selbst machte er aber den Rückzug nur noch bis in den Walgau mit, tauchte dann nach einigen Tagen in Doren auf, wo er seit einem Jahre befehlsmäßig seine Wohnung hatte, und wurde von den Franzosen nicht gefangen gesetzt. Tress ist Zahnarzt in Ulm.)

Emil Dietrich führte die Franzosen auf dem auch vielen Einheimischen nicht bekannten Wege, der über den Leiternsteig oberhalb der Klausmühle (Schuhfabrik) herunterführt. Diese Gruppe wollte die Klause von deutschen Soldaten räumen; die Klause war aber schon verlassen. Die anderen Abteilungen kamen über den Steinenbach und Weißenreute. Ein kleiner Trupp deutscher Soldaten, die wohl am Vormittag den Anschluß verpaßt hatten, entrann knapp der Gefangennahme und lief im Laufschritt die Belruptstraße herein. Nach einem amtlichen französischen Bericht wurden bei diesem Infanterieunternehmen insgesamt zehn deutsche Gefangene eingebracht, darunter ein Offizier.

Als die Franzosen in der Nähe der Herz-Jesu-Kirche in die Stadt herunterstürmten, war die Beschießung von Bregenz bereits eingestellt. Nur einige Flugzeuge kreisten noch mit ungeheurem Gedröhne über der Stadt. An der Klause forderten die Franzosen, daß der Bürgermeister komme. Von Schwerzenbach begab sich dahin. Das geschah, als die französische Infanterie bereits auf Umwegen in die Stadt eingedrungen war. Nicht lange danach erfolgte eine umfangreiche Sprengung der Straßenhindernisse bei Gravenreuth. Der stellvertretende Bürgermeister wurde von der Klause weg von einem französischen Offizier nach Lochau geführt, wo er die Stadt dem Kommandierenden Major Viotte übergab.

Die Sprengung der Straßenhindernisse an der Bregenzer Klause am Vormittag des 1. Mai

Tieffliegerangriffe in ganz Vorarlberg

Mit den Tieffliegerangriffen am 1. Mai griffen die Franzosen weit über das Stadtgebiet von Bregenz hinaus. Insbesondere machten sie Störbesuche in Sulzberg, Doren und Thal, aber auch im Oberland erschienen sie. Sie wollten das ganze Land sturmreif machen. In Frastanz trafen sie ein Munitionsauto, wobei ein Mitfahrer eines Autos der Bierbrauerei, das zufällig dazwischen kam, den Tod erlitt und einem anderen beide Füße abgeschossen wurden. In Wolfurt wurde ein 14jähriges Mädchen tödlich getroffen, in Dornbirn erlitt die eben durchziehende, von Kempten her kommende Truppe der Wlassow-Russen, der wir in Nofels noch einmal begegnen werden, Verluste. Im Zollamt Dornbirn-Bahnhof ereilte der Tod einen reichsdeutschen Zollbeamten, als er eben telefonieren wollte. In Lustenau wurde ein Haus in Brand geschossen.

Eine deutsche Luftabwehr gab es nicht. Auch der Artillerieeinsatz war äußerst gering, nachdem einmal die beiden großen Geschütze in Lochau zum Schweigen gebracht waren. In Lauterach standen während der Kämpfe um Bregenz angeblich zwei Panzergeschütze. Die Granate, die aus westlicher Richtung in einen der Türme der Herz-Jesu-Kirche einschlug, dürfte von einem solchen Geschütz gestammt haben.

Über dem Chaos von Funkwagen, Sherman-Panzern und Mannschaftswagen wehen weiße Fahnen.

Panzer in Bregenz

An der Klause fuhren nun die Panzer auf und stellten sich in Rudeln zusammen, bis die Straße endgültig geräumt und die durch die Sprengungen entstandenen Löcher aufgefüllt waren. Vom Pfänderweg herunter waren noch vereinzelte Schüsse zu hören.

Um 14 Uhr rollten die Panzer der 1. französischen Armee über die Reichsstraße in die brennende Stadt ein. (Laut Stadtratbeschluß vom 13. Juni 1945 soll von nun ab die Reichsstraße „Straße der Ière Armée Française" heißen.) Viele weiße Fahnen waren zu sehen und immer zahlreicher wurden auch die rot-weiß-roten. Kaum waren die ersten Panzer in der Stadt, sah man schon an allen Straßenecken Mädchen sich um die Franzosen scharen.

Vizebürgermeister v. Schwerzenbach, Fabrikant Gert Huber, Dr. Poschacher und Dr. Meyer fuhren über Veranlassung von Major Viotte mitten in der Panzerreihe in die Stadt zurück. Von Schwerzenbach begab sich ins Rathaus, wo er die ersten Weisungen eines französischen Offiziers entgegen-

Französische Panzer vor der Landesregierung in der Bahnhofstraße

nahm. Dort blieb er bis gegen Abend. Dann wurde er durch den General vom Dienste enthoben, der ihn für die Beschießung verantwortlich machen wollte.

Der General hatte sich im Hotel „Weißen Kreuz" niedergelassen. Er erkundigte sich bei Gert Huber nach einem angesehenen Mann in der Stadt, der ein allseitiges Vertrauen genieße, denn er brauche einen Bürgermeister für Bregenz. Gert Huber nannte Dr. Rösler, der dann sofort abgeholt wurde. Im Hotel wurde Dr. Rösler von Oberst Lecoq begrüßt, der ihn im Namen des Generals zum Bürgermeister ernannte und ihm gleich eine Dauerdurchgangsbewilligung erteilte mit dem Rechte, Autos zu benützen. Dr. Rösler erbat sich eine Bedenkzeit aus. Er wollte seine zahlreichen Patienten nicht im Stiche lassen und glaubte, nicht über die augenblicklich erforderlichen Wirtschafts-, Rechts- und Sprachkenntnisse zu verfügen.

Am anderen Tage meldete er dem Oberst, daß er ablehnen müsse, und schlug Zahnarzt Dr. Kohler vor, der dann in schwierigsten Wochen Arbeitskraft und Gesundheit dem Wohle der Stadt opferte.

Emile Bethouart, Kommandierender General des I. Armeekorps und späterer Hochkommissar der französischen Republik in Wien von 1945—1950, in den Straßen der brennenden Stadt

In Begleitung des neuernannten Bezirkshauptmannes Dr. Emil Seeberger (Bildmitte) übergibt der von der Militärbehörde bestellte Bürgermeister Dr. Stefan Kohler dem Oberbefehlshaber der 1. französischen Armee, Fünfsterngeneral Lattre de Tassigny, symbolisch den Schlüssel der Stadt.

Plünderungen

Eine sehr üble Seite des ganzen Durcheinanders dieser beiden Tage zeigte sich in den Plünderungen, zu denen sich viele, ermuntert durch das Beispiel dunkler Elemente, verleiten ließen. Schon am Abend vorher, als die Beschießung begonnen hatte, waren die Lebensmittellager und Geschäfte geplündert worden und jetzt wurde in aller Eile Fortsetzung gemacht. Auch in Lochau war am Vormittag das Lagerhaus der „Alma" *) ausgeraubt worden. In Bregenz begannen die Plünderungen am Montagvormittag, als die Franzosen noch in Lindau und Hohenweiler standen, und zwar wurde das städtische Lagerhaus beim Schlachtviehhof ausgeraubt. Am Nachmittag gingen die Plünderer scharf gegen Polizei und Gendarmerie vor. In einem Fall mußte die Polizei in Gegenwehr von der Schußwaffe Gebrauch machen.

Es war eine Menschenmenge, die nach vielen Hunderten zählte, die nur Hast und Eile kannte und wegraffte, was ihr in die Hände fiel, und nicht beachtete, was im Stoßen und Drängen vernichtet wurde. Gestohlen wurde alles: Mehl, Korn, Häute, Möbel, Strohgeflechte, Garne, Spitzen usf. Knöcheltief lagen in der Halle die kostbaren Lebensmittelvorräte herum und wurden zertreten. Es gab Leute, die unter der Last der geraubten Mehlsäcke zusammenbrachen, andere holten gleich mit Roß und Wagen, ja mit Traktor „ihre" Ware ab.

Die Polizei konnte unmöglich einzelne beanstanden, sondern mußte trachten, das Magazin menschenleer zu machen. Hydranten in den Kampf einzusetzen, hätte auch keinen Wert gehabt, da dann die Ware, die man der Allgemeinheit retten wollte, durch das Wasser vernichtet worden wäre. Der Einsatz gegen eine so große und rabiate Menge war aussichtslos; Gendarmerie und Polizei waren zahlenmäßig viel zu schwach. Um 19.30 Uhr wurden sie nach einem dreistündigen Kampf zurückgezogen und das Lagerhaus wurde sich selbst überlassen. Am 1. Mai mittags wurde die Haupttabaktrafik ausgeplündert.

Gleich nach dem Einmarsch wurde durch Maueranschläge bekanntgegeben, daß auf weitere Plünderungen die Todesstrafe gesetzt sei. Nach einigen Tagen wurden die Plünderer unter Strafandrohnung aufgefordert, die Ware wieder zurückzubringen. Der Aufruf hatte ziemlichen Erfolg.

Diese Plünderungen sind eine traurige Erscheinung, die nun einmal nicht wegzuleugnen ist. Eine Schilderung des Kriegsendes in Bregenz wäre nicht objektiv, wenn nicht auch diese dunkle Seite angedeutet würde. Es sei aber bemerkt, daß nach dem Zeugnis der Gendarmerie der überwiegend größte Teil der Plünderer keine Einheimischen waren, sondern Ausländer, beson-

---

**) Dabei handelte es sich um die vor- und nachmalige Firma Rupp, die im April 1938 von den neuen Machthabern dem Besitzer Josef Rupp enteignet und der Alma zugeschlagen worden war. Erst nach 1945 wurde die Firma dem rechtmäßigen Besitzer rückerstattet.*

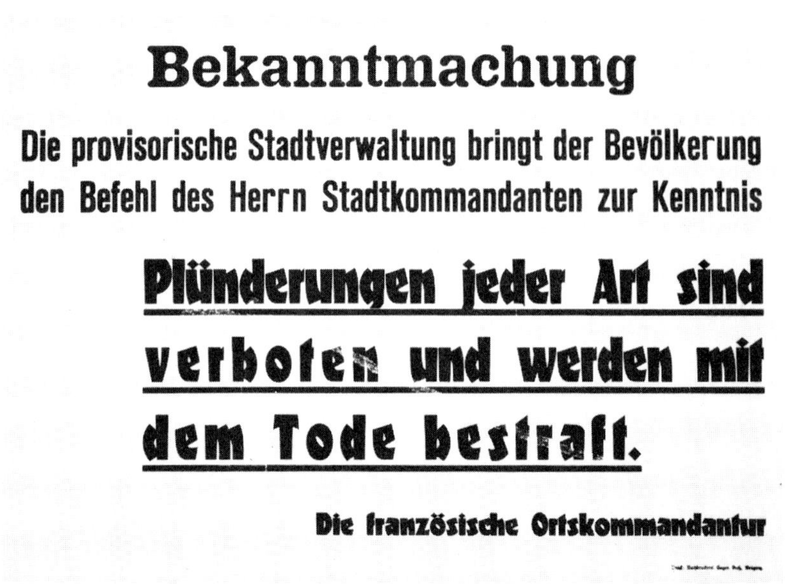
Bekanntmachung

Die provisorische Stadtverwaltung bringt der Bevölkerung den Befehl des Herrn Stadtkommandanten zur Kenntnis

Plünderungen jeder Art sind verboten und werden mit dem Tode bestraft.

Die französische Ortskommandantur

Bekanntmachung der provisorischen Stadtverwaltung über Anordnung der französischen Ortskommandantur

ders aus dem Osten*). Wenn dann Einheimische sich fragten, warum denn die Bregenzer alles den Ausländern überlassen und nicht auch für sich einen Teil retten sollten, so brauchte nur einer den Anfang zu machen. Auch das Plünderungsfieber steckt an.

Der Plünderer, der in Gegenwehr von der Polizei angeschossen wurde, sodaß er nach drei Tagen im Sanatorium Mehrerau starb, war ein aus einem Lazarett entflohener, bereits in Zivil gekleideter Soldat aus Hamburg.

Die Einbrecher, die bereits am Sonntagnachmittag, nachdem der Bahnbetrieb eingestellt worden war, die Lagerräume des Bahnhofes ausgeraubt hatten, stammten aus dem Ausländerlager in der ehemaligen Schiffswerft.

**) Diese Beschuldigung stellt eher den Beginn einer Legendenbildung als den wirklichen Sachverhalt dar. Zum einen war der überwiegende Teil aller Ostarbeiter bereits vor dem 1. Mai in die Schweiz transferiert worden, zum anderen weiß man heute, daß gerade auch Einheimische ordentlich zupackten, und schließlich waren die zahlreichen abgesprungenen Soldaten das „Organisieren" aus meist mehrjähriger Kriegserfahrung gewohnt.*
Wenn an den Plünderungen auch „Ostarbeiter" beteiligt waren, so sollte nicht vergessen werden, unter welch elenden Lebensbedingungen diese in den Jahren zuvor gehalten worden waren.

Ruinen

Bregenz war vom Nationalsozialismus befreit, beim Abgang hatte er sich aber ein charakteristisches Denkmal gesetzt: Bregenz ist zur Ruinenlandschaft geworden. Es waren so viele Häuser zerstört, daß für 195 Haushalte mit 700 Personen ein neues Obdach gefunden werden mußte, was umso schwieriger war, als zur gleichen Zeit sehr viele Wohnungen für die Besatzung bereitgestellt werden mußten. Nach den Angaben des Wohnungsamtes Bregenz waren 43 Häuser vollständig zerstört, 78 hatten sehr große und eine erhebliche Zahl leichte Schäden. Diese Angaben stammen aus der Zeit unmittelbar nach der Katastrophe. Im Verlaufe der Aufräumungsarbeiten hat es sich aber gezeigt, daß von den angeblich nur schwer betroffenen Gebäuden eine ganze Reihe nicht mehr beziehbar sind; nach einer Feststellung des Landesbauamtes sind nun tatsächlich 72 Häuser verloren und müssen von Grund auf neu aufgebaut werden. Unter den Gebäuden, die erst später zum Abbruch bestimmt wurden, war z. B. das Gasthaus „Zur Klause", das durch Einschläge und durch die Erschütterungen gelegentlich der Hindernissprengung so baufällig geworden war, daß die Behörde noch im April 1946 die Abtragung veranlaßte.

Die Straßenzüge, die durch die Beschießung am meisten gelitten haben, sind der untere Teil der Kaiserstraße mit dem „Teutsch-Viertel", das totale Ruine wurde, die Brandgasse, die Eichholzstraße und die Rathausstraße. Nicht bloß Wohnhäuser sind zerstört, sondern gar manche Warenlager, Geschäftsräume und Werkstätten, so daß viele Familien für lange Zeit auch die

Ruinen des Teutsch-Blocks, von der Kaiserstraße aus gesehen

Nach dem Angriff auf Bregenz mit Brandgeschossen am 1. Mai 1945. Ein Ausschnitt aus dem Maschinensaal der total zerstörten Buchdruckerei J. N. Teutsch. Der schwere Eisenträger in der Mitte des Bildes hat sich in der Hitze des Brandes wie eine Schlange gewunden.

Aufräumungsarbeiten in Bregenz im Sommer 1946. Der schwere Greifer des Baggers faßt die Mauerreste der Teutsch-Geschäftshäuser. Ganz links die Mädchen-Volksschule, die als einziges Gebäude auf einer 100 m langen Straßenfront vom Brande verschont blieb. Im Hintergrund das „Grüne Haus", dessen Dachstuhl abgebrannt war und wieder aufgebaut wurde.

Existenzgrundlagen verloren hatten. Von den industriellen und größeren gewerblichen Betrieben sind die Strumpffabrik Rohner, die Trüdinger-Fabrik in der Klostergasse, die Autowerkstätte Anwander an der Lauteracher Brükke und die Buchdruckerei J. N. Teutsch zur Gänze ausgebrannt. Das Rathaus blieb verschont. Im Gebäude der Landesregierung konnte das Feuer gelöscht werden, während es im „Grünen Haus" den Dachstuhl verzehrte. Unter den völlig zerstörten Gebäuden ist auch die städtische Turnhalle in der Kaspar-Hagen-Straße zu erwähnen. Im Gesamtbild der Ruinen handelt es sich zwar um eine Nebensächlichkeit; das Schicksal dieser Halle entbehrt aber nicht einer politischen Ironie, denn hier war vor 1938 der Versammlungsort des freisinnigen Turnvereines und damit die Brutstätte und der Nährboden des illegalen Nationalsozialismus.

Das Gerücht, das sich hartnäckig gehalten hat, daß einige Häuser, besonders jene der Nazigegner, von Agenten der Partei in Brand gesteckt worden seien, konnte nicht bewiesen werden.

Nach der Beschießung war die Wasserversorgung von Bregenz noch mehrere Tage mangelhaft, während das Gas ein Vierteljahr lang ausblieb. Das elektrische Licht war auch während des Angriffes, außer in den Brandbezirken, nie erloschen.

Allgemein wurde anerkannt, daß von den Franzosen Lazarette und Kirchen bewußt geschont worden sind.

Schutträumaktion im Trümmerfeld zwischen Jahnstraße und Rathausstraße

Aufregende Stunden im Stollen

Durch die Beschießung sind in Bregenz nur vier Personen ums Leben gekommen. An der Dauer des Artilleriefeuers und der Heftigkeit der Tieffliegerangriffe gemessen, ist dies nicht viel. Die Gefahr war so greifbar nahe, daß jeder Deckung suchte, wer nur irgendwie konnte. Die Stollen boten absolute Sicherheit. Es hatte sich gelohnt, daß die Stadtgemeinde über eine Million Mark für Luftschutz ausgegeben hatte.

Die beiden wichtigsten Stollen für die Allgemeinheit waren am Brand bei der Herz-Jesu-Kirche und an der Gebhardsbergstraße bei Marienberg. Dazu kamen einige kleinere, noch nicht fertige Anlagen.

Einen hervorragend eingerichteten Stollen hatte Dr. Poschacher für das Lazarett Riedenburg bauen lassen. Der Eingang ist innerhalb des Lazarettes. Etwa 600 Meter lang windet sich der Stollen spiralenförmig in die Tiefe. Selbst Schwerstverwundete konnten hier während der Beschießung verhältnismäßig bequem untergebracht werden. Das untere Endstück war auch für Zivil zugänglich. Die Anlage war in einem halben Jahre gebaut und gerade noch zur rechten Zeit fertiggestellt und zweckmäßig eingerichtet worden. Die Kosten hatten sich auf 300.000 Mark belaufen. Eine Erinnerungstafel, die etwa unterhalb des Stolleneinganges von Soldaten angebracht wurde, berichtet von den Verdiensten Dr. Poschachers um das Lazarett *).

Im Luftschutzstollen bei der Herz-Jesu-Kirche war bei Fliegeralarm auch die Dienststelle des Bürgermeisters.

Der Stollen bei Marienberg war an sich für die Zivilbevölkerung reserviert und war berechnet zur Aufnahme von 1200 bis 1500 Personen. In den Stunden des Kampfes um Bregenz stieg aber die Zahl der Zufluchtsuchenden auf ein Vielfaches. Der Stollenwart Wilhelm Kopf hatte eine außerordentlich schwere und undankbare Aufgabe, in dieser dichtgedrängten Masse Ruhe und Ordnung aufrechtzuerhalten. Es gebührt ihm Anerkennung, daß er sich durchsetzte. Am meisten Schwierigkeiten hatte er mit dem Militär. Es waren nämlich auch Verwundete aus den nahen Lazaretten im Stollen. Aber außer Oberarzt Dr. Amann (Chefarzt in der Oberschule) und Leutnant Eisen war niemand da, der bei den Verwundeten auf Ordnung drängte. Andere Offiziere brachten keinen Mut mehr auf, noch viel weniger die Parteihelden, die bis jetzt das große Wort geführt hatten. Im Gallusstift, das sich bekanntlich die Partei angeeignet hatte, war Alkohol verlagert. Die Soldaten, die das Lager entdeckt hatten, ergriff das Plünderungsfieber und so brachten sie ganze Kisten mit Kognak in den Stollen und verpesteten die ohnedies schon unerträglich stickige Luft mit Alkohol. Kein Offizier getraute sich gegen die Betrunkenen vorzugehen, bis Dr. Amann erschien und mit der Pistole in der Hand die Flaschen einsammeln ließ. Ein anderes Mal rannte alles nach Gasmasken, weil im Gallusstift ein Lager von solchen erbrochen worden war. Eine wilde Panik hätte ausbrechen können, wenn Kopf nicht beruhigend und überzeugend durchgedrungen wäre, als das Gerücht durch die dichtgepferchte Menschenmasse lief: „Der Stollen ist geladen!"

In der Nacht von Montag auf Dienstag, etwa um 10 Uhr, drängten sich auch noch die Soldaten vom Gallusstift in den Stollen. Der Chefarzt des dortigen Lazarettes, ein arroganter Herr von weit jenseits der Leiblach, gab vor, Befehl zu haben, seine Leute in den Stollen zu bringen und Zivilisten herauszujagen. Kopf bestand jedoch darauf, daß der Stollen nur für Zivilpersonen gebaut ist und daß er es unter keinen Umständen zulasse, daß Frauen und Kinder in den Wald hinausgetrieben werden, verpflichtete sich jedoch, alle liegenden Patienten in den Stollen aufzunehmen und machte dem Arzt mit Erfolg klar, daß die gehfähigen Soldaten im Riedenburger Lazarettstollen Unterschlupf finden müssen.

Mit der Morgendämmerung des 1. Mai setzte die Beschießung der Stadt in verstärktem Maße ein. Die Leiden und Sorgen der Leute im Stollen wuchsen von Stunde zu Stunde. Die Frauen hatten Mühe, Essen für ihre Kinder und Wäsche für ihre Kleinstkinder bereitzuhalten. Die Männer fragten sich, ob sie es nicht wagen sollten, in die Stadt zu gehen, um zu löschen. Jeder glaubte, sein Haus brenne. Auf einmal wurden die Soldaten nach Marienberg dirigiert, und endlich um 15 Uhr kam das erlösende Wort in den Stollen: „Geht heim, der Krieg ist aus!"

**) Ausgehauen wurde der Stollen von ausländischen Zwangsarbeitern, Kriegsgefangenen und halbgenesenen Lazarettpfleglingen (Stohs 1985). Auch die übrigen Bregenzer Stollenanlagen waren größtenteils von Kriegsgefangenen und Fremdarbeitern gebaut worden.*

Die Tragödie an der Lauteracher Brücke

Sehr unangenehm war für die Bevölkerung des ganzen Unterlandes die Sprengung der Achbrücken durch die deutsche Wehrmacht. Während die Harder und die Wolfurter Brücke in kürzester Zeit von den französischen Pioniertruppen wieder hergestellt waren und auch die Eisenbahnbrücke in drei Wochen durch das Entgegenkommen der Franzosen wieder befahrbar war, blieb gerade die Hauptverkehrsbrücke Rieden—Lauterach bis zum 24. November 1945 unbenützbar. Die Fahrbahn der Brücke war auf 56 Meter unterbrochen.

Der Luftdruck der Sprengungen war so stark, daß an der Kennelbacher und Riedenburger Kirche die achseitigen Fenster eingedrückt wurden.

Zwei Leutnante, Anton Renz aus Bregenz-Vorkloster und Helmut Falch aus Mötz in Tirol, hatten versucht, die Sprengung der Lauteracher Brücke zu vereiteln, nachdem eine Abordnung von Lauteracher Bürgern beim Kommandeur der Pioniere nichts ausgerichtet hatte. Zuerst versuchten sie es durch Gewinnung der Posten. Der Major einer etwa 60 Mann starken SS-Abteilung, die in Lauterach einquartiert war, wurde das Vorhaben der beiden Leutnante gewahr und schickte Streifen aus. Renz und Falch wurden aufgegriffen, zum Stabsquartier im Gasthaus „Zum Kreuz" gebracht und dort erschossen. Es war am 1. Mai, um halb 11 Uhr. Bald darauf wurde diese Hauptbrücke gesprengt. Die Leichen der beiden Patrioten wurden von der SS in eine Jauchegrube geworfen und schließlich hinter dem Haus verscharrt. Am 8. Mai wurden sie sodann auf dem Friedhof in Vorkloster beigesetzt.

Für die Eisenbahnbrücke setzte sich der Bahnhofvorstand von Lauterach, Emichlmeyer, ein mit dem Hinweis, es seien noch Lazarettzüge zu erwarten; er konnte aber gegen das Vorhaben der Pioniere nicht aufkommen. Die Brükke wurde um 11 Uhr mittags gesprengt.

Anton Renz

Helmut Falch

Die Lauteracher Brücke — auf dem Foto kurz nach ihrer Zerstörung — war durch die Sprengung auf eine Strecke von über 50 Metern unterbrochen und konnte erst im Herbst 1945 über ein Provisorium befahren werden.

Die zerstörte Eisenbahnbrücke zwischen Bregenz und Lauterach bei ihrem Wiederaufbau

War ein Bombenteppich über Bregenz geplant?

Diese Frage wurde in Bregenz nach dem 1. Mai viel erörtert, zumal auch französische Soldaten immer wieder davon sprachen. Ein Bombenteppich wäre im Bereich der Möglichkeit und bestimmt auch einiger Wahrscheinlichkeit gewesen, wenn bei der deutschen Truppe noch ein Kampfwille bestanden und der Widerstand an der Klause längere Zeit angedauert hätte; denn vor dem Hindernis dort hatten die Franzosen Respekt. Tatsächlich hat sich wohl jeder Bregenzer am 1. Mai im Geiste die furchtbare Wirkung eines Bombenangriffes ausgemalt. Es war Tagesgespräch in der Landeshauptstadt, daß ein Bombenteppich in Aussicht genommen war.

Um 2.30 Uhr früh (1. Mai) kam in den Luftschutzkeller des Regierungsgebäudes ein Gendarm und forderte alle dort Anwesenden auf, den Luftschutzraum zu verlassen und in den Stollen zu gehen, da Teppichbelag gemeldet sei (Bericht von Reg.-Sekretär Gantner).

Auch Dr. Poschacher, der doch in den entscheidenden Augenblicken im französischen Quartier war, kannte den Ernst der Lage genau. Siehe den Wortlaut des Ultimatums! Als er und Dr. Meyer nach dem mühevollen nächtlichen Unternehmen in der französischen Kommandantur in Lochau verweilten und noch ein letztesmal auf die vielen Verwundeten und fremden Zivilarbeiter hinwiesen, hatten sie nicht nur den bestimmten Eindruck, sondern geradezu die Zusicherung, daß mit der Bombardierung nicht mehr gerechnet werden müsse. Eine diesbezügliche Äußerung Dr. Meyers wird auch von Hauptmann v. Lichtenturn und von Herrn Reiner bestätigt; und als Konsul Bitz sich nach dem Einmarsch der Franzosen dem Obersten Lecoq vorstellte, bemerkte dieser, daß er bei der Beschießung nicht zuletzt wegen der vielen Schweizer und Fremdarbeiter schonend vorgegangen sei. Es kann also gut sein, daß das Unternehmen Dr. Meyers und Dr. Poschachers das französische Kommando bewog, nicht mit der ursprünglich vorgesehenen Härte gegen Bregenz vorzugehen. Denn es ist kaum anzunehmen, daß inzwischen noch früh genug die offizielle Meldung vom Roten Kreuz eingetroffen war, daß nur die Klause, nicht aber die Stadt verteidigt werde*).

Wenn auch nach der Äußerung von Oberst Lecoq mit Bregenz „schonend" umgegangen wurde, ist damit jedoch noch nicht gesagt, daß anfänglich ein Bombenteppich geplant war. Wenn man nämlich in den folgenden Wochen das Verhalten der Franzosen den Österreichern gegenüber beobachtete, oder auch, wenn man ihre Kriegstaktik in den Wochen vor dem Einmarsch

---

**) Wesentlich für die Einstellung der Beschießung könnte auch gewesen sein, daß Herr Ing. Walter Kareis, ein nach Hause geflohener KZ-Häftling, in den frühen Morgenstunden das Postamt, die Bezirkshauptmannschaft und die Gewerbeschule weiß beflaggt hatte. Die Fahnen gerade an diesen Gebäuden waren vom jenseitigen Bodenseeufer leicht zu erkennen. Ausführlicher beschrieben wird die mutige Tat des Walter Kareis in: Von Herren und Menschen 1985, 222.*

näher untersucht, so gewinnt man den Eindruck, daß ein Angriff mit Fliegerbomben wohl angedroht wurde, aber vielleicht nie ernstlich in Aussicht genommen war.

In den letzten Kriegswochen — also seit Ende Februar, da einmal die Arlbergbahn bei Langen einem Angriff ausgesetzt war, der keine Zerstörung verursachte — hatten die Franzosen vor dem Einmarsch in Vorarlberg nur zweimal, nämlich im Klostertal und in Lauterach, Bomben abgeworfen. Sie haben auch beim Einmarsch offensichtlich alle Verkehrsanlagen und Kraftwerke geschont und gingen nicht ausgesprochen auf Vernichtung aus.

Beim Tieffliegerangriff am Sonntag, 29. April, wurden bei Langen und Stuben zahlreiche Bomben vom kleinsten Ausmaß abgeworfen, ohne daß ein Schaden entstand. Der Sinn dieser Aktion konnte nur die Störung des Rückzuges, nicht aber die Vernichtung der Verkehrsanlagen gewesen sein, auf die ja auch die Franzosen später angewiesen waren. Nur in Braz, wo auch etwa 60 kleinere Bomben fielen, wurde die Bahnstrecke getroffen und der Verkehr kurze Zeit unterbunden. In Stuben fiel rings um die Ortschaft ein Kranz von Bomben, keine einzige aber in den Häuserbereich.

Im Falle Lauterach sollte auch nicht der Ort oder die Bahn in erster Linie getroffen werden, sondern der Lazarettzug, der vier Waggons Sprengstoff mitführte. Nur ein einziger Wagen war auf dem Dach als Lazarettwagen gekennzeichnet. Der Zug wurde bis vom Schwarzwald her dauernd verfolgt. Trotzdem wurden die Wagen mit dem Sprengstoff nicht abgehängt. Von

Bergung einer Fliegerbombe aus der Bregenzerach

Lindau wurde der Zug gleich nach Bregenz abgeschoben und von Bregenz sofort nach Lauterach herausgestellt. Hier weigerten sich die Soldaten — es waren durchwegs Leichtverwundete, etwa 800 — bei Tag weiterzufahren. Daraufhin wurden die Munitionswagen nach Schwarzach gebracht und auf ein Nebengeleis verschoben. Um 8.10 Uhr früh (25. April) kamen, wie die Soldaten richtig geahnt hatten, die Flieger. Es fielen etwa 85 kleinere Bomben. Zehn Personen waren tot, darunter drei Soldaten des Lazarettzuges. Drei weitere Soldaten waren schwer verwundet und sind in einem Bregenzer Lazarett gestorben. Der Verwundetenzug wurde dann nach Lustenau verschoben. In den folgenden Tagen merkte der Lauteracher Bahnhof immer mehr die letzten Wellenschläge des Krieges. Es kam ein Lazarettzug nach dem anderen. Im Wirrwarr der Kommandos brachte der Lokführer Dietrich 240 Soldaten, die aus Lazaretten geholt und zum Einsatz abkommandiert waren, an die Lustenauer Rheinbrücke, wo sie als Lazarettsoldaten von der Schweiz übernommen wurden.

Im Verlaufe der Kämpfe am 1. Mai fielen unweit der „Waldrast" bei der Harder Brücke eine schwere und in Vorkloster zwei kleinere Bomben und am 2. Mai wurde ein Haus in Lauterach, eine alte, längst nicht mehr in Gebrauch stehende Mühle, durch Fliegerbomben zerstört, weil aus diesem Haus herausgeschossen wurde. In Hard konnte man von Besatzungsoffizieren hören, daß im Falle eines länger andauernden Widerstandes an der Klause eine Landung bei Hard versucht worden wäre. Es läßt sich zwar nicht leicht vorstellen, mit welchem Transportmittel dies geschehen wäre. Hätte aber ein solcher Plan bestanden, so würde auch dies ein Beweis dafür sein, daß die Ankündigung eines Bombenteppichs nur eine Drohung war, mit der die Stadt unter Druck gesetzt wurde. Eine ähnliche Drohung, wenn auch nicht in ultimativer Form, wurde auch in Götzis und in Klösterle ausgesprochen.

Außerdem ist noch folgendes zu beachten. Die Bombardierung war auf 3.02 Uhr angekündigt, die heftige Beschießung durch Artillerie setzte aber erst um 6 Uhr früh ein, nicht schon bald nach drei Uhr, was doch darauf schließen läßt, daß nicht der Wille vorlag, die Stadt in Grund und Boden zu vernichten. Als weiterer Beweis soll schließlich noch eine Äußerung angeführt werden, die der Oberst bei der bereits gemeldeten Lagebesprechung in Lochau dem Fabrikanten Gert Huber gegenüber machte. Während Gert Huber auf den Oberst wartete, hörte er, daß ein Kommandeur an der Spitze der Panzerdivision gefallen sei; jetzt werde ein Bombengeschwader über Bregenz kommen . . . Der Oberst selber war dann bei der Lagebesprechung wesentlich ruhiger. Er studierte das ganze Gelände an Hand der Karten und entschied sich schließlich für eine Umgehung der Klause durch Infanterie. Es soll so versucht werden, auf einen modernen Großangriff auf die Stadt mit Luftwaffe und der ganzen zur Verfügung stehenden Artillerie von 1000 Geschützen verzichten zu können. (Bericht von Gert Huber.) Um diese Zeit also, es mag 16 Uhr gewesen sein, hatte das französische Kommando noch nicht im Sinne, die Stadt zu vernichten, und so ist auch anzunehmen, daß es diesen Willen auch am Abend nicht hatte, trotzdem es noch zögerte, die Infanterie einzusetzen.

Warum überhaupt die Beschießung mit Artillerie?

Für die Bewohner der Stadt, die doch am ganzen Kriegsgeschehen keine Schuld trugen, war die Beschießung eine bittere Tatsache, zumal stundenlang frisch ins Volle geschossen wurde und von deutscher Seite den ganzen Dienstagvormittag aus der Stadt heraus kaum ein Geschütz zu hören war. Man hätte es noch verstehen können, wenn das Unglück einer reichsdeutschen Stadt passiert wäre, aber Österreich wollte keinen Krieg. Es wollte die Freiheit, nicht Ruinen . . . Verständliche Gedankengänge der von Leid und Sorgen betroffenen Obdachlosen!

Die Bregenzer fragten sich daher, warum die Stadt überhaupt mit Artillerie beschossen wurde, da die französischen Kommandostellen noch vor Mitternacht durch Dr. Poschacher und Dr. Meyer bzw. vorher schon durch Fabrikant Huber wissen mußten, daß nur die Klause verteidigt werde.

Man muß diese Beschießung wohl in erster Linie als eine Antwort auf die unfaire Kriegführung der deutschen Generäle auffassen. Daß die Franzosen verärgert waren, läßt sich ja leicht denken. Nicht zuletzt aber werden sie die Beschießung der Stadt für notwendig erachtet haben, um so ungestört die Hindernissprengungen an der Klause durchführen zu können und den Deutschen irgendwelche Truppenverschiebungen unmöglich zu machen.

Als nach dem Einmarsch der Franzosen Konsul Bitz als einer der ersten dem Brigadekommandeur Lecoq im „Weißen Kreuz" seine Aufwartung machte, bedankte sich der Oberst für die Dienste, die der Konsul seinen französischen Landsleuten durch die frühzeitige Rückführung in die Heimat habe angedeihen lassen, und bemerkte, er kenne die Anstrengungen des Konsuls um die Schonung der Städte Vorarlbergs, er sei nicht zuletzt im Hinblick auf diese seine Bemühungen bei der Beschießung der Stadt so schonend wie möglich vorgegangen.

Entgegen allen völkerrechtlichen Abmachungen seien seine Truppen beim Einmarsch aus dem Schutzgebiet heraus beschossen worden. Auf eine solche Skrupellosigkeit hin habe er die Stadt beschießen lassen müssen. Bei den Kämpfen in Lochau sei einer seiner besten Offiziere als Opfer dieser unehrlichen Kriegführung gefallen.

Da die Kämpfe in Lochau am Montag nach 13 Uhr einsetzten, konnte die französische Wehrmacht noch nichts davon wissen, daß die Nachricht von der offenen Stadt durch ein zweites Telegramm widerrufen war.

Die Hintergründe des Widerrufes der Abmachungen

Es wird noch lange dauern, bis es endgültig geklärt ist, wer letzten Endes die Verantwortung für das Unglück von Bregenz trägt. Hier kann nur auf einige Zusammenhänge hingewiesen werden, durch die die Vorgeschichte der Beschießung etwas beleuchtet wird.

In Bregenz war man hocherfreut darüber, daß General Feurstein die Verteidigung Vorarlbergs innehabe. Von ihm setzte man voraus, daß er seine

Heimatstadt nicht dem Untergang preisgeben werde. Es sprach sich herum, daß er bei seiner Inspektion in Lochau, zwei Tage bevor Bregenz zur offenen Stadt erklärt worden war, einem Soldaten zu verstehen gab, daß es, vernünftig gesehen, keinen Sinn habe, einen ernstlichen Widerstand zu versuchen („Mit einem Stecken in der Hand kann man keine Straßenwalze aufhalten.").

In der Nacht von Freitag auf Samstag war die zustimmende Antwort von Generaloberst Vietinghoff eingetroffen. Der Samstag verlief sonach ruhig. Am Abend brachte der Schweizer Rundfunk die Meldung, daß Bregenz und Feldkirch offene Städte seien. Jetzt begann das Kesseltreiben. Feldmarschall Kesselring löste General Feurstein sofort ab und übertrug das Festungskommando für Vorarlberg General Schmidt. Am nächsten Tag gab es eine längere Auseinandersetzung am Telefon. Bei Kesselring saß auch Hofer. Der Marschall bestand darauf, daß allein der Führer bestimme, ob ein Ort kampflos übergeben werde. Vietinghoff hatte sich darüber hinweggesetzt, denn Hitler war ja kaum mehr erreichbar und außerdem pflegte der Generaloberst schon Kapitulationsverhandlungen mit den Amerikanern.

Auch er wurde von Kesselring abgelöst, bekümmerte sich aber um diese Absetzung nicht mehr, er stand ja vor der Übergabe. Seit Donnerstag, 26. April, unterstand die Heeresgruppe C auch dem Oberbefehl Kesselrings, daher war dieser aufgebracht, daß er über die Abmachungen mit dem Roten Kreuz nicht verständigt worden war. General Feurstein setzte sich zur Wehr, ihm sei keine Mitteilung über die Veränderung in der Heeresleitung zugegangen. Trotzdem blieb es bei der Ablösung des Generals Feurstein, ja, Kesselring drohte ihm mit dem Kriegsgericht. In Tirol wurde zum Nachfolger Feursteins General Böhaimb bestellt (der dann mit seinem ganzen Stab am 2. Mai von der Innsbrucker Widerstandsbewegung auf der Hungerburg festgenommen wurde!). Nach dem Einmarsch blieb General Feurstein sowohl seitens der Amerikaner wie seitens der Franzosen unbehelligt; er wurde nicht gefangengenommen.

Schließlich hatten aber auch Gauleiter Hofer als Reichskommissar für Landesverteidigung und sein Stellvertreter für den Bereich Vorarlberg, Kreisleiter Richter von Bludenz, in Verteidigungsfragen ein sehr gewichtiges Wort zu sagen. Hofer und Kesselring saßen bekanntlich viel beisammen. Offenbar war aber Hofer in seinem „Gewissenskonflikt" nicht entschieden genug, um Kesselring zur Aufgabe der sinnlosen Verteidigung zu bewegen.

Wer sprach das letzte Wort?

Nach allgemeiner Anschauung des Volkes und ebenso nach mehrfachen Meinungsäußerungen von Offizieren des Festungskommandos in der Kronhalde hätten die Politischen Leiter die Verteidigung von Bregenz veranlaßt. Obstlt. Lemke z. B. hat lt. Bericht des Gefreiten Dr. Mayer in der Kanzlei des Kommandos dem Personal gegenüber unverhohlen seine Entrüstung darüber gezeigt, daß das deutsche Offizierskorps als Lügner dastehe; der Widerruf der Abmachungen mit dem Roten Kreuz sei auf Grund einer Interpellation der Kreisleiter bei Gauleiter Hofer erfolgt.

Bezeichnend ist auch das Verhalten des Kreisleiters Richter. Als Major Tarabochia am Montag früh zwischen 5 und 7 Uhr in der Kronhalde wartete, trat Richter ein, in der Uniform der Politischen Leiter, und wie meistens, wenn er im Kommando erschien, bewaffnet mit Maschinenpistole, Handpistole und Handgranate.

Richter (frozzelnd): „Haben Sie Ihr Haus schon mit weißen Fahnen und rotem Kreuz geschmückt?"

Tarabochia: „Nein, ich habe dies nicht notwendig, aber die Lazarette. Ich bin stolz darauf, daß ich mich für die Verwundeten eingesetzt habe, und im übrigen ist auch der Gauleiter dafür."

Richter: „Nein, das ist nicht wahr!"

Tarabochia: „Was ich mit eigenen Ohren von General Feurstein gehört habe, wird nun niemand bestreiten wollen."

Richter: „Ja, er war einverstanden, aber nur weil Sie falsche Angaben gemacht hatten."

Anscheinend hat man die Angaben Tarabochias über die Zahl der Verwundeten in Bregenz in Zweifel gezogen, um irgendwie einen Dreh zu finden.

Richter machte noch die Bemerkung: „Ich habe mit Kesselring gesprochen, Bregenz und Vorarlberg werden verteidigt."

Richter suchte die Franzosen als vertragsbrüchig hinzustellen, weil sie am Sonntag früh die Bregenzerwaldbahn mit Bordwaffen beschossen hätten, Major Tarabochia bemühte sich, ihm klar zu machen, daß um diese Zeit noch nicht alle Flugplätze verständigt sein konnten.

Alle diese Argumente reichen jedoch nicht hin, um ein endgültiges Urteil zu finden, ob Kesselring allein die Schuld an der Verteidigung der Stadt Bregenz trägt oder ob ihn Hofer und Richter in seinem Vorhaben bestärkt haben oder ob diese Politischen Leiter die Verteidigung nicht aufhalten konnten oder nicht aufhalten wollten *).

**) Man wird annehmen dürfen, daß es keiner militärischen oder zivilen Stelle wirklich darum ging, Bregenz oder überhaupt Vorarlberg gegen die französischen Truppen zu halten, entscheidend war nur das Aufhalten. Die deutschen Militärs hätten aus ihrer Sicht mit der Aufgabe der Bregenzer Klause eine der besten Möglichkeiten, den französischen Vormarsch zu verzögern, vergeben. Die Stadt Bregenz war ihnen dabei so egal wie das Leben jener Zivilisten, die getötet bzw. gefährdet wurden. Das einzige Bestreben der zurückweichenden deutschen Resttruppen und SS-Haufen war es, nicht in französische, sondern in amerikanische Gefangenschaft zu kommen. Dies zu erreichen, war ihnen jedes Mittel recht, und deshalb versuchten sie von der Klause beginnend das ganze Land hinauf die Franzosen mit kleinen Nachhuten hinzuhalten (vgl. die Aussagen von Major Volk bei Bolka 1975, 88 ff.). Großen Teilen der 19. Armee — auch General Schmidt — gelang es dann noch in der Nacht zum 6. Mai, die bereits festgelegte Demarkationslinie vor Landeck in Richtung Amerikaner zu überschreiten (vgl. Rauchensteiner 1970, 302).*

Zieht man als analogen Fall die kampflose Räumung der Stadt Feldkirch heran, wo nachgewiesenermaßen Kesselring den Entscheid Hofers respektiert hat, so würde im Falle Bregenz die Vermutung naheliegen, daß Hofer oder Richter es mindestens nicht verhindert haben, daß Bregenz wieder in Verteidigungszustand versetzt wurde. Man vergleiche dazu die Worte, mit denen der Gauleiter den Vizebürgermeister v. Schwerzenbach „getröstet" hat: „Opfer müssen gebracht werden! Verlieren Sie nur nicht noch die Nerven!"

Es wäre wohl auch nicht gerecht, wollte man General Schmidt für die Zerstörungen in Bregenz verantwortlich machen. Er war der alte Offizier, der nur eines kannte: Befehle ausführen. Er stand am Ende seiner Nervenkraft, vielleicht nicht zuletzt deswegen, weil die dauernde Kontrolle der SS auf ihm lastete. Noch viel weniger kann etwa anderen deutschen Offizieren, wie z. B. Obstlt. Knoblauch eine Verantwortung zugesprochen werden. Sie waren sich (laut Mitteilung von Dr. Mayer) dessen bewußt, daß diese Art der Kriegführung wenig nobel sei und jammerten sich gegenseitig vor, was wohl die Franzosen über die Soldatenehre der Deutschen denken werden. Aber durch die Partei sei überraschend die Verteidigung von Bregenz angeordnet worden. Knoblauch wird übereinstimmend geschildert als ein grundanständiger Mensch ohne ausgeprägten Drang nach selbständigen Unternehmungen. Es muß aber anerkannt werden, daß er sich für Bregenz und noch mehr für Feldkirch in selbstloser Weise eingesetzt hat und vom General deswegen eine Rüge um die andere einstecken mußte.

Daß Generalfeldmarschall Kesselring in Bregenz war, um die Verteidigungsmaßnahmen zu überprüfen, wie hartnäckig behauptet wurde, ist ein Märchen, das dadurch entstanden ist, daß ein anderer Offizier dieses Namens hier eingesetzt war, der dann, als das Verhalten des Feldmarschalls bekannt wurde, mancherlei Unannehmlichkeiten über sich ergehen lassen mußte.

Bürgermeister Solhardt von Bregenz, mit dem sich die öffentliche Meinung in den Tagen nach dem Abtreten des nationalsozialistischen Regimes sehr weitgehend und begreiflicherweise nicht gerade wohlmeinend beschäftigte, war bestimmt ein typischer Vertreter der Partei mit den hiefür notwendigen Charaktereigenschaften, doch weiter reichte seine „Größe" nicht. Auch im Kriegsgeschehen war die Rolle, die er überhaupt spielen konnte, nicht so bedeutend, daß man ihn für die Zerstörungen verantwortlich machen kann. Immerhin ist es unverzeihlich, wenn er es als Bürgermeister von Bregenz nicht abgelehnt hat, und zwar auch mit dem Risiko der persönlichen Stellung, Bregenz in den Verteidigungszustand zu setzen. In der Woche, die der Besetzung vorausging, hat Solhardt keinen bestimmenden Einfluß ausgeübt. Nur eine einzige Quelle will von seinen Anstrengungen wissen, von Friedrichshafen Verstärkungen der Stellungen bei der Klause zu erhalten.

Bei der denkwürdigen letzten Ratsherrensitzung unter der Nazi-Ära am Donnerstag, 26. April, erhielt v. Schwerzenbach, wie bereits dargetan wurde, den Auftrag, bei Kreisleiter Gebhardt und bei Obstlt. Reicherter vorzusprechen, um sie vom einhelligen Wunsch der Stadtvertretung zu unterrichten. Die Abordnung (Bürgermeisterstellvertreter v. Schwerzenbach, Beigeordneter Kaltenbach und Ratsherr Kuner) hatte am Abend auch eine Aussprache mit Bürgermeister Solhardt, den sie jetzt doch noch antrafen. Solhardt war damals bereit, den dringenden Wunsch der Stadt auf kampflose Übergabe an den Gauleiter weiterzuleiten.

Als am Samstag, 28. April, Bregenz zur offenen Stadt erklärt worden war und Oblt. Müller in der Kronhalde zu verhandeln hatte, kam Solhardt herein und bat, es möge doch veranlaßt werden, daß wenigstens nicht die weißen Fahnen gehißt würden. „Diese Schande möchte ich meiner Stadt erspart wissen." (Wenn die Abmachungen bezüglich der offenen Stadt eingehalten worden wären, hätte es keine weißen Fahnen gebraucht!) Solhardt machte damals den Eindruck eines vollkommen gebrochenen Mannes, er sah das bittere Ende seiner Illusionen kommen. Am Montagfrüh brüstete er sich zwar noch in der Kronhalde Tarabochia gegenüber: „Und ich werde auf den Trümmern von Bregenz Deutschland verteidigen!" Solhardt selber behauptet (nach Mitteilung seines Sohnes), gesagt zu haben: „Wenn ich das Reich retten könnte, würde ich es auf den Trümmern von Bregenz verteidigen." Wenige Stunden später wurde er schon auf der Durchfahrt nach Bludenz gesehen. Solhardt war — und darüber wird es in der öffentlichen Meinung kaum einen Zweifel geben — restlos Hofer-hörig und konnte es nicht übers Herz bringen, es sich einzugestehen, daß die schöne Zeit jetzt dahin ist. In Nüziders-Bludenz nahm er noch einen Spaten in die Hand, um das Land zu verteidigen und das Dritte Reich zu retten.

Die OT-Bauleitung Bludenz, die im „Weinschlößle" in der Gallusstraße untergebracht war, verließ am Samstagmittag die Stadt. Sie hatte hier ja nichts mehr zu suchen, da die Stadt kampflos übergeben werden sollte. Als dann Bregenz wieder zur Festung erklärt wurde, kam Solhardt nochmals zurück und blieb bis Montagvormittag. In Nüziders-Bludenz beriet er sich mit Ing. Demharter, dem stellvertretenden technischen Leiter der OT-Bauleitung Bregenz, was er nun tun solle. Mit dem letzten Tropfen Benzin flohen beide in das Große Walsertal bis nach Fontanella. Demharter war es darum zu tun, auf raschestem Wege noch seine schwäbische Heimat zu erreichen. Solhardt ging über Damüls dem Bregenzerwald zu, hielt sich eine Zeitlang in Egg auf, kam dann nach Bregenz zurück und stellte sich selber.

Solhardt hatte sich nach seinem eigenen Geständnis (in der Kronhalde Dr. Tarabochia gegenüber) aus seinem Verhalten ein Gewissen gemacht. Er fühlte den Widerspruch zwischen seinem Amt als Befestigungsinspektor und dem eines Bürgermeisters; daraus ist auch zu erklären, wenn er in der Woche nach dem 22. April öfters mehr als bloß zu einem Ruhestündchen sich nach Kennelbach-Herzenmoos zurückzog. Erst als es schon zu spät war, tat er noch einen Schritt für die Rettung der Stadt. In jener Nacht, als die Franzosen vor Bregenz lagen, wurde über das Postamt in Wolfurt der General, der dort im Quartier lag (Faulmann), von Solhardt angerufen, es möchte die Verteidigung von Bregenz aufgegeben werden. Der General antwortete: „Wenn Sie uns in den Rücken fallen, werden wir Sie erschießen." Es kann leider nicht mehr festgestellt werden, von wo aus Solhardt telefoniert hat.

Ausschnitt aus der Widerstandsbewegung

Die Tätigkeit der Widerstandsbewegung von Bregenz kann hier nur insoweit gestreift werden, als sie mit den Ereignissen der letzten Kriegstage in unmittelbarem Zusammenhang steht.

Die Widerstandsbewegung suchte zunächst den Stadtkommandanten von seinem Standpunkte abzubringen. Angesichts des Fanatismus dieses Offiziers wurde von direkten Verhandlungen abgeraten.

Die Fäden der christlichen Widerstandsbewegung liefen bei Schneidermeister Veider zusammen, die Zentrale der sozialistisch-kommunistischen Gruppe war bei Kaufmann Holzner. In den letzten Kriegswochen verfügte die Bewegung immerhin noch über eine ansehnliche Zahl einsatzbereiter Männer, die auch Waffen besaßen, trotzdem ihre Reihen durch Einberufungen zum Militärdienst und zum Volkssturm stark gelichtet waren. Außerdem verstand es die Partei gemäß dem „Notdienstverpflichtungsgesetz" jeden, der nicht auf ihrer Seite stand, zu Schanzarbeiten heranzuziehen, um so die „Reaktion" immer unter Aufsicht zu haben. In jeder Gruppe mußten „Schwarze" und „Rote" sein, damit keine Verschwörung möglich wäre. Die Partei tarnte sich als Urheberin dieser Aktion dadurch, daß die Befehle zum Schanzen vom Landrat ausgegeben wurden*).

Die Bregenzer Widerstandsbewegung hatte noch dazu das Mißgeschick, daß sie gerade in jenen Tagen der führenden Männer beraubt wurde, da man sie am notwendigsten gebraucht hätte. Als sich am 22. April durch das Näherrücken der Front das düstere Ende der Partei ankündigte und außerdem am anderen Morgen an Plakatsäulen und Schaufenstern nächtlich angebrachte Schlagzeilen deutlich genug das Vorhandensein eines anderen politischen Willens offenbarten, verhaftete die Gestapo die „Aktivisten" und führte sie ins Gefängnis in der Oberstadt. Da man zunächst annehmen mußte, daß sie als Geiseln geholt wurden, mußte die Widerstandsbewegung ihre Tätigkeit sehr vorsichtig weiterführen, um nicht das Leben der Verhafteten in Gefahr zu bringen.

Es gingen Gerüchte um, das Postgebäude, das Gaswerk und andere wichtige Anlagen würden zur Sprengung vorbereitet. Die Widerstandsbewegung verteilte nun die Rollen, wer bei der Besetzung der einzelnen Objekte mitzuwirken habe.

Es war Montag, 30. April, mittags, und die Häftlinge waren bereits wieder entlassen. Die Widerstandsgruppe Leissing-Bildstein-Büsel-Schwärzler be-

---

**) Eine Durchsicht der Biographien aller Landtagsabgeordneten im Nachlaß Naumann (Vorarlberger Landesarchiv) zeigt, daß der größte Teil der politischen Prominenz — bei den Christlichsozialen von vor 1938, bei Sozialisten und Kommunisten von vor 1934 — zu den „Rutenschneidern" (so nannte man die Schanzarbeiter) verpflichtet war, darunter auch der spätere Landeshauptmann Ulrich Ilg (vgl. Ilg 1985, 36).*

trieb einen Kurzwellensender, der auf Welle 35,2 Weisungen besonders hinsichtlich der Beflaggung ausgab. Die Parole wurde dann von Mund zu Mund weitergegeben. Viele Häuser waren weiß beflaggt. SS-Leute machten jedoch Streifen durch die Stadt und zwangen die Bevölkerung zur Vorsicht.

Fabrikant Gert Huber besorgte für die Widerstandsbewegung den Kurierdienst zu den Franzosen. Seine Aufgabe war, im Namen der Widerstandsbewegung den Kommandeur der alliierten Truppen zu unterrichten, wie es um die Verteidigung von Bregenz stehe. Beim Berger Kreuz in Hörbranz stieß er auf die Franzosen, die ihn mit Motorrad zu einem Offizier führten, der bereits mit seinem Funkwagen beim Gutshof Rupp in Lochau stand. Der Unterhändler bat um eine Lagebesprechung und so lange um Einstellung des Feuers auf Bregenz. Der Oberst gab die Funkantwort, er sei sofort zur Stelle, inzwischen soll Feuerpause sein.

Dann fand die bereits in einem früheren Kapitel beschriebene Lagebesprechung statt. Gert Huber unterrichtete den Oberst vom Wechsel des Verteidigungskommandos von Vorarlberg und daß sich der neue Befehlshaber nicht mehr an die Abmachungen halte, die sein Vorgänger, General Feurstein, über das Rote Kreuz mit den Alliierten getroffen habe; die Verteidigung der Stadt sei nicht sehr stark; es möge Bregenz verschont werden; die Widerstandsbewegung habe die Absicht, Rathaus, Postamt, Elektrizitätswerk und Gaswerk sowie den Sender zu besetzen, um zu verhindern, daß diese Anlagen durch die SS gesprengt würden; es sollten aber durch Flugzeuge, die jedoch nicht in den Kampf eingreifen, die Straßen menschenleer gemacht werden.

Da aber am Abend Bregenz doch, wenn auch vorerst noch leicht, beschossen wurde, plante eine Gruppe der Widerstandsbewegung, in der Nacht mit Motorboot zur Leiblachmündung zu fahren, um noch einmal mit dem französischen Kommando zu verhandeln. Es war aber nicht einmal ein Ruderboot aufzutreiben. Schließlich — es war 2 Uhr nachts — machte sich ein Stoßtrupp auf den Weg, um über die Klause in das französische Lager zu kommen. Beobachter stellten jedoch fest, daß eben schwerbewaffnetes Militär zur Sicherung der Klause aufmarschiert war. Die Gerüchte über Art und Bewaffnung der Truppe widersprachen sich. Man wollte wissen, es handle sich um drei Kompanien SS. Jedenfalls durfte sich die Widerstandsbewegung nicht in einen Kampf einlassen, dessen Ausgang in Anbetracht der Bewaffnung des Gegners absolut keinen Erfolg versprechen konnte. So mußte es beim guten Willen bleiben.

Um 4 Uhr früh wehten auf den öffentlichen Gebäuden in Bregenz die österreichischen Fahnen.

Während der Beschießung von Bregenz haben sich zahlreiche Mitglieder der Widerstandsbewegung, insbesondere jüngere Burschen, dadurch ausgezeichnet, daß sie unbekümmert um den Geschoßhagel Brände löschten und manchen Familien, die in den Stollen waren, den Hausrat retteten. Auch nach Einstellung der Beschießung stellten sie sich in den Dienst der Feuerwehr. Manche kamen drei Tage und Nächte nicht mehr aus den Kleidern.

Enthaftung der „Aktivisten“

Die Festnahme von Geiseln am 23. April wurde in Bregenz durch die Partei und durch den Stadtkommandanten verfügt. Da solche Verhaftungen an diesem Tag auch an anderen Orten vorgenommen wurden, muß eine Weisung von Hofer oder mindestens von Richter vorgelegen sein. Ein Grund der Verhaftung wurde nicht mitgeteilt.

In Bregenz nahm die Gestapo selber die Verhaftungen vor und teilte dann der Polizei mit, welche Leute nicht gefunden wurden und also noch von der Polizei zu suchen seien. Nach Angaben des Polizeiwachführers Oblt. Falschlunger wurden im Polizeigefängnis Bregenz gut 20 Personen eingeliefert; weitere sieben konnten nicht festgenommen werden. Verhaftet wurden u. a. Reg.-Rat Dr. Salzmann, General Burger, Lehrer Arthur Maier, der Eisenbahnangestellte R. Juen, der nachmalige Stadtrat Haller, der Landwirt Josef Hinteregger aus Hohenweiler, ferner die beiden Arbeiter Summereder und Janetzka. Weitere Namen sind nicht bekannt geworden. Es kann auch sein, daß unter den nicht aufgeführten Häftlingen Ausländer waren, deren eigentlicher Verhaftungsgrund auch irgendwie politischer Natur war.

Die Geiseln machten sich auf das Schlimmste gefaßt. Es gelang ihnen aber in kürzester Zeit, mit der Widerstandsbewegung in Verbindung zu kommen. So waren sie über den Ernst der Lage völlig im klaren und zogen den Gefängniswärter Lonberger ins Mittel. Der Wortführer war Lehrer Maier. Lonberger, der von Falschlunger und v. Schwerzenbach den Auftrag hatte, diese politischen Häftlinge bevorzugt zu behandeln und unverzüglich Meldung zu erstatten, wenn deren Verschleppung unmittelbar zu befürchten wäre, stellte den Geiseln in Aussicht, sie beim nächsten Fliegeralarm in den Stollen hinter der Herz-Jesu-Kirche zu führen . . . Am Montag, 30. April, um 9 Uhr früh, wurde der Gefängniswärter von der Gestapo angerufen, wer noch im Gefängnis sei. Er gab prompt zur Antwort: „23 Militärhäftlinge“. Die anderen verschwieg er. Am Mittwoch um 12.15 Uhr kam der Polizeiwachführer Falschlunger und entließ die Aktivisten, da diejenigen nicht mehr da seien, die die Verhaftung veranlaßt hatten *).

**) Der Gefängniswärter hatte mit der Antwort „23 Militärhäftlinge“ niemanden verschwiegen, denn das war zu diesem Zeitpunkt die exakte Zahl aller Inhaftierten in der Oberstadt. Auch „Militärhäftlinge“ ist für alle Gefangenen zutreffend, da alle — auch die Geiseln — über Antrag des Stadtkommandanten von der Gestapo festgenommen worden waren. Als eben dieser Stadtkommandant verschwunden war, wagte Falschlunger nach verschiedenen Interventionen die Freilassung.*

Zu den acht genannten Geiseln gehörten auch Erharth Oemichen aus Bregenz und Adelina Chiesola aus Hard. Die übrigen 13 noch inhaftierten Personen waren zum überwiegenden Teil ehemalige Wehrmachtsangehörige, die bei Fluchtversuchen in die Schweiz gefaßt worden waren (Gefangenenbuch des Bezirksgerichts Bregenz 1945).

Zwei besonders gesuchte Aktivisten konnten am 23. April der Verhaftung entrinnen, nämlich Dr. Seeberger, später wieder Bezirkshauptmann, und Eugen Leissing, später Bundesrat. Dr. Seeberger wurde vom Standschützenmajor Direktor Sauter (durch Darpich jun.), Leissing durch Winkler gewarnt, einem der wenigen anständigen und menschenfreundlichen Beamten der Gestapo, der laut Vernehmungsprotokoll auf seiner Dienststelle gehört hatte, daß jetzt die prominenten Aktivisten festgenommen und liquidiert werden sollten, in erster Linie Dr. Seeberger und Leissing. Dr. Seeberger versteckte sich bei Schulleiter Baldauf in Eichenberg und Eugen Leissing in Langen, wo er vom Gendarmeriepostenführer Hauke geschützt wurde. Dieser sowie Bürgermeister Heim und Hilfsgendarm Grabherr hielten ihn in seinem Versteck über die Lage stets auf dem laufenden.

Unter den weiteren Aktivisten, die sich der Gefangennahme entziehen konnten, waren z. B. Dr. Paul Bildstein und der Kommunist Jelinek.

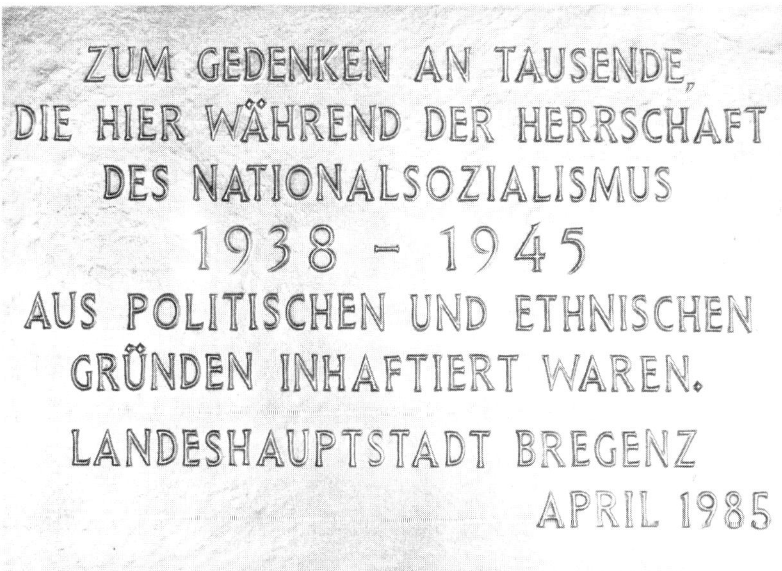

40 Jahre nach Kriegsende wurde im Jahre 1985 am ehemaligen Bregenzer Gefängnis eine Gedenktafel angebracht, die an die während der nationalsozialistischen Zeit Inhaftierten erinnern soll.

Schwarze Listen

Heute weiß man auch, wie die Liste der „Aktivisten" zustande kam. Die Bundespolizeidirektion Innsbruck hat nämlich festgestellt, daß nach dem Juli 1944, also wohl als Auswirkung des Attentates auf Hitler vom 20. Juli, die

Ortsgruppenleiter über Auftrag der Kreisleitungen „Schwarze Listen" über Defaitisten, Saboteure und Staatsgegner anzulegen hatten, die sie dann den Kreisleitungen einreichen mußten. Als im Zuge der politischen Säuberung durch die Sonderkommissionen auch in Vorarlberg Stichproben gemacht wurden, fand man diese Tatsache bestätigt.

Die nationalsozialistischen Behörden mußten also nur auf diese Schwarzen Listen zurückgreifen, wenn sie „Reaktionäre" und „Aktivisten" zum kurzfristigen Notdienst, wie im Winter 1944/45 zum Schaufeln, oder zum langfristigen Notdienst, z. B. zu den Schanzarbeiten, aufrufen und auch wenn sie am 23. April Geiseln verhaften wollten.

Die Geschichte wiederholt sich

Der Abschnitt über die Beschießung der Stadt Bregenz sei mit einem Rückblick abgeschlossen über die Rolle, die die Bregenzer Klause in früheren Kriegen gespielt hat, durch die unser Land in Mitleidenschaft gezogen wurde.

Es war wohl schon eine bewußte Überlegung, wenn die Römer ihre Militärstation Brigantium so anlegten, daß sie gegen den Norden leicht zu schützen war. Das Mittelalter vervollkommnete dann durch Festungsmauern und Türme dort die strategische Linie, wo die schwächsten Punkte in der natürlichen Befestigung waren. Wer hätte es aber für möglich gehalten, daß die gleiche natürliche Lage der Stadt auch in einem modernen Krieg einen weit überlegenen Gegner zum Stehen zwingen könnte! Freilich wären bei einer ernsthaften Abwehr, bei der etwa ein Regiment Militär und die notwendigen Aufklärungs- und Bombengeschwader vorhanden gewesen wären, Lochau und Bregenz Ruinenfelder geworden, was nicht ausschließt, daß die Klause hätte lange verteidigt werden können. Was früher die Befestigungsmauern an der Klause gewesen sind, das waren im jetzigen Kriege die Panzersperren.

Nach einer vom schwedischen Generalquartiermeister Leutnant Kleinsträttl gezeichneten Skizze von der Einnahme der Stadt Bregenz durch die Schweden im Jahre 1647 waren damals zwei Befestigungen am Fuße des Berges, und zwar genau an der gleichen Stelle wie im vergangenen Kriege die Panzersperren: die erste hieß die Klause und die zweite die Schanz. Heute ist die Bezeichnung Schanz mehr in Vergessenheit geraten. Man hört öfter die Benennung „bei Gravenreuth" nach dem Ansitz des Freiherrn von Gravenreuth, der in den Jahren der bayerischen Besetzung als Organisationskommissär in Bregenz amtierte. Nach der genannten Zeichnung berannten die Schweden die Befestigungen am Fuße des Berges nicht, wohl weil das Unternehmen zu aussichtslos gewesen wäre, sondern brachen über den Haggen her in die Verteidigungslinien der Bregenzer ein und stürmten über die Steilhänge in die Stadt hinunter (siehe Seite 100/101).

Genau so die französischen Truppen am 1. Mai 1945. Die Aktion der Schweden war insoweit schwierig, als sie auch 400 Pferde mit sich führten. In einem zeitgenössischen Bericht heißt es, sie hätten in der einen Hand die Pistole gehabt, mit der anderen das Pferd nachgeschleift und so hätten sie das

Weichbild der Stadt erreicht. Die Franzosen hatten es leichter, denn die deutsche Wehrmacht war im Abziehen und die Bevölkerung dachte nicht im geringsten an einen Widerstand, im Gegenteil. Der erste Franzose, der in die Stadt herunterstürmte, war hemdärmelig, hatte die Pistole in der Hand und die Zigarette im Mund ...

Im österreichischen Erbfolgekrieg wurde Bregenz vom 25. Oktober bis 7. November 1744 von den Franzosen belagert, die jedoch die Klause nicht nehmen konnten und daher abzogen.

In den Napoleonischen Kriegen 1796—1809 wurde Bregenz zweimal Kriegsgebiet. Nach dem unentschiedenen Gefecht am 8. August 1796 nahm der österreichische Kommandant seine Truppen von Bregenz weg, weil er die Stadt nicht der Zerstörung preisgeben wollte, zumal für eine längere Verteidigung die Besatzung doch zu schwach gewesen wäre. Anderentags gingen 17 Deputierte den anrückenden Franzosen entgegen, um Schonung der Stadt und des Eigentums der Bürger zu erbitten. Bei der „Unoth", an der Stelle, wo bis jetzt das Gasthaus „Zur Klause" stand, trafen sie auf die französische Vorhut. Der Abzug der österreichischen Truppen wurde zur Kenntnis genommen und die Schonung der Stadt zugestanden. Die Besatzung lag bis 21. September in Bregenz.

Im Jahre 1809 stießen die Franzosen von Lindau her über Bregenz hinaus nach Hohenems-Klien vor, räumten aber das Vorarlberger Unterland schon nach vier Tagen am 29. Mai. Die endgültige Besetzung der Stadt erfolgte am 6. August, nachdem durch den Waffenstillstand von Znaim österreichischerseits der Kampf aufgegeben worden war.

136 Jahre wurde dann kein Krieg mehr auf Vorarlberger Boden ausgetragen.

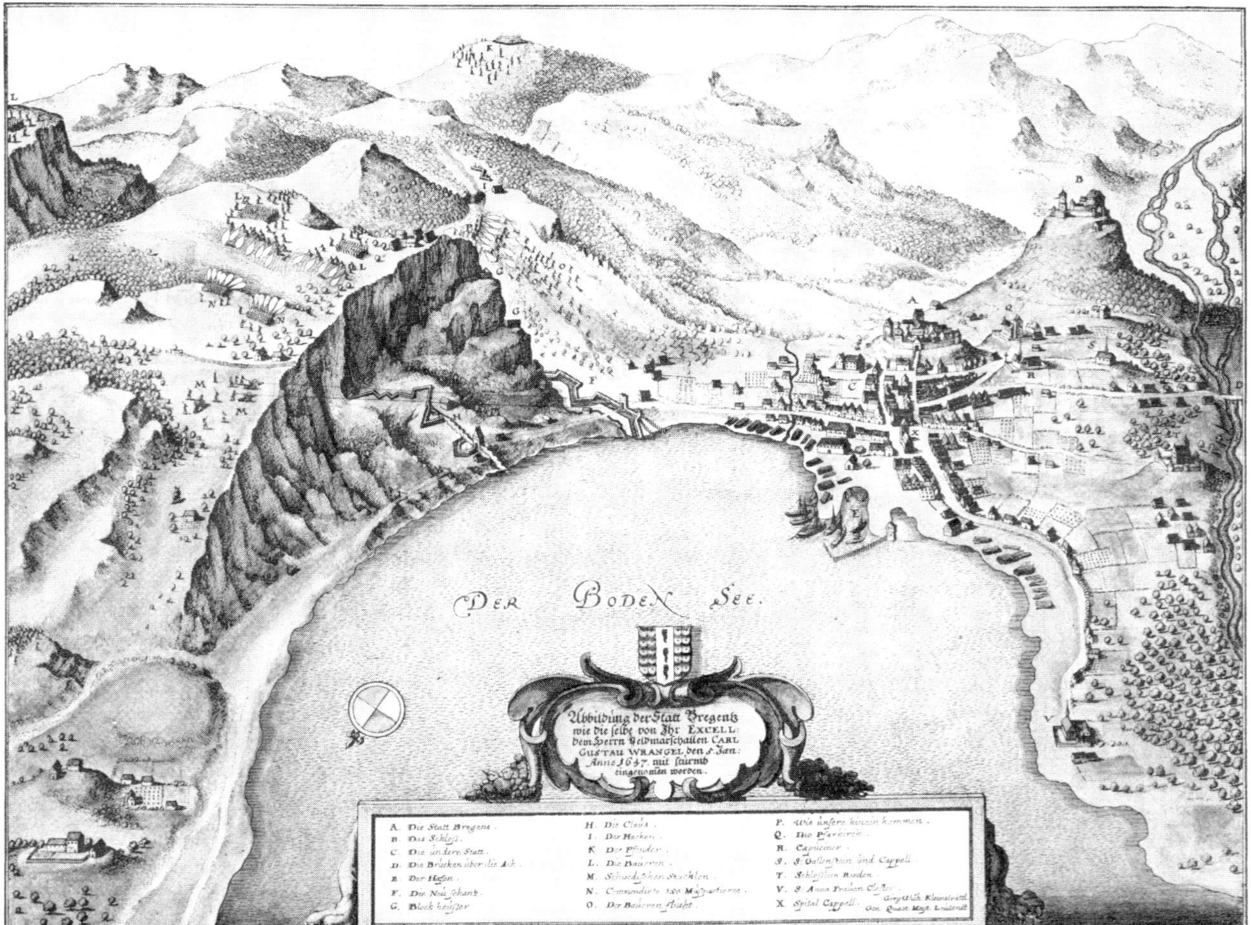
Abbildung der Statt Bregentz
wie die selbe von Ihr Excell:
dem Herrn Veldmarschallen Carl
Gustau Wrangel den 5. Jan:
Anno 1647. mit sturmb
eingenomen worden.
Der Boden See.
A. Die Statt Bregens.
B. Das Schloß.
C. Die Undere Statt.
D. Die Brücken über die Ach.
E. Der Hafen.
F. Die Neu schantz.
G. Block heüßer
H. Die Claus.
I. Der Hacken.
K. Der Pfender.
L. Die Baueren.
M. Schwedischen Stücklen.
N. Commendirte 150 Mußquetierer.
O. Der Baueren flucht.
P. Wie unsere hinein kommen.
Q. Die Pfarkirch.
R. Capuciner.
S. S. Gallenstein und Cappell.
T. Schlößlein Rieden.
V. S. Anna Frawen Closter.
X. Spital Cappell.
Georg Wilh. Kleinstrattl
Gen. Quart. Mayst. Leutenant

Die Einnahme von Bregenz durch die Schweden unter General Wrangel am 5. Jänner 1647 (Zeichnung vom schwedischen Generalquartiermeister Kleinsträttl, Kupferstich von Matthäus Merian). An der engsten Stelle zwischen Berg und See wurden Verteidigungsanlagen errichtet (Klause = H, Schanz = F). Die Schweden umgingen die Befestigungsanlagen über den Haggen und erstürmten Bregenz vom Pfänder herab.

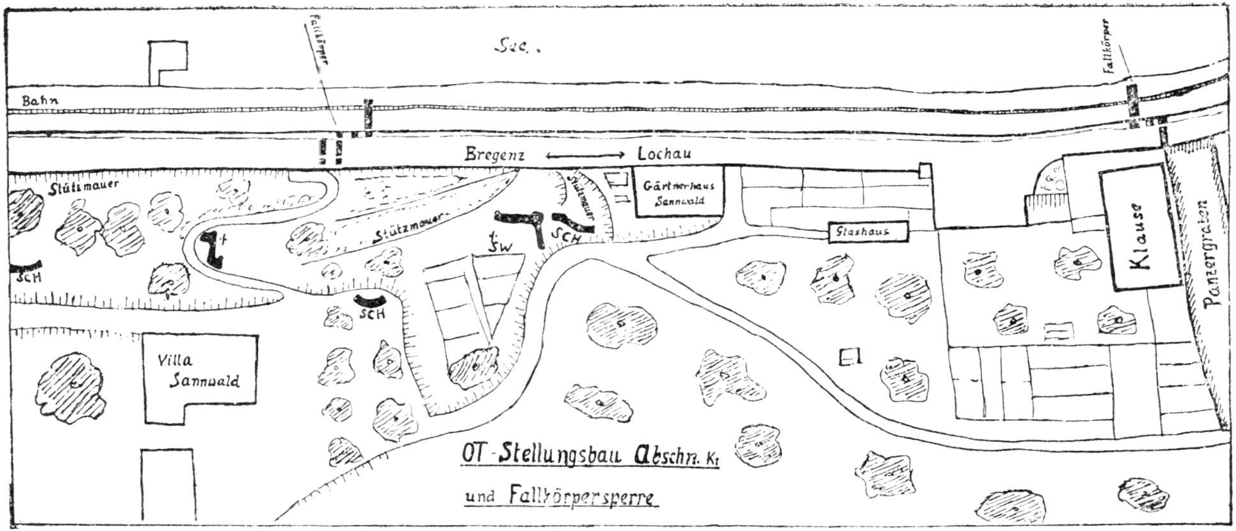

An der Bregenzer Klause, also an derselben Stelle wie 300 Jahre zuvor gegen die Schweden, wurde das Sperrsystem zur Verteidigung von Bregenz errichtet. Panzergraben beim Gasthaus Klause, die Betonfallkörper zum Absperren der Straße und der Eisenbahnlinie und die im Gelände verstreuten Schützenlöcher mit den Maschinengewehrständen. (Geländeskizze eines Maurerpoliers nach den Akten eines Pionierstabes)

Vormarsch durch das Unterland

Übergang über die Bregenzerach bei Wolfurt

Am Dienstag (1. Mai) abends besetzten die Franzosen das rechtsseitige Gelände der Bregenzerach und trafen Vorbereitungen, um das andere Ufer zu erreichen. Es gelang ihnen bei Kennelbach-Wolfurt, wo ein guter Teil des Wassers der Ach vom Kanal aufgenommen wird. Die Kanalbrücke war zwar auch gesprengt worden, wodurch die umliegenden Häuser einen nicht geringen Schaden erlitten; die Sprengung glückte aber nicht in einem Ausmaß, daß die Brücke unpassierbar geworden wäre; außerdem wäre eine Umgehung nicht schwer gewesen. Die Franzosen fühlten schon am Dienstagabend nach Kennelbach vor; um 17.30 Uhr standen sie bei der Schelmenbrücke und verlangten vom Gendarmerie-Inspektor Simma Auskunft über das Ausmaß der deutschen Verteidigung in Wolfurt. Nach kurzem Aufenthalt kehrten die Panzer wieder um.

Am anderen Morgen um 3.30 Uhr kam französische Infanterie zum Gendarmerieposten in Kennelbach und veranlaßte den Leiter des Postens, mitzugehen und das Gelände zu erklären. Nach einem kurzen Gefecht, bei dem es auf beiden Seiten Verwundete, bei den Deutschen auch einen Toten gab, waren die Franzosen um 4 Uhr früh fest im Besitz des linken Achufers. Die deutsche Wehrmacht setzte sich ab. Das Gelände wurde von den Franzosen durchgekämmt und gesichert. Im „Röhle" hatten die Deutschen noch einen zweiten Toten. Artillerieeinschläge aus Richtung Haselstauden verursachten keinen nennenswerten Schaden.

Inzwischen war auch der SS-Stab, der in den kritischen Tagen im „Rößle" in Wolfurt einquartiert war (wohl zur Kampftruppe des Generals Schmidt gehörig) so gründlich ausgeschaltet, daß er handlungsunfähig war. Die Wirtin lud in jener Nacht die Offiziere zu einem Schnäpsle und einem Krüglein Wein ein. Nach einigen Stunden waren sie derart betrunken, daß sie der Wirtin ihre Waffen ausfolgten, sich auf improvisierte Betten schlafen legten und sich sogar die Schuhe ausziehen ließen. Die geplante Überwältigung verzögerte sich aber. Die Franzosen kamen überraschend bald ins Dorf. Durch die Unruhe im Haus und in der Umgebung aufgeweckt, konnten sich die Offiziere nur noch durch schleunigste Flucht unter Zurücklassung der Waffen vor der unmittelbaren Gefangennahme retten. In aller Frühe machte sich von Rickenbach aus eine Gruppe Wolfurter auf den Weg, um das deutsche Militär von einem Widerstand abzubringen, der doch nichts mehr nützte, aber den Ort zerstören könnte. Im Kirchdorf war inzwischen auch der Ortsgruppenleiter im gleichen Sinne tätig. Die Abordnung wurde von einem SS-Obersturmführer aufgehalten, der aber auch bald verschwunden war; denn die Franzosen rückten, zwar sehr vorsichtig und vorerst nur mit 40 Mann, dem Kirchdorf zu. Das Bürgermeisteramt wurde sofort besetzt. Wohl hielten sich viele versprengte Soldaten und SS-Leute in den Wäldern am Steußberg, es fielen aber nur vereinzelte Schüsse. Das Dorf war weiß beflaggt.

In Wolfurt hatte sich einige Tage zuvor ein General mit einem Divisionsstab niedergelassen (es wird der Name Faulmann angegeben, dem wir noch das eine oder andere Mal begegnen). Mit ihm hatten sich auch sechs Panzerspähwagen im Mitteldorf (Hub) festgesetzt. Als die Offiziere weggefahren waren, blieben die Spähwagen zurück. Aus einem Wagen wurde beim „Kreuz" in Rickenbach gegen die französische Vorhut geschossen, die sich am „Steig" zeigte. Dabei wurde ein französischer Soldat verwundet. Bei der Rikkenbachbrücke kam es noch einmal zu einer Schießerei, wobei ein Geschoß am Hause des Gebhard Böhler die Wand durchschlug und den Besitzer, der gerade in der Stube war, sehr schwer verletzte. Die Franzosen nahmen sich seiner an und führten ihn mit einem Sanitätsauto weg. Über sein Verbleiben hörte man trotz eifrigen Nachforschens monatelang nichts, bis man durch Zufall erfuhr, daß Böhler auf der Fahrt noch vor der Einlieferung in das französische Armeelazarett gestorben war und in Tuttlingen beerdigt sei.

Die Rickenbacher Brücke wurde von den Deutschen nicht mehr gesprengt, da die Zeit hiefür nach dem Rückzug der letzten Spähwagen nicht mehr ausreichte.

Inzwischen hatten die französischen Pioniere die Bregenzerachbrücke, bei der glücklicherweise die Pfeiler erhalten geblieben waren, durch Überhöhung der Fahrbahn soweit instandgesetzt, daß sie alle Fahrzeuge passieren konnten. So rollten die Panzer durch Wolfurt direkt bis zum Ortsende, bis wohin die Infanterie inzwischen die Säuberung besorgt hatte. Zunächst ergoß sich der ganze Durchmarsch der Armee nach Dornbirn und Lauterach-Hard durch Wolfurt. Dann wurde zur Entlastung der Wolfurter Brücke für leichtere Fahrzeuge auch ein Übergang über die Eisenbahnbrücke hergestellt, wobei das nur einseitig abgestürzte Tragwerk notdürftig als Fahrbahn benützt werden konnte. Nach Wiederherstellung der Harder Holzbrücke wurde die Fahrbarmachung der Eisenbahnbrücke in Angriff genommen.

Das Gefecht bei der „Waldrast"

Lauterach wurde von Wolfurt aus besetzt. An der Harder Brücke hatte sich noch ein kleines Gefecht abgespielt. In der Nacht auf den 1. Mai war bei der Brücke eine deutsche Abteilung, angeblich SS, eingetroffen, die dort zwei kleinere Flakgeschütze und einige Panzer in Stellung brachte. Am Abend suchten die Franzosen auf der Harder Seite Fuß zu fassen. Es setzte eine heftige Schießerei ein, bei der die „Waldrast" eine Reihe Treffer abbekam und die Franzosen einen Toten hatten*).

**) Bereits am Nachmittag des 1. Mai war Hard von französischen Fliegern beschossen worden, nachdem eine aus Bregenz zurückgewichene SS-Einheit ein Rückzugsgefecht begonnen hatte. Dabei wurde der Zimmermann Anton Kresser von einem Bordwaffengeschoß tödlich getroffen. Auch entstand ein erheblicher Schaden an Gebäuden. (Hard 1955, 68 f.)*

Um 3 Uhr früh kam Oberfeldwebel Alois Gasser von Lustenau her an die Brücke und stellte fest, daß keine SS da war oder daß sie mindestens nicht mehr da war, sondern lediglich ein Feldwebel des Heeres mit 20 Mann. Gasser hinderte den Feldwebel, das Gasthaus mit Panzerfäusten zusammenzuschießen und bewog ihn, den Kampfplatz zu verlassen und in die Schweiz zu flüchten.

Dornbirn wird kampflos übergeben

In Dornbirn, der „Stadt der Bewegung" zur illegalen Zeit, die darum gewürdigt wurde, Sitz der Kreisleitung Feldkirch zu werden, hätte man den größten Widerstand gegen den anstürmenden Feind erwarten können. Dem war aber nicht so. Nur zwei Häuser sind niedergebrannt, je eines an den beiden äußersten Enden des Stadtbereiches. Bei der Schießerei im Wallenmahd fanden eine Zivilperson und fünf deutsche und mehrere französische Soldaten den Tod und zwei Zivilpersonen wurden verwundet.

Wenn die Durchfahrt der französischen Truppen durch Dornbirn kampflos erfolgen konnte, so ist dies wohl einem doppelten Umstand zuzuschreiben:

1. Die Feldbefestigungen in Dornbirn waren mehr für den Angriff aus dem Rheintal und der Schweizer Grenze her berechnet. General Schmidt verzichtete auf diese Verteidigungsanlagen vollständig und entschloß sich, erst die Riegelstellung am Kummenberg zu halten. Somit war Dornbirn durch militärischen Widerstand nicht gefährdet.

2. Durch die erfolgreiche Arbeit der Widerstandsbewegung war auch die Kriegsbegeisterung der Parteiführer weitgehend gedrosselt. Den Unbesonnenheiten von dieser Seite her war vorgebeugt.

Die Verteidigungsanlagen in Dornbirn trugen einen eigenen Charakter, da die Stadt am Fuße des Berges liegt und nach drei Seiten offen ist. Mit Panzergraben konnte man hier nicht operieren. Jedoch wurden die Zufahrtstraße von Schwarzach her, besonders aber die Verbindungsstraßen zur Reichsstraße und die nach Lustenau führende Straße gesperrt. Aber auch in der Stadt selber waren einige Straßen blockiert. Diese Panzersperren waren aber nur aus Holz. Solche standen am Stiegelbach, am Fischbach, unter der Bahnschranke im Schwefel, beim „Löwen" in der Riedgasse, auf der Gütlestraße (anscheinend war gedacht, das Gütle als letzten Punkt zu halten; eine Woche lang lag auch tatsächlich Militär dort), an der Oberdorfer Straße und am Haselstauder Bach usw. Schützenlöcher sah man zwischen Lauterach und Dornbirn, besonders aber dem Fischbach entlang bis zum Bahnübergang. Auch Bunker lagen verstreut im ganzen Stadtgebiet. Manche von ihnen hatten ein beträchtliches Ausmaß. Die meisten waren aus Holz, mehrere auch aus Trockenmauerwerk. Diese Bunkeranlagen erregten in der Bevölkerung große Besorgnis. Wenn man bei der Haltestelle Haselstauden über den Stiegelbach fährt, so sieht man gleich unterhalb der Bahnlinie noch die Reste einer solchen Anlage. Weitere Bunker standen in der Bäumlegasse, in der

2. Mai 1945: Die ersten französischen Panzer in Dornbirn

Haslachstraße, an der Lustenauer Straße (am Scheibenbach). Nicht alle waren fertig gebaut. An der Lustenauer Straße, hart am Bahnübergang, wollte man eine große Schanze anlegen, sie kam aber nicht mehr zustande. Vereinzelte Bunker sollten das ganze Gelände bis Schwarzach sichern. Die Achrainstraße wurde nicht blockiert. Dort wurde nur eine kleine Brücke, die zur Parzelle Knie führt, aber abseits der Achrainstraße selber liegt, abgebrochen. An der Schwarzachtobel-Straße wurde eine Anlage begonnen, deren Sinn nicht recht klar ist.

Auch auf dem Bödele wurde geschanzt. Dazu wurde der Volkssturm herangezogen. Hier lag die Annahme zugrunde, daß der Angreifer aus Schwarzenberg herankäme. Auch auf dem Hochälpele (am Spechtweg) wurden Feuerstellungen angebracht.

In der Dornbirner Freiheitsbewegung waren insgesamt 45 Männer organisiert, zum Teil waren sie bewaffnet, zum Teil waren sie unterstützende Mitglieder u. a. dadurch, daß sie Soldaten versteckten, was auch Mut und Nerven brauchte. Innerhalb dieser Widerstandsbewegung kannte jeder einzelne nur eine kleine Gruppe. Nie wurde ein Name genannt, sondern immer nur eine Feuerpolizze-Nummer. Sie wollen auch heute noch, da alles geschafft ist, nur Nummern sein. Eine Übersicht über die ganze Organisation hatte nur der Obmann, der eine chiffrierte Liste der Nummerninhaber unter dem Dekkel seiner Taschenuhr mit sich trug. Durch vier Wochen machte die Widerstandsbewegung durch Tag und Nacht Dienst. An Waffen fehlte es nicht. Die

Dornbirner Waffenlager, über die die Kreisleitung verfügte, wurden zu jeder Tages- und Nachtzeit überwacht. Es wurde stets kontrolliert, wer Waffen abholt und wohin sie gebracht werden. Zu den Waffenmagazinen der SA hatte die Widerstandsbewegung Schlüssel.

Eine der wichtigsten Aufgaben sah die Widerstandsbewegung darin, Soldaten und Offiziere, die mit der Kriegsführung nicht mehr einverstanden waren, zu verstecken. Viele Dutzende wurden in verläßlichen Häusern der Stadt und im Bregenzerwald untergebracht. Ein Auto stand stets zu diesem Zwecke bereit. Bei der steten Zunahme der Aktion war das Aufbringen der Lebensmittel nicht mehr leicht.

Auch mit verläßlichen militärischen Stellen wurde der Kontakt aufrechterhalten. Auf diese Weise gelang es, viele Soldaten, die einwandfrei erschienen, in Lazaretten untertauchen zu lassen.

Die Widerstandsbewegung fand nicht nur Verständnis, sondern auch tatsächliche Mithilfe bei der Gendarmerie. Es wurde z. B. zwischen dem Gendarmerieposten und der Widerstandsbewegung vereinbart, daß, wenn im Falle der Festnahme von Geiseln auch die bekanntesten Politiker der Stadt aus der Zeit vor 1938 verhaftet werden sollten, diese von der bevorstehenden Festnahme verständigt und im Dachzimmer des Gendarmeriegebäudes versteckt behalten werden sollten, bis die erste Gefahr vorüber ist.

Auch im Amtsgericht war der Boden günstig. Schon zwei Jahre lang war dort gegenüber politisch Angeklagten eine Verzögerungstaktik größten Ausmaßes getrieben worden. Nun gelang es der Widerstandsbewegung sogar, die Geiseln, die dort festgehalten wurden, mit Lebensmitteln zu versorgen. Dabei kannte man keinen Unterschied der politischen Parteirichtung. Es war aber auch ein Plan ausgearbeitet worden, nach dem die Geiseln, die zwecks „Erledigung" nach Landeck verschleppt werden sollten, während der Wegfahrt im Wallenmahd befreit würden. Dabei hätte man den stellvertretenden Kreisleiter, der den Transport begleitete, schon in Schach zu halten gewußt. Als es aber ernst wurde, versagte ein Mittelsmann und die Gefangenen wurden bis vor Landeck gebracht. Die Gendarmerie weigerte sich jedoch dort, Rachejustiz zu üben, und so kamen die Geiseln mit dem Leben davon *).

Ein großes Augenmerk richtete die Widerstandsbewegung auf eine vernünftige Lenkung der Hitlerjugend, die doch zum größten Teil aus Burschen bestand, die mitmachen mußten. In Appellen und Versammlungen wurde für den Eintritt zur SS geworben und dabei der Himmel auf Erden versprochen. Ein anderes Mal wurden sie eingeladen, einen Bogen zu unterschreiben, wobei der Hitlerjunge nicht wissen durfte, was er unterzeichnet. Solche erpreßte Beitrittserklärungen zur SS wurden von der Widerstandsbewe-

---

**) Unter den Dornbirner Geiseln, die nach Landeck verschleppt wurden und dabei zwei Tage um ihr Leben fürchten mußten, war beispielsweise der spätere Landtagsabgeordnete Gebhard Grabher aus Lustenau (Von Herren und Menschen 1985, 295). Die übrigen Geiseln wurden so wie die Mitglieder der Dornbirner Widerstandsgruppe an keiner Stelle namentlich erwähnt.*

gung, die auch in der Kreisführung der Hitlerjugend ihre Hände im Spiele hatte, nach Möglichkeit vernichtet.

Dem stellvertretenden Kreisleiter Dr. Reiter und den verantwortlichen Persönlichkeiten der Stadt Dornbirn wurden immer wieder Drohbriefe zugestellt des Inhaltes, daß sie sich auf ihr letztes Stündlein vorbereiten sollen, wenn sie sich nicht bereit erklären, die Stadt kampflos zu übergeben. Die umfangreiche und nicht ungefährliche Schreibarbeit leistete eine Frau. Bürgermeister Sepp Dreher wurde auch von den eigenen Leuten verfolgt und verließ vorübergehend die Stadt. Kommissarischer Bürgermeister wurde der bisherige Vizebürgermeister Ing. Alfred Rüsch.

Kreisleiter Reiter blieb bei seinem Fanatismus. Er überprüfte genau die Verteidigungsanlagen der Stadt. Wenn an der Hauptstraße die Tannen zur Errichtung von Panzersperren nicht ausreichten, so sollten nach seinen Anweisungen sogar die Obstbäume noch herhalten. In den allerletzten Tagen kontrollierte er mit einigen Pionieroffizieren die Wehrmaßnahmen bei der Sägerbrücke. Man machte ihn auf die Folgen aufmerksam, die durch die Sprengung der Brücke entstehen könnten, da doch unter der Brücke die Leitungen für Strom, Gas und Wasser nach Hatlerdorf führen. Reiter gab den Bittstellern bloß zur Antwort, die Männer seien jetzt nicht da, um Erwägungen anzustellen, sondern um Befehle auszuführen. Was lag doch ihm, dem Landfremden, daran, wenn Hatlerdorf kein Licht und kein Wasser mehr hatte. Den Standschützen traute er gar nicht. Auf der Birkenwiese schnauzte er sie einmal an — es war am 20. April 1945 —: „Falls einer schwach werden und umfallen sollte, dann garantiere ich, daß ich die ganze Sippe ausrotten werde!"

Von den Vorgängen in der Kreisleitung war die Freiheitsbewegung durch verläßliche Spione gut unterrichtet.

Vom Bannführer der Hitlerjugend erhielten zwei ihm Untergebene den Auftrag, beim Wahrnehmen des ersten Panzergeräusches das Russenlager bei den Rüschwerken samt den 120 russischen Kriegsgefangenen mit zwei Panzerfäusten zu vernichten. Dazu war ein Lustenauer ausersehen worden, dem man einen Preußen zur Seite gab. Der Lustenauer fragte einen Gendarmen, den er kannte und der in der Freiheitsbewegung war, was er in diesem Falle tun solle. Der Gendarm löste die Sprengkapseln von den beiden bereitstehenden Panzerfäusten ab. Die blinden Panzerfäuste mußten nicht mehr ins Russenlager geworfen werden, weil die Kriegsgefangenen noch am 1. Mai anderswohin verbracht wurden. Im Falle der Vernichtung des Lagers hätten für Dornbirn schlimme Folgen entstehen können.

Der gleiche Bannführer der Hitlerjugend, ein Freund Dr. Reiters, hatte angeordnet, daß die etwa 100 Flaschen, die schon seit Jahr und Tag für die Altmaterialiensammlung in einem Lager bereitgehalten worden waren, mit Benzin abzufüllen, dann mit Wehrmachtszündern zu versehen und von der Hitlerjugend aus den Häusern heraus auf die Fahrzeuge der einziehenden Truppen zu werfen seien. Die Flaschen wurden eingefüllt. Als man aber von der Landesgrenze her die Kanonen hörte, führte ein Mann von der Widerstandsbewegung, der von dem Befehl Kenntnis erhalten und sich einen Nachschlüssel zum Benzinlager besorgt hatte, die Kisten weg, leerte das Benzin aus und füllte Wasser ein. Beim Ausfahren der letzten Kiste wurde er noch gestört. Am anderen Tage verlud der Bannführer die Kisten mit den Wasserflaschen auf ein Auto und nahm eine Gruppe der fanatischesten Hitlerjungen mit, um sie in Lochau und Bregenz einzusetzen. Auf dem Wege veranstaltete er am Stiegelbach ein Probewerfen. Er selber schwang die erste Flasche mit dem vermeintlichen Benzin. Es entstand aber kein Feuer. Doch das kann einmal passieren! Zweite Flasche her! Wieder der gleiche Mißerfolg und enttäuschte Blicke. Nach der dritten Flasche durfte sich der Bannführer nicht mehr weiter blamieren. Er fuhr mit der kriegsbegeisterten Jugend Bregenz zu. Tatsächlich ist in Lochau Hitlerjugend von Dornbirn aufgetaucht. Einige Jungen nahmen Panzerfäuste zur Hand und brachten auch einen französischen Panzer beim Wellenhof zur Strecke. Den meisten aber verging der Geschmack am Kriegführen und sie flohen. Vielleicht handelte es sich um diese Gruppe.

Hitlerjungen, die im Dornbirner Ried den Feind abwarten sollten, legten über Aufforderung der Widerstandsbewegung die Panzerfäuste an einen Haufen und kehrten heim zur Mutter.

Im „Löwen" in der Riedgasse hatten sich 14 SS-Leute einquartiert, die in die Häuser schießen sollten, wenn sich weiße Fahnen zeigten. Die Abteilung war von Bregenz gekommen, wo sie einen ähnlichen Auftrag erledigt hatte. Durch eine Serie von Schüssen, die an der Hausecke krachten, kamen sie unschwer darauf, daß sie in Dornbirn keine gern gesehenen Gäste seien. Noch in derselben Nacht waren sie weg.

Eine ganze Nacht lagen Männer der Widerstandsbewegung am Stiegelbach auf der Lauer, um im Notfall die Meldekabel abzuschneiden. Mit dem Batteriechef wurde zwecks Schonung der Stadt verhandelt. Ein weiteres Einschreiten war dann aber nicht mehr notwendig, da in der Früh der Stab des Generals Schmidt Haselstauden verließ und daher die beiden Pakgeschütze am Stiegelbach weggefahren wurden.

Die Kreisleitung ließ Reiter schwarf bewachen und gab auch weiters noch Zerstörungsbefehle aus (siehe Sender!). Im Laufe des Mittwochs floh er aber mit seinem Stab. Die Straßensperren wurden von der Bevölkerung geöffnet. Gegen 13 Uhr rückten die Franzosen über drei Zufahrtstraßen gegen die Stadtmitte vor. Eduard Ulmer, später Landesrat, übergab Dornbirn der Panzervorhut. Die französischen Offiziere, die von den Vorkehrungen der Widerstandsbewegung hörten, ließen sich die mutigen Männer vorstellen.

Außer diesen 45 organisierten Freiheitskämpfern waren noch gar manche andere beherzte Männer am Werk, um die Vernichtung des Eigentums der Bürger zu verhindern. Insbesondere hielten sie die Brücken gut im Auge. Nach dem Tieffliegerangriff am 1. Mai wurden bei der Sägerbrücke die Sprengkabel abgeschnitten. Auch Leute, die ehemals als Gemäßigte im nationalen Lager standen, taten mit.

Sender Vorarlberg

Die Widerstandsbewegungen von Bregenz und Dornbirn bemühten sich auch um die Erhaltung des Rundfunksenders Vorarlberg. Der Auftrag ging von Eugen Leissing über Stadtrat Fäßler, damals Leiter der Kraftpoststelle Dornbirn, an den Postamtsvorsteher Öttl in Dornbirn, dem auch der Sender unterstand. Öttl hatte schon aus sich heraus einen Plan zur Rettung der Senderanlage entworfen.

Die Zerstörung des Sendehauses im Lauteracher Ried und der dort untergebrachten technischen Anlagen betrieb insbesondere der stellvertretende Kreisleiter Dr. Reiter von Dornbirn, der den Sender entsprechend dem ausdrücklichen Befehl über die Zerstörung von Nachrichtenanlagen nicht unbeschädigt in die Hände der Alliierten fallen lassen wollte.

Der Sendeleiter Ing. Hochkugler, ein Wiener, unterstand zwar dienstlich dem Postamtsvorsteher Öttl, als SS-Unterscharführer fühlte er sich aber parteipolitisch gebunden und war darum bereit, die vom Kreisleiter ihm wiederholt streng aufgetragene Zerstörung des Senders auch tatsächlich durchzuführen.

Dieser Mann mußte also durch Einschüchterung von seinem Vorhaben abgebracht werden, was umso schwieriger war, als er alles dem Kreisleiter hinterbrachte. Andererseits mußte er zum Ausharren auf seinem Posten gezwungen werden, denn wäre er frühzeitig geflohen — sein Auto stand mehrere Tage bepackt zur Abfahrt bereit —, so hätte er beim Abgang die Sprengung doch durchgeführt oder aber, wenn er es unterlassen hätte, wäre ein anderer Sendeleiter eingesetzt worden, der womöglich noch radikaler dachte. Auch durfte auf keinen Fall ein Anlaß gegeben werden, daß das Senderpersonal und die Senderwache abgelöst würden, denn an deren Verläßlichkeit im Sinne des Widerstandes bestand kein Zweifel. Die Senderwache erhielt vom Postamtsvorsteher Öttl den Auftrag, Ing. Hochkugler nie aus dem Auge zu verlieren.

Am 1. Mai nachmittags Panzeralarm. Der Kreisleiter ruft den Sender an, Hochkugler muß sich sofort erklären, ob bei einem Durchbruch der französischen Truppen die Sprengung sicher durchgeführt würde. „Wenn ich mich nicht absolut auf Sie verlassen kann, so besorge ich die Sprengung sofort selber."

In der folgenden Nacht telefonierte Kreisleiter Reiter von Bludenz herunter, der Rundfunksender und die Fernmeldeanlagen des Postamtes seien zu zerstören. „Zum Sender ein verläßliches Sprengkommando, in das Postamt eine Panzerfaust!" So der Befehl an den Standschützenführer Kölbl.

Um drei Uhr früh war Kreisleiter Reiter wieder in Dornbirn, rief den Postamtsvorsteher sofort zu sich und erkundigte sich, wie es mit der Zerstörung des Senders stehe. Öttl gab an, die Wehrmacht habe alles zur Sprengung vorbereitet, benötige aber die Einrichtungen noch bis zum Abzug. Reiter darauf: „Wehe Ihnen, wenn es nicht klappt! Wir kommen in einigen Tagen mit Verstärkung zurück." Die Kreisleitung war von SS schwer bewacht.

Am Vormittag des 2. Mai kam Ing. Schubert, ehemals Leiter der Ravag in

Wien, zum Postamtsleiter Öttl und drängte auf Erhaltung des Senders. Beide hatten also dasselbe Ziel und bearbeiteten den Sendeleiter Hochkugler gemeinsam. Öttl verpflichtete in seiner Eigenschaft als Dienstvorgesetzter noch einmal den Sendeleiter, beim Sender zu bleiben und nichts zu zerstören: die Flucht oder die Zerstörung der Anlagen könnte sich für ihn recht ungünstig auswirken. Das sah jetzt Ing. Hochkugler auch ein. Darum ließ er sich nun bewegen, den Kreisleiter nicht mehr anzurufen, denn nach der Flucht konnte er von ihm doch keine Unterstützung erwarten. Ing. Schubert versprach Hochkugler, seinen Einfluß in der Schweiz, wenn nötig, für ihn geltend zu machen. Er redete ihm ferner zu, sich unbedingt an die Dienstvorschriften des Postamtsleiters zu halten. Hochkugler wußte auch, daß Gauleiter Hofer bald eine Ansprache im Rundfunk halten und wohl zum äußersten Widerstand auffordern werde. Postamtsvorsteher Öttl befahl jetzt dem Sendeleiter, keine auswärtigen Sendungen mehr zu übertragen und ließ durch den Bautruppenführer die Rundfunksprechverbindung mit Innsbruck ausschalten. So wurde auch erreicht, daß Hochkugler von keiner übergeordneten Dienst- oder Parteistelle mehr angerufen werden konnte. Die Hörer des Vorarlberger Senders vernahmen also nicht die Stimme Hofers, sondern das Tikken des Weckers. (Man hätte sonst noch lange auf Hofers Stimme warten müssen, denn der Gauleiter wurde durch die Tiroler Widerstandsbewegung, die ihn in Verhandlungen bereits hart bedrängte, peinlich lange hingehalten. Als er dann doch noch zum Reden kam, rief er zum letzten Male zum bewaffneten Widerstand auf.)

Nachmittags zog die Kreisleitung endlich ab. Um 17 Uhr erschienen Panzer im Lauteracher Ried und der Rundfunksender wurde von den Franzosen besetzt. Waffen und Sprengstoffe wurden übergeben. Der Wache war vom Postamtsvorsteher gestattet worden, die Dienstuniform der Post zu tragen, damit nicht Verwechslungen mit der Wehrmacht peinliche Situationen schaffen könnten. Die Übergabe des Senders erfolgte dann auch ohne irgendwelchen Zwischenfall.

Der Vorstand des Postamtes führte Ing. Schubert beim Bürgermeister als neuen Leiter des Senders ein. In Eile schleppte Ing. Schubert das notwendigste Material zusammen, um, wenn auch in primitiver Form, einen Senderaum einzurichten; denn Studioanlagen waren nicht da, weil der Sender Vorarlberg, nachdem dem Lande die Eigenverwaltung genommen war, keine Berechtigung zu einem Sonderleben mehr hatte und daher Innsbruck angeschlossen war. Nur im Luftschutzkeller des Dornbirner Rathauses, wo die Luftlageberichte ausgegeben wurden, stand ein Mikrophon mit Verstärker. Das war aber auch alles.

Sechs Stunden nach dem Einmarsch, um 21.28 Uhr, konnte man schon im Äther hören: „Hier ist der österreichische Rundfunk, Sender Vorarlberg in Dornbirn. Wir beginnen als erste befreite österreichische Sendestation den Dienst. Sie hören die deutschen Nachrichten aus Paris." In den folgenden Morgenstunden begrüßte als erster Auslandsender Radio Luxemburg den Vorarlberger Sender und das befreite Österreich.

Nach einer Woche wurde das Studio aus dem Keller des Rathauses in den zweiten Stock verlegt. Die technischen Anlagen konnten bald so verbessert werden, daß der Sender Vorarlberg weit vor allen anderen österreichischen Sendern ein Programm bot, das sich hören lassen durfte.

In Rheinau

Der Volkssturm Rheinau, der an der Leiblach Dienst zu machen hatte, wurde in der Nacht vom 29. auf 30. April vom Kompanieführer Schulleiter Niederer unter Umgehung der Auffangposten glücklich in die Heimatdörfer zurückgeführt. Am Morgen wurde Niederer geholt und dem Kreisstabsleiter vorgeführt, der ihm mit dem Kriegsgericht drohte. In dem Wirbel, der in Bregenz schon losbrach, gelang ihm die Flucht mit Fahrrad. Die Volkssturmkompanie übernahm den Streifendienst in den Orten Fußach, Gaißau und Höchst und bewachte die Rheinbrücken, um den Zuzug von SS abzuhalten. Einzelne Jungmänner von der österreichischen Freiheitsbewegung unterstellten sich auch unter das Kommando Gebhard Niederers und verstärkten die Brückenwache. Schon seit drei Wochen war die Brücke über den Rhein geladen, immer wieder wurden die Sprengladungen entfernt oder irgendwie unwirksam gemacht, sobald sie erneuert worden waren. Dies war umso leichter möglich, als sich unter der Zollgrenzschutz-Mannschaft selbst, die die Brükken zu bewachen hatte, Männer des Widerstandes befanden. Bei der Zerstörung dieser Brücke wären die Rheinau-Orte nicht nur von Vorarlberg abgeschnitten gewesen, sondern hätten auch kein Licht und Fußach überdies kein Wasser gehabt.

Eine Stabskompanie von einem aufgelösten Flakregiment, die unter einem Major stand, zeigte keine Kampfabsichten, da sie bereits vom Internationalen Roten Kreuz betreut wurde, das sie von Italien durch die Schweiz hierher geführt hatte. Jedoch hatte sich seit Ende April im Kirchturm von Höchst ein Nachrichtenposten eingenistet. Der Höchster Kirchturm von 75 Meter Höhe bietet von seiner Aussichtsterrasse aus einen prächtigen Rundblick. Bereits im Jahre 1942, als die Schweiz den Einmarsch der Deutschen fürchten mußte, stieg ein Offizier, der sich als Stellvertreter des Generalstabschefs auswies, auf den Turm, um bei guter Abendsicht die schweizerischen Befestigungen an den Berghängen zu fotografieren.

Am 2. Mai früh erschien nun ein Bote beim Mesner mit der Weisung, daß um 7 Uhr mit allen Glocken (es waren nur noch drei große Stahlglocken!) geläutet und daß die weiße Fahne auf dem Turm gehißt werden solle. Der Mesner benachrichtigte den Pfarrer, der aber nicht ausfindig machen konnte, woher die Botschaft kam (die Widerstandsbewegung hatte sich in einem Hause zusammengefunden, wo sie niemand vermutet hätte). Der Bote durfte natürlich keine weiteren Aussagen machen. In der sicheren Überzeugung, daß österreichische Patrioten hinter der Weisung stünden, ersuchte der Pfarrer den Mesner, die Militärmannschaft auf dem Turm von der Botschaft zu unterrichten. Die Antwort lautete, es werde weder geläutet noch gehißt. Ein weiterer Versuch, mit der Turmwache zu verhandeln, mißlang ebenfalls.

Daraufhin ersuchte der Pfarrer einen Mann von der Freiheitsbewegung, man möge die Kabel abschneiden, die vom Turm herunter zum Postamt führten und so die telefonische Verbindung mit dem Kommando herstellten. Dies wurde von einem Grazer Medizinstudenten besorgt. Somit war die Turmwache isoliert. Um halb 10 Uhr ging der Pfarrer in den Turm und berichtete der Mannschaft das Nahen der Franzosen, worauf sie sofort auszog mit dem Bemerken, daß sie ja auch den Frieden wolle.

Der Turmposten gehörte zu einer Nachrichtenabteilung der XXIV. Armee, die sich in einer Stärke von 50 bis 60 Mann an der Grenze festgesetzt hatte. Ihr Anführer war ein Major. Schulleiter Niederer suchte ihn auf, um seine Absichten zu erfahren. Der Major wollte sich nicht den Franzosen ergeben, sondern sich mit der Truppe in der Schweiz internieren lassen. Er versicherte aber, daß er in Höchst keine unnütze und sinnlosen Kampfhandlungen heraufbeschwören wolle, die zur Zerstörung des Ortes führen würden. Diese Unterredung war gegen Mitternacht auf den 2. Mai. In der Früh fuhr Niederer mit Männern der Freiheitsbewegung an die Rheinbrücke und entschloß sich um halb 10 Uhr vormittags, in die französische Linie bei der „Waldrast“ in Hard zu fahren und die Übergabe der Gemeinde Rheinau anzubieten. Dort wurden zwei Unterhändler als Geiseln zurückbehalten, dafür nahmen zwei Franzosen im Auto Platz. Der eine von ihnen war ein Dolmetscher-Unteroffizier. Beim Gasthaus zur „Wacht“ in Höchst nahe der Rheinbrücke forderte der französische Unteroffizier alle Waffenträger auf, sich zu ergeben. Dem Befehl wurde Folge geleistet, auch Offiziere gaben die Waffen ab. Der Volkssturm sammelte sie und brachte sie zur Gendarmerie.

Da teilte ein Zollbeamter aufgeregt Gebhard Niederer mit, daß an der Brücke ein Offizier seine Truppe in Stellung gebracht habe, weil er sich nicht ergeben wolle. Die Straße war schon leer. Hinter dem Grenzschlagbaum stand kreidebleich der Kommandeur der Nachrichtenabteilung. Niederer ging trotz der drohenden Maschinengewehre auf den Major zu. Auf den leisen Vorwurf, was er denn da mache, antwortete dieser, er habe zwar in der Nacht zuvor versprochen, in Höchst nicht zu kämpfen, er wolle sich aber auch nicht den Franzosen ergeben, sondern mit seiner Truppe über die Schweizer Grenze gehen. Er habe am Rheindamm Stellung bezogen, um hier zu kämpfen. Wenn er mit seiner Truppe hier in Lebensgefahr sei, werde ihn die Schweiz einlassen und dann sei sein und seiner Truppe Ziel erreicht.

Es kam nun alles darauf an, daß klug und in Ruhe verhandelt wurde, denn in Hard lagen zwei Geiseln interniert. Niemand konnte wissen, wie sich ein beginnender Kampf gestalten, wohin er sich verlagern und welche Folgen er für Höchst haben werde.

Auch Zivilisten mischten sich jetzt in die Angelegenheit ein. Der Major ließ sich aber um keinen Preis bewegen, sich zu ergeben. Jetzt wurden zwei französische Offiziere aus Hard oder Vorkloster geholt. Damit wurden die Verhandlungen schon entschiedener. Die Franzosen rückten mit Drohungen heraus. Der Major aber blieb fest bei seinem Willen. Da lud der schweizerische Grenzhauptmann die französischen Offiziere und den deutschen Major in das Zollamt St. Margrethen ein. Jetzt erst ließ sich der Major überzeugen, daß er auch im Falle des Kampfes von der Schweiz nicht eingelassen werde. Um 14 Uhr rief er seine Offiziere zusammen und besprach sich mit ihnen. Es wurde der Befehl zum Sammeln der Truppe und zur Abgabe der Waffen erteilt. Um 15 Uhr fuhr die ganze Abteilung ab. Die Haltung des Majors vor und bei der Waffenübergabe und beim Marsch in die Gefangenschaft hat bei allen Anwesenden großen Eindruck gemacht. Es handelt sich um einen Rheinländer, Dr. C. Bauer aus Ründeroth-Ohl.

2. Mai 1945: Der deutsche Major Dr. C. Bauer übergibt bei der Brücke nach St. Margrethen einem französischen Offizier Mannschaft und Waffen.

Zur endgültigen Besetzung des Rheindeltas kam es erst nach zwei Tagen. Sowohl in Gaißau wie in Fußach waren die Leitungen zerschnitten worden, durch die die Brücken gesprengt werden sollten. In Gaißau besorgte es Oswald Lutz, der aus dem Orte selber ist und dem Grenzschutz zugeteilt war; in Fußach Gottlieb Längle und Gebhard Blum. Die Sprengladungen bei der Brücke über den Rhein und die Dornbirner Ache waren gekuppelt*).

**) Gottlieb Längle war es auch, der mit einer weißen Fahne die Franzosen schließlich ins Rheindelta führte. (Von Herren und Menschen 1985, 224)*

Ein französischer Panzer (Sherman) bezieht Stellung bei Gaißau.

In Lustenau

Die Verteidigungsmaßnahmen für Lustenau waren von Dornbirn aus anbefohlen worden. Mitte Februar 1945 wurden drei Lustenauer Baumeister in die Militärkanzlei der OT nach Dornbirn gerufen und erhielten den Befehl, die Schanzarbeiten in Lustenau zu beginnen. Bis zum 30. April wurde die große Panzersperre an der Höchster Brücke bis auf einen Teil der Pilotierung des Vorflutgeländes fertig. Schon ein paar Tage vorher wurde der Fallkörper an der rheinseitigen Ausfallstraße nach Hard von den deutschen Pionieren umgelegt, um die Verläßlichkeit der Bauart zu erproben. Die einfachen Sperren an den Ortseingängen gegen Lauterach, Dornbirn und Hohenems waren ohne Bedeutung und sollten nur den Schein wahren.

Lustenau hatte zwei Standschützenkompanien. Die eine (von Rheindorf) stand in Sulzberg, kehrte aber am 1. Mai heim. Die andere, die Stabskompanie, sollte am 30. April zur weiteren Verwendung in Dornbirn gestellt sein. Die Kompanie meuterte und der neu aufgestellte Kompanieführer Bayer war dafür, daß die Standschützen aus Lustenau nicht weggehen, sondern für Aufrechterhaltung der Ruhe im Orte selber einstehen.

Eben wurde auf einem Appell dies den Standschützen bekanntgemacht, als ein Bote die Nachricht brachte, daß etwa 1000 Fremdarbeiter, meist Polen und Russen, versucht hätten, bei Höchst die Schweizer Grenze zu überschreiten, von den Schweizern jedoch abgewiesen worden und jetzt im Begriffe seien, nach Lustenau zu marschieren. Bürgermeister Oskar Alge erklärte dem Kommando in Dornbirn, daß die Standschützen jetzt zur Unterstützung der Gendarmerie im Orte bleiben müßten, da sonst die Bevölkerung schutzlos solchen plündernden Haufen ausgeliefert wäre. So blieb es denn auch. Zwei SS-Leute, die sich in einem Geschäft unter Androhung von Waffengewalt Lebensmittel aneignen wollten, wurden verhaftet. Am 1. Mai wurden mehrere Waggons mit ausländischen Lebensmittelpaketen, die infolge der Kriegshandlungen am Bahnhof in Lustenau bleiben mußten, geplündert. Es wurden die gesamten Reserven der Standschützen und die Wehrmachtsgruppe des Obergefreiten Gasser herangezogen, um die Plünderung einzustellen. Die Pakete wurden dann in Autos verladen und in der Gemeinde gleichmäßig verteilt.

Am 1. Mai hatten Tieffliegerverbände das ganze Unterland heimgesucht. In Lustenau wurde das Bauernhaus des Anton Bösch in der Holzstraße, unweit des RAD.-Lagers, in Brand geschossen, weil davor ein vollbeladener Transportwagen stand. Durch diesen Vorfall war der Schrecken und die Aufregung in der Bevölkerung aufs höchste gestiegen. Der Bürgermeister ordnete die Hissung der weißen Fahnen auf den Kirchtürmen und Schulhäusern an, um den Fliegern ein Zeichen zu geben, daß Lustenau nicht verteidigt werde und sich dem Einmarsch der Alliierten nicht widersetze. In kürzester Zeit war der ganze Ort beflaggt. Die Flugtätigkeit ließ bald nach. Kurz nach Mittag, also wenige Stunden später, zog der stellvertretende Kreisleiter Reiter den Bürgermeister zur Rechenschaft und beschimpfte ihn mit nicht wiederzugebenden Worten. Reiter setzte den Bürgermeister ab, verlangte aber von ihm noch, daß die weißen Fahnen eingezogen werden. Dann drohte er ihm, er werde ihm schon noch eine SS-Abteilung auf den Hals schicken, die auch jedes Gebäude, das weiß beflaggt sei, in einen Trümmerhaufen verwandeln werde. Die beiden Standschützenführer Sepp Bayer und Willi Durrer erklärten sich sofort bereit, mit dem ganzen Standschützenaufgebot an der Dornbirner Straße zu erscheinen, um die SS am Einmarsch zu hindern. Die Wehrmachtsgruppe verfügte über ein Pakgeschütz mit genügend Munition. Auch hatte sie in Unteroffizier Koch einen ausgebildeten Pakschützen. Oskar Alge fürchtete aber Weiterungen der Kampfhandlungen und hielt es für klüger, sich durch Flucht dem Zugriff der SS zu entziehen, da er als Bürgermeister abgesetzt sei und daher für die Gemeinde doch nichts mehr unternehmen könne. In seinem Versteck erfuhr Alge, daß der Landrat seine Absetzung bestätigt und den Fabrikanten Josef König zum Nachfolger bestellt habe.

Am nächsten Tag in den frühen Nachmittagsstunden fuhren die ersten französischen Panzer, von Hard her kommend, ohne an der Höchster Brücke aufgehalten zu werden, in Lustenau ein. An jedem Ortseingang war ein der französischen Sprache mächtiger Posten aufgestellt worden, der den ersten Panzer zum Rathaus führen mußte. Der neuernannte Bürgermeister hatte Alge, der eben sein Versteck verlassen hatte, gebeten, ihm bei der Übergabe behilflich zu sein. Ein französischer Hauptmann betrat mit zwei Soldaten die Gemeindekanzlei und gab dem Bürgermeister bekannt, daß sich die Behörden und die Bevölkerung seinen Befehlen restlos unterstellen müssen, daß jeder Widerstand und jede Mißachtung seiner Befehle mit dem Tode bestraft werde und daß sofort durch Anschlag bekanntzugeben sei, daß sämtliche Waffen und Feldstecher sowie Radio-Sendeanlagen abzuliefern seien und daß zwischen 20 Uhr und 7 Uhr Ausgangsverbot sei. Auch warnte er die Bevölkerung, den Kolonialtruppen Alkohol zu verabreichen. Der Hauptmann erkundigte sich auch nach dem Geschehen der letzten Tage und setzte Oskar Alge bis auf weiteres wieder zum Bürgermeister ein. Fast zur gleichen Zeit war eine schnelle Abteilung französischen Militärs von Dornbirn nach Lustenau gekommen, um den Widerstand der Deutschen bei Klien und Hohenems von der Flanke her zu brechen. Beim Vormarsch über Lustenau nach Hohenems und Altach stießen die Franzosen am Seelackendamm auf deutsche Abwehr und brachten die Geschütze in Lustenau-Büngen in Gefechtsstellung. Von hier aus wurde Götzis beschossen. In Lustenau selber kam es weiters nicht zu Kriegshandlungen. Der Ort, der damals 11.000 Personen beherbergte, war gut davongekommen. Die drei Todesopfer am Seelackendamm wurden am kommenden Tag unter militärischen Ehren auf dem Friedhof in Lustenau beigesetzt; einer von diesen Soldaten, ein Mohammedaner, wurde nach den Gebräuchen seiner Religion mit dem Gesicht nach Mekka gerichtet beerdigt, wodurch die gewohnte Ordnung der Grabreihen aus dem Gefüge kam. Später wurden die Leichen wieder ausgegraben und auf einem französischen Militärfriedhof beigesetzt.

Ein Zwischenfall ereignete sich am Morgen nach dem Einmarschtag auf Büngen, wo die Batterien aufgestellt waren. Der SS-Mann Albert Klien war so unvorsichtig, daß er sich in der Nähe der französischen Geschütze aufhielt und neugierig alles beobachtete. Die Franzosen erkundigten sich, wer er sei, und sollen von einer Frau die Auskunft erhalten haben: „Das ist der SS-Klien", worauf dieser sofort verhaftet und mit Militärwagen nach Altach geführt wurde, wo offenbar noch ein Truppenkommando war. Aus noch nicht restlos bekannter Ursache, angeblich wegen Fluchtversuchs oder Spionageverdachts, wurde Klien noch am selben Vormittag in Altach erschossen.

Stopp in Hohenems

Während Dornbirn mit seinen Verteidigungsanlagen kampflos aufgegeben wurde und sich der Durchzug der Franzosen durch die Stadt glatt vollzog, kam es am Ortseingang von Hohenems zu einem ernsten Gefecht. Stellungsbauten waren hier, abgesehen von Schützenlöchern keine. Der militärische Widerstand wurde von der SS geleistet.

In den letzten Apriltagen lagen in Hohenems eine Kompanie Alpenjäger aus Landeck, eine Volkssturmkompanie aus Götzis und eine solche aus Hohenems. Die drei Formationen unterstanden dem Befehle des Kommandanten Major Franz Doppelhofer aus Bregenz, der aber nicht den Ehrgeiz hatte, Hohenems zu halten. Die Götzner Kompanie ließ er heimziehen. Auch die Alpenjäger entließ er. Einige von ihnen blieben zurück und stellten sich samt

Waffen der Widerstandsbewegung zur Verfügung. Als am Sonntag, 29. April, abends die Hohenemser Volkssturmkompanie nach Tirol kommandiert wurde und daraufhin meuterte, holten am anderen Morgen der Kompanieführer Ludwig (Wien) und der frühere Ortsgruppenleiter Fenkart bei der Kreisleitung in Dornbirn Weisungen. Sie kamen zurück mit dem Befehl, Hohenems unter allen Umständen zu halten und zu verteidigen. Während einige nationalsozialistisch gesinnte Elemente bereit waren, mitzutun, verlangte der Sprecher der Widerstandsbewegung Armin Waibel das sofortige Erscheinen des Ortsgruppenleiters Ing. Kommerell und des Bürgermeisters Josef Wolfgang.

Der Ortsgruppenleiter war einsichtig genug und hielt die Verteidigung des Ortes für zwecklos, Wolfgang hingegen ließ sich erst bei einer nachher stattgefundenen Besprechung bei Leutnant Ludwig eines Besseren belehren. Im Verlaufe des Nachmittags wurde sodann auf Betreiben der Widerstandsbewegung die Volkssturmkompanie aufgelöst. Die im Volkssturm aktive Widerstandsgruppe arbeitete eng zusammen mit der örtlichen Widerstandsbewegung unter A. Collini. Es wurden mit Eisenbahnern und Werkspersonal die Bahnanlagen und das Umspannwerk bewacht. Auch auf die Erhaltung der Brücken wurde geschaut.

So wiegte man sich schon in Sicherheit, daß niemand Hohenems verteidigen werde. Der Ortskommandant ignorierte jeden Befehl von oben und wies jede Gefahr für Hohenems ab, so gut er konnte. Es kam die Meldung, daß die französischen Truppen bereits in Hatlerdorf seien. Jetzt wurde — es war in den Nachmittagsstunden des 2. Mai — die weiße Fahne auf dem Kirchturm aufgezogen. Auf einmal hörte man das Hämmern der Maschinengewehre. Am äußersten Rande von Dornbirn, im Wallenmahd, stießen die Franzosen auf Widerstand, der sich über das historische Schlachtfeld von Unter- und Oberklien versteifte und schließlich am Ortseingang von Hohenems, im Erlach, zu einem heftigen Gefechte führte. Im Steinbruch und im Waldgelände am Fuße des Berges hatte sich SS eingenistet, die auch von Götzis her durch einige Panzerspähwagen Verstärkung erhalten hatte. Das Geschütz- und Maschinengewehrfeuer hielt über zwei Stunden an, bis dann der Angreifer am Waldrand durchbrach und die etwa 180 Mann umfassende Verteidigung in die Flucht jagte. Bei diesem Gefecht wurden drei Häuser vollkommen eingeäschert und 15 Häuser wurden mehr oder weniger beschädigt. Zwei Zivilpersonen wurden verwundet*). Die Deutschen brachten angeblich mehrere Tote nach rückwärts. Einer wurde auf offenem Felde an der Reichsstraße begraben. Einige Bauern erlitten auch Schaden am Viehbestand.

**) Der Bauer Gisinger aus Dornbirn-Wallenmahd wurde beim Versuch, sein Vieh zusammenzutreiben, tödlich getroffen. Sein Leichnam wurde tags darauf vom späteren Landeshauptmann Ulrich Ilg vom Landgraben ins Dornbirner Spital gebracht. (Ilg, 1985, 38)*

Es hätte nicht viel gefehlt, wäre den Emsern das Gleiche passiert wie den Götznern. Die Breite des Rheintals gestattete es den angreifenden Franzosen, als sie in Hohenems plötzlich einen hartnäckigen Widerstand vor sich hatten, eine schnelle Abteilung mit Sturmgeschützen über Dornbirn nach Lustenau zu werfen, um so eine Umgehung zu versuchen und die Angreifer in Klien zu entlasten. Unterdessen hatten sich SS und auch Wehrmachtsabteilungen ins Emserried vorgeschlichen. Dies bekam der erste französische Wagen bei der Durchfahrt am Seelackendamm zu spüren: er wurde von einer Panzerfaust getroffen und drei Soldaten kamen ums Leben. Daraufhin bauten die Franzosen eine lange Reihe von Pakgeschützen in Lustenau auf, die sich von der Dornbirner Straße beim Gasthaus „Zur Einsicht" bis an den Wiesenrain hinauszog. Während von 15 bis 17 Uhr die Maschinengewehre vor Hohenems und im Emser Ried knatterten, mischten sich die Panzerkanonen in Lustenau nicht in das Gefecht ein. Sie standen jedoch in Feuerstellung gegen Hohenems. Um 18 Uhr, als der Durchbruch der Franzosen in Hohenems eben gelungen war, fuhr in Lustenau schwere Artillerie in der Parzelle Büngen auf. Sie nahm Aufstellung quer von der Hohenemser bis zur Flurstraße. Es waren sieben 15-cm- und zwei 21-cm-Kanonen. Diese mußten nicht mehr auf Hohenems gerichtet werden, standen aber bereit, den weiteren Vormarsch der Panzervorhut zu unterstützen. Um etwa 21 Uhr begann aus all diesen Rohren ein Feuer gegen Kobel, Götzis und Kummenberg und dauerte, bald stärker, bald schwächer werdend, bis in die Früh. Der rote Widerschein am Himmel ließ die Wirkung ahnen.

Es war ungefähr 19 Uhr (2. Mai), als die Panzerspitze der französischen Wehrmacht Hohenems-Schwefel erreicht hatte. Dort fand sie die Straße am Kobel gesperrt. Vom Berge her wurden sie beschossen. Das war der Auftakt zu den Kämpfen um Götzis. Nun wurde der Ort unter Feuer genommen. Das erste Ziel war die Sperre am Kobel. Die Deutschen antworteten noch schwach. Beim unteren Weiher am Schwefelberg war in guter Deckung ein deutscher Posten aufgestellt, dessen Aufgabe es war, zwei rote Leuchtkugeln abzuschießen, wenn so viele Panzer anrollen sollten, daß ein Aufhalten ausgeschlossen wäre. Dieser Posten wurde von Dr. Schuler gewonnen, das verabredete Zeichen möglichst rasch zu geben, denn nur bei einem raschen Abrücken der Verteidiger konnte man auf Rettung des Schwefels und der dortigen, für Hohenems lebenswichtigen Textilfabrik hoffen.

Ein Infanteriezug, der die Linie zwischen Kobel und Eisenbahn halten sollte, ergab sich und ging den Franzosen entgegen. Für Götzis aber war die schwere Nacht angebrochen.

Kampflinie Götzis-Kummenberg

Nach Aufgabe von Bregenz bezog das Festungskommando die nächste Kampflinie bei Götzis-Kummenberg. In höchster Eile war Götzis in Verteidigungszustand gesetzt worden. Den Ausbau der Wehranlagen leitete hier der fanatische, landfremde (reichsdeutsche) Bürgermeister von Götzis, Lindemann, der die ihm zustehenden Machtbefugnisse reichlich in Anspruch nahm. Mit der ihm eigenen Energie setzte Lindemann alle notwendigen Forderungen rasch durch. Es fehlte ihm sonderbarer Weise nicht an Arbeitern, Material und Werkzeugen. Die Intelligenzschicht von Dornbirn und Lustenau wurde eingespannt, auch Schuljugend wurde zum Sammeln von Weiden herangezogen, die als Faschinen zum Innenausbau der Schützengräben dienten. Als bekannt wurde, daß Friedrichshafen gefallen sei, wurde mit Hochdruck gearbeitet. Sämtliche Fremdarbeiter von Götzis, auch solche, die bei Bauern eingestellt waren, wurden eingesetzt. Die Verpflegung mußten sie selber mitbringen. Alle Kräfte waren zunächst auf den Ausbau der Panzersperre am Kobel konzentriert. Lindemann wollte aber auch schließlich alle nach den Bergen führenden Straßen absperren und alle männlichen Personen auffangen lassen, um sie für den Stellungsbau verwenden zu können. Den Auffangdienst sollte ihm die Gendarmerie besorgen. Doch Postenkommandant Schmid erklärte ihm, daß dies in den Befehlsbereich des Festungskommandanten gehöre, und wies ihn an diesen. Es kam auch nicht zur Absperrung der Bergstraßen.

Die wichtigste Verteidigungsanlage verlief vom Kobelberg („Lusbühel") zum Sonderberg. Hier war auch eine Bunkerstellung für Geschütze und Maschinengewehre. Im Sonderbergschlößle wurde ein Keller für den Militärstab ausgebaut, auch wurde in den Felsen eine Kaverne zur Aufbewahrung der Munition gehauen. Weitere Anlagen waren im Tobel, entlang der Reichsstraße und am Römerweg entlang der Halde. Vereinzelte Stellungen waren auf der ganzen Strecke vom Tobel bis nach Wuhr über den Kummenberg bis zur Schweizer Grenze am Zollhaus. Panzersperren waren drei errichtet: am Kobel, in der Klause von St. Arbogast und an der Straße Mäder—Koblach. Die Panzersperre bei Koblach war schon vor dem letzten Aprilsonntag fertig. Von der Bevölkerung wurde sie als ein sehr unangenehmes Verkehrshindernis empfunden. Da an jenem Sonntag Dr. Reiter hinter verschlossenen Türen zugeben mußte, daß der Krieg verloren sei, entfernten am Montag der Ortsgruppenleiter und der Bürgermeister von Koblach die Sperre. Pioniere legten aber gleich wieder eine neue an und die beiden, die den „Endsieg" in Gefahr gebracht hatten, durften froh sein, daß sie Lindemann leben ließ.

Panzergräben waren am Kobel zum Sonderberg hinüber und am Ortsausgang von Koblach auf der Straße nach Mäder, dort wo der Kummen bis auf 20 Meter an den Rheindamm herankommt. Die Rheinbrücke Koblach—Montlingen war geladen. Für den Ausbau der Stellungen Udelsberg—Schloß Neuburg fehlte zum Glück für Götzis die Zeit. (Gemäß dem Projekt

„Seifenblase" war für Götzis ähnlich wie für Bregenz und Dornbirn eine Rundum-Verteidigung geplant.)

Durch nicht beglichene Rechnungen für OT-Schäden und Stollenbauten ist die Gemeinde Götzis mit 92.000 Schilling belastet.

Meuterei des Volkssturmes

Wie anderswo hatte auch in Götzis der Volkssturm kein Verständnis für die deutsche Kriegführung, sondern verwehrte in echter Heimatliebe die Mitwirkung an der Zerstörung des Ortes. Anfänglich lagen in Götzis Volkssturmkompanien von Feldkirch und Rankweil, während die Götzner Kompanie in Hohenems Bereitschaft halten mußte. Am 23. April wurde sie nach Götzis zurückverlegt und löste die Feldkircher Kompanie ab. Am 22. April wurde der Volkssturm zu einer Streife eingesetzt. Es sollten im ganzen Kreis die Deserteure eingefangen werden. Die Götzner kehrten ohne Erfolg heim. Militärflüchtlinge waren zwar genug herum, aber wer hatte ein Vergnügen daran, sie einzufangen, damit sie womöglich zur Verteidigung von Götzis herangezogen würden?

Am Sonntag, 29. April, kam der Befehl, der Volkssturm müsse noch am gleichen Tag nach Tirol abfahren. Das führte zu einer offenen Meuterei. Im Hofe der Firma Huber wartete der Volkssturm und eine Menge Volkes die Verhandlungen ab. Es wurde die Parole ausgegeben, daß für den Fall des Abtransportes Frauen und Mädchen sich am Bahnhof einfinden sollten, um die Abfahrt des Zuges dadurch zu verhindern, daß sie sich in großer Anzahl vor die Lokomotive stellten. Wegen der Meuterei wurde der Abtransport auf den anderen Tag verschoben. Zwischen Verbindungsmännern der Widerstandsgruppe des Volkssturmes und der Gendarmerie waren Beratungen zwecks gewaltsamer Verhinderung des Transportes; auch wurden Vorbereitungen für einen bewaffneten Widerstand getroffen. Mit dem Volkssturm in Dornbirn und Lustenau sollte Verbindung aufgenommen werden. Da aber die Abfahrt nach Tirol verschoben wurde, durfte abgewartet werden.

Am folgenden Tag wurde der Volkssturm zu einem Appell auf der Ruine Montfort bestellt. Am Eingang zum Burghof stand ein Maschinengewehr, das nicht gerade auf einen herzlichen Empfang schließen ließ. Übrigens hatten ja auch einige Volkssturmmänner im Falle der Not noch Waffen bei sich.

Es erschien nun der Kreisleiterstellvertreter Dr. Reiter, die Baons- und Kompanieführer des Volkssturmes und Bürgermeister Lindemann. Reiter wandte sich mit scharfen Worten gegen die Meuterei des vorigen Tages, erinnerte die Männer an den Eid und mahnte sie, dem Vaterland die Treue zu halten. (Die Volkssturmmänner dachten allerdings an ein anderes Vaterland!) Dann glaubte er, die Kampfbegeisterung heben zu können durch den Hinweis, daß die Marokkaner schon in Lindau seien: „Was dann unseren Familien von dieser schwarzen Horde blühen wird, das wißt ihr!" Reiter zeigte den Volkssturmmännern, daß er auch bewaffnet sei, und zog aus seinen Hosentaschen je eine Handgranate heraus. Zum Schlusse sagte er noch: „Ich möchte in die Augen meiner Kameraden sehen und schreite deshalb die Kompanie ab." Nach dem Defilee wurde Reiter zuckersüß: „Ich sehe, es glüht aus Euren Augen der volle Kampfgeist. Ich habe Vertrauen." Es war dies aber eine optische Täuschung, denn nach dem Abmarsch zum Standquartier beim Betrieb Huber ging die Meuterei von neuem los. Sogar der Kompaniechef Seewald (aus der Zivil-SS) setzte sich mit ganzer Macht für die Auflösung des Volkssturmes ein.

In den Abendstunden des 30. April übermittelte Hauptmann Ney vom Festungsstab dem Baonsführer Rhomberg den Befehl zur Auflösung des Volkssturmes, nachdem sich auch dieser bei ihm in diesem Sinne verwendet hatte. Am folgenden Tage wurden die Waffen abgeliefert. Lindemann soll die Äußerung getan haben: „Ich habe den Auftrag, Götzis zu verteidigen, und bin an den Eid gebunden. Ich werde Götzis ein Denkmal setzen. Es wird noch zu spüren bekommen, daß es einen Lindemann zum Bürgermeister hatte." Dann aber trieb ihn Mangel an Tapferkeit — oder war es bessere Erkenntnis? — von der Stätte seiner Wirksamkeit weg; er verschwand ins Gebirge. Nach zwei Wochen ließ er sich erst wieder sehen, wurde aber gleich von der französischen Militärregierung abgeführt.

Die Auflösung des Volkssturmes veranlaßte die Widerstandsbewegung zur Aufgabe des vorgesehenen bewaffneten Aufstandes. Aus Feldkirch kam ein Verbindungsmann, ein Gendarm, nach Götzis mit der Nachricht, daß um Mitternacht von Bludenz und Feldkirch aus der Arlberg besetzt und abgeriegelt werde, damit die deutsche Armee von Tirol heraus keinen Nachschub erhalten könne. Aufgabe der Götzner wäre es gewesen, in Götzis den Nachschub vom Unterland zu unterbinden. Als aber der Feldkircher Verbindungsmann hörte, daß der Volkssturm in Götzis die Waffen niedergelegt hatte und daß die Kampftruppe allein zu schwach sei, um vielleicht größere SS-Formationen aufzuhalten, mußte auch Feldkirch das Losschlagen überlegen.

Wehrmacht und SS

Der Ortskommandant von Götzis war ein „arbeitsloser" Major, ein Preuße namens Schlieter, der sein Quartier im Betriebshaus der Firma Huber aufgeschlagen hatte. Auf die Frage des Gendarmerie-Postenkommandanten Schmid, warum gerade Götzis verteidigt werde, gab er zur Antwort: „Von der Heeresleitung wurde Götzis als günstig für die Verteidigung erklärt." Der Major wollte wissen, wie stark die Kampftruppe sei, die der Gendarmerie zur Verfügung stehe. Schmid erklärte ihm, daß die Gendarmerie überhaupt nicht in den Kampf eingreifen werde, denn sie bleibe ruhig zurück, um beim Abzug der Deutschen und beim Einmarsch der Franzosen die Bevölkerung zu schützen. Der Major hat am 2. Mai, 20 Uhr, als eben das Artilleriefeuer einsetzte, Götzis mit seinem Auto in Richtung Feldkirch verlassen, weil er sich in Götzis nutzlos sehe, wie er selber zugab.

Kampfkommandant von Götzis war zunächst der Standschützenbataillonsführer Arnold Rhomberg von Dornbirn, der, wie Oblt. Lorenz bezeugt, ein absoluter Gegner des Krieges in der Heimat war, und nur den geeigneten Augenblick abwartete, daß er die Standschützen heimschicken konnte.

Die Kampftruppe, die seit 15. April in Götzis stationiert war, bestand aus eben erst eingezogenen Rekruten mit mangelhafter Ausbildung und Ausrüstung. Es war eine Gebirgsjäger-Kompanie aus Landeck. Sie war im Schulhaus einquartiert. Ihr Chef war Oblt. Lorenz, in Zivil Hochschulstudent von Galtür, der zugleich auch Kommandant einer Kampfgruppe war, die sich aus den beiden Landecker Kompanien in Hohenems und Götzis und einer Kompanie Arbeitsdienst zusammensetzte, die aus dem Bregenzerwald gekommen war. Lorenz ließ der Bevölkerung gegenüber durchblicken, daß sie von einer Kompanie nichts zu fürchten habe.

Zwischen der Landecker Kompanie in Götzis und der Volkssturmkompanie war sogar betreffs gemeinsamer Gegenaktion verhandelt worden. Der Spieß der Gebirgsjäger ließ dem Volkssturm melden: „Ihr braucht euch nicht zu fürchten, wir tun mit euch!“ Tatsächlich wurde von diesen Truppen kein Schuß abgegeben. Die Flak, die in Koblach-Birken sich in den nächtlichen Kampf einmischte, gehörte nicht zur Kompanie.

Eine kleine Anekdote soll den Lesern nicht vorenthalten werden. Lassen wir Oblt. Lorenz erzählen: „General Faulmann tauchte eines Tages, am 1. oder 2. Mai, mit seinem Wagen in Koblach bei mir auf. Ich habe damals vermutet, daß es sich um einen ‚arbeitslosen‘, das heißt um einen General ohne Division handle. Er fragte einen meiner Soldaten: ‚Na, werdet ihr den Franzosen hier durchlassen?‘ Der gute Jäger hat wahrscheinlich gedacht, ‚Jawohl‘ stimme meistens beim Militär, und hat aus Leibeskräften geschrien: ‚Jawohl, Herr General!‘ Der General war erst etwas überrascht, dann hat er sich zu mir umgewandt und mit leisem Lächeln gesagt: ‚Ich glaube es auch!‘, worauf er sich freundlich von mir verabschiedete und wegfuhr.“ Militär und Volkssturm waren also harmlos. Eine Furcht- und Angstpsychose entstand aber bei der Bevölkerung, als die Waffen-SS auf den Plan trat. Die Schreckensmeldung ging von Mund zu Mund: „Die SS ist da!“ Man befürchtete von ihr die Verteidigung von Götzis bis zum letzten Mann und damit die Zerstörung der Ortschaft.

Die SS-Truppe kam in der Nacht von Sonntag auf Montag (29./30. April) nach Götzis. Ein Teil, besonders höhere Offiziere, zogen am anderen Vormittag wieder weiter. Am Montagnachmittag war das Festungskommando in Klaus eingezogen. Gegen Abend traf auch General Schmidt ein. Baonsführer Rhomberg ersuchte das Festungskommando, ihn von seinem Posten zu entheben. An seine Stelle trat SS-Hauptsturmführer Schulze, dem nun auch die Kompanie des Oblt. Lorenz unterstellt wurde. Mit Schulze kam Oblt. Lorenz überein, daß er den Abschnitt vom Rhein bis einschließlich Kummenberg übernehme, während Hauptsturmführer Schulze anschließend an den Kummen über Götzis bis zum Oberen Berg seine SS-Truppen verteile. Der Stab der SS-Kampftruppe war im „Ochsen“ einquartiert. Die erste Maßnahme der SS war die endgültige Sperrung der Straße an der Klause bei Sankt Arbogast. An den Bewohnern von Götzis verübte sie keine Greueltaten, auch die Sachgüter ließ sie in Ruhe, hingegen fand man einige Tage nach dem Umsturz die Leichen der beiden Brüder Morscher von Klaus am Felsabhang der Ruine Götzis-Montfort auf, die Zeugen ihrer Grausamkeit waren. Hauptsturmführer Schulze soll persönlich kein Fanatiker gewesen sein.

Otto und Josef Morscher wurden am 2. Mai von SS-Männern erschossen und am 5. Mai unterhalb der Schloßruine Montfort aufgefunden.

Diese beiden Brüder unterhielten sich nach ihrer Abrüstung vom Volkssturm daheim hinter dem Hause mit Scheibenschießen. Nach einer anderen Version hatten sie lediglich nach ihrer Rückkehr vom Volkssturm die letzten Patronen verschossen. Ein jugendlicher SS-Soldat, der bei der Hauptstraße vor dem Hause vorbeiging, zeigte sie an, sie hätten auf ihn schießen wollen; die Kugel sei hart an seinem Kopf vorbeigeflogen. In Wirklichkeit war die Zielrichtung genau umgekehrt. Die beiden Brüder wurden in die Gemeindekanzlei geholt, dort blutig geschlagen — Blutspuren waren nachher noch an den Wänden sichtbar! — in den Gemeindearrest gesperrt und zum Tode durch Erhängen verurteilt. Da sie keine Beziehungen zur Partei hatten, war keine Hilfe möglich. Das Urteil sollte vor der Gemeindekanzlei vollzogen werden, was jedoch der Bürgermeister verhinderte. Dann wurden sie von der SS gebunden und zur Schloßruine Montfort geschleppt, mit Gewehrkolben mißhandelt, durch Genickschuß getötet und über den Felsen hinuntergeworfen. Diese unmenschliche Tat verübte die SS, als das Festungskommando schon fort war.

Die Kompanie des Oblt. Lorenz bezog ihre Stellungen in Koblach am Montag, 30. April, abends.

Kriegsschauplatz Götzis

Am 1. Mai vormittags erschienen Tiefflieger und schossen mit Bordwaffen auf einen am Sonderberg abgestellten leeren Personenzug, der stark beschädigt wurde, insbesondere auch die Maschine. Bei Beschießung der Panzersperre am Kobel wurden zwei Pferde getötet und einige Motorfahrzeuge vernichtet. In der Bahnstraße wurde ein Privathaus beschossen, weil davor ein Lastkraftwagen stand. Auf der Reichsstraße (Moos) wurde ein Fahrzeug durch Beschuß in Brand gesteckt und eine Götzner Lehrerin, die mit Fahrrad von Feldkirch kam, schwer verwundet.

Dies alles trug dazu bei, die Angst in der Bevölkerung zu steigern. Abgeworfene Flugzettel, auf denen stand: „Wir kommen nicht als Eroberer, sondern als Befreier" vermochten wohl für die weitere Zukunft Trost zu bieten, aber nicht den Eindruck zu zerstreuen, daß blutige Kampfhandlungen unmittelbar bevorstünden. Götzis erhielt mit einem Male das Aussehen eines Frontabschnittes. Es war ein Durcheinander hin- und zurückziehender Truppen jeglicher Waffengattung. Dazu kamen noch die Abteilungen, die den Kobel besetzt hielten. Vielen Bewohnern wurden Fahrräder, Pferde und alles, was zur Verteidigung oder Flucht dienlich sein konnte, beschlagnahmt. Ob man mit Soldaten oder Offizieren redete, sie wußten nicht, was geschehen sollte. Von einem einheitlichen Kommando war keine Rede mehr. An diesem Tage sah man allenthalben schon die Anzeichen der Auflösung. Soldaten kauften sich Zivilkleidungen und gingen allein auf den Weg.

Am 2. Mai wurden von der Gendarmerie verschiedene Vorsichtsmaßnahmen zum Schutze der Bevölkerung getroffen. Es wurde u. a. ein Bereitschaftsdienst eingesetzt, der bei Bränden, Plünderungen oder Gewaltmaßnahmen einschreiten mußte. Da alle übrigen Dienststellen in der Gemeinde versagt hatten, war der Gendarmerieposten zur Zentralstelle geworden, bei der allein die Bevölkerung Schutz und Rat finden konnte. Noch während Götzis beschossen wurde, stand die Gendarmerie mit dem Posten des Unterlandes in telefonischer Verbindung.

Die militärischen Vorbereitungen der SS ließen Schlimmstes ahnen, darum flüchteten viele Bewohner von Götzis zum Teil schon am Vortag mit Sack und Pack nach Meschach und in den Oberen und Unteren Berg. Manches Haus beherbergte 50 und mehr Personen. Andere suchten in der schlimmen Nacht Schutz in den beiden Stollen, einige machten auch Gebrauch vom Angebot der Schweiz, im Falle der Beschießung von Götzis über dem Rhein drüben Zuflucht zu suchen. Die meisten Bewohner aber blieben daheim, weil die Offiziere und Soldaten den Rat gaben, im Hause zu bleiben, denn die Marokkaner würden beim Einmarsch die leerstehenden Häuser ausplündern. Sie versicherten, daß in Götzis kein Schuß fallen werde, höchstens vielleicht noch am Eingang der Gemeinde, am Kobel und im Tobel könnte es einige Häuser kosten. In Wirklichkeit kam es umgekehrt: dort wurde wenig beschädigt, während der große Sachschaden im Innern des Ortes angerichtet wurde. Die Bewohner von Neuburg suchten zum Teil Zuflucht in Mäder, weil die Straße nach Koblach schon gesperrt war.

Während der abendlichen Maiandacht setzte das Artillerieduell ein. Götzis war Kriegsschauplatz. Geschütze standen in der Waldgegend von St. Arbogast und Klaus verteilt, ebenso am „Lusbühel", in Birken und Neuburg. Als die Franzosen in Hohenems-Schwefel standen, eröffnete die SS von den Götzner Anhöhen aus das Feuer. Die Franzosen, die überdies den Kobel versperrt fanden, zogen sich zurück und beantworteten das Feuer. Es begann für Götzis die Schreckensnacht. Mit Ausnahme einer halbstündigen Unterbrechung um 22 Uhr dauerte der Beschuß bis zur Morgendämmerung ununterbrochen an. Die schweren Artilleriegeschosse kamen aus der Richtung Lustenau*). Es entstanden fünf Brände. Das Haus Fehle im Ziel konnte durch sofortige Maßnahmen gelöscht werden, während das Haus am Schlößleweg 3, die Villa Amann samt Fabrik in der Bahnstraße und das Straub-Hämmerle-Haus im Unterdorf vollständig abbrannten. Die Nacht war taghell erleuchtet. Die Brandobjekte standen mitten in den Häuserreihen. Unter ständiger Lebensgefahr half alles zusammen, um Großbrände zu verhüten: Gendarmerie, Feuerwehr mit dem Kommandanten L. Mayer, Zivilpersonen, auch die Führenden der Partei, diese vielleicht mit ein wenig Schuldbewußtsein. Bald da, bald dort schlugen in unmittelbarer Nähe immer wieder Granaten ein. Außer den abgebrannten Objekten wurden durch Einschläge noch weitere acht Häuser vollständig zerstört und 219 Häuser mehr oder weniger beschädigt, davon zehn ganz schwer.

Die Pfarrkirche St. Ulrich erhielt einen Treffer an der Vorderfront. Nach Urteil der Sachverständigen hätte der Einschlag an keiner anderen Stelle weniger schädlich erfolgen können, weil hier die Baukonstruktion am stärksten war. Wäre der Einschlag einen Meter tiefer erfolgt, so wäre die Wirkung viel verheerender gewesen. Im übrigen wurde die Kirche durch viele Splitter einiger am Kirchplatz explodierter Großgeschosse schwer beschädigt. Sämtliche Fenster wurden zerschlagen, auch die Portale erlitten großen Schaden. Sakrales wurde in der Kirche auffallenderweise nicht zerstört; z. B. lag an den Stufen des Maialtares ein großer Splitter eines Geschosses, ohne aber am Altar den geringsten Schaden angerichtet zu haben. Auf den Altären waren trotz der Erschütterungen nicht einmal Kerzen- und Blumenstöcke umgefallen. Jedem Passanten fällt es auf, daß das Missionskreuz vor der Kirche von Splittereinschlägen scharf umrandet, das Kreuz selber aber unverletzt ist. Orgel und Uhrwerk waren unbeschädigt geblieben. Im ganzen beläuft sich der Sachschaden der Kirche auf 22.000 Schilling; zum Teil ist er schon behoben. Die Gesamtsumme der in jener Nacht in Götzis verursachten Kriegsschäden wurde auf eine halbe Million Schilling geschätzt. Alle Angaben betreff Schadenhöhe stammen von der „Bauleitung zur Behebung der Kriegsschäden in Götzis".

\) Die französischen Geschütze waren dort, wo sich heute die Wohnsiedlung Lustenau-Friedensstraße befindet, aufgestellt und schossen über Diepoldsau und Altach hinweg nach Götzis. (Längle 1983, 173)

Diese Schäden können schließlich wieder behoben werden, unersetzlich sind aber die Menschenopfer, die jene Schreckensnacht gefordert hat. Im ganzen waren es fünf, davon vier im Hause der Bäckerei Lampert, wo ein Phosphorgeschoß direkt in den Keller einschlug, in dem alle Schutz gesucht hatten. Erst um halb 5 Uhr früh wurde ein Stöhnen aus dem Keller bemerkt — der Einschlag war schon um Mitternacht erfolgt — und nach längeren Aufräumungsarbeiten wurde die aus Ungarn stammende Magd Theresia Werny schwer verwundet und betäubt gerettet, hingegen konnten die anderen vier Personen nur als Leichen geborgen werden, nämlich die Geschäftsinhaberin, Frau Anna Lampert, ihr auf Besuch weilender Soldatensohn Kuno und die beiden Bäckergesellen Alois Aberer aus Hohenems und Baltassar Werny aus Ungarn. Die vorausgegangenen Tage hatte Frau Lampert jeweils bis tief in die Nacht hinein die Kundschaften bedient und als man sie nötigen wollte, mit ihrer Tochter und dem jüngeren Sohne in Meschach Schutz zu suchen, wehrte sie mit der Begründung ab: „Wir müssen um Mitternacht anfangen Brot zu backen, sonst haben die Leute morgen kein Brot." Die andere edle Frau, die in jener Nacht ein Opfer des Krieges wurde, war Frau Anna Scheyer in Steig, die im Augenblick, da sie vom Keller heraufging, um sich ein Kopftuch zu holen, in der Stube von einem Splitter tödlich getroffen wurde. Erschüttert standen die Götzner am Grabe dieser Kriegsopfer, und eigentlich mußte man sich wundern, daß es angesichts der Gefahrengröße nicht mehr waren. Im Hause der Familie Vinzenz Ammann explodierten fünf Geschosse, aber alle Insassen kamen heil davon, wie auch im gegenüberliegenden Hause Bell alle Hausbewohner, die in dem nur von einem Riemenboden überdachten Keller Schutz suchten, unverletzt blieben, obwohl das Haus zerstört wurde.

Der Weiler Neuburg, der wegen seiner Lage am Fuße des Kummenberges außerordentlich gefährdet war, bekam keinen einzigen Treffer. Die Geschosse flogen unaufhörlich über die Häuser hinweg.

Götzis wird umgangen

Während der Kampfhandlungen in der Nacht war kein einziger Soldat mehr in den Straßen der Gemeinde zu sehen. Den Arbeitsdienst hatte Oblt. Lorenz auf Ersuchen des Abteilungsführers nach Rankweil verschickt und entlassen. Seine eigene Kompanie und die übrigen Landecker, die aus Hohenems sich ihm angeschlossen hatten, löste er in der Nacht aus den Stellungen heraus und rückte mit ihnen entlang dem Rhein bis zur Illmündung und von da dem Ufer entlang nach Feldkirch ab. Aber auch die SS mußte sich über Nacht auf die umliegenden Höhen und gegen das Vorderland zurückgezogen haben.

Gegen 5 Uhr früh fuhr Gendarmerie-Inspektor Schmid mit Fahrrad zum Kobel, um mit den Franzosen zu verhandeln. In der Grabenstellung oberhalb der Kobelkapelle traf er zwei SS-Soldaten an, die in der Meinung, die ganze Truppe sei noch im Dorfe, zurückgeblieben waren. Nach der entsprechenden Aufklärung durch Schmid zogen sie raschestens ab. Schmid durchstöberte alle Räume der Kobelwirtschaft, ging mit weißer Fahne durch die Panzersperre zur Haltestelle Altach-Bauern, von dort zurück und wieder weiter zum Schwefel. Da er aber weder einen deutschen, noch einen französischen Soldaten zu Gesicht bekam, fuhr er zur Auskundschaftung die entgegengesetzte Richtung bis zu den „Straßenhäusern", hörte dort die gewaltige Detonation von der Sprengung der Frutzbrücke und vom Sattelberg her Maschinengewehrfeuer, ohne indes Soldaten zu beobachten. In Koblach erfuhr er sodann, daß die deutschen Truppen um 1 Uhr nachts abgerückt, daß die Franzosen aber noch nicht eingefahren seien. Beim Zollamt in Koblach warteten Leute den Augenblick ab, in dem sie sich entscheiden sollten, ob sie in der Schweiz Zuflucht suchen müßten. Als ihnen Inspektor Schmid das Ende der Kampfhandlungen mitteilte, kehrten sie froh wieder nach Hause zurück.

Vom schweizerischen Grenzschutzkommandanten war die Brücke seit 23 Uhr offengehalten worden. Als Inspektor Schmid zur Panzersperre nach Neuburg kam und sich dort nach der Lage erkundigte, hörte man schon das Motorengeräusch der Panzer.

Die Franzosen trafen schon am Abend vorher Anstalten, Götzis von der Flanke her anzugreifen. Altach-Bauern wurde gleich besetzt. Noch während der Nacht kam, wie wir weiter unten sehen werden, der Rankweiler Kurier, der den Franzosen die Einschlagung des Weges über Koblach nach Meiningen nahelegte. Die Franzosen vermuteten, daß Götzis durch die nächtliche Beschießung mürbe sei und nahmen das Angebot der Rankweiler an. Die Umgebung von Götzis durften sie umso eher wagen, als sie auf der einen Seite von der Schweizer Grenze gedeckt waren.

Wie Inspektor Schmid nach Koblach kam, waren also die Franzosen schon im Anmarsch über Mäder und Neuburg nach Koblach. Schmid ging ihnen mit weißer Fahne entgegen und erklärte den Offizieren, die dem ersten Panzerwagen entstiegen, daß Koblach frei von deutschen Truppen sei und daß für den Einmarsch nur noch eine Panzersperre hinderlich im Wege stehe. Der Offizier drohte ihm mit dem Aufhängen, wenn die Angaben nicht der Wahrheit entsprechen sollten, und ging mit zwei Soldaten, die mit Maschinenpistolen bewaffnet waren, voraus. Der erste Panzer folgte in kleinem Abstand, während die Kolonne der übrigen Panzer stehen blieb und das Schußsignal zur Weiterfahrt abwartete. Die Bevölkerung von Koblach wurde veranlaßt, die Panzersperre zu beseitigen. Die Wartezeit benützten die Panzersoldaten, um die Kinder von Neuburg mit Schokolade zu beschenken. Die Hauptmacht der Panzer rollte dann über die schmale Straße nach Meiningen weiter.

Inspektor Schmid begab sich wieder nach Götzis zurück, wo alles ruhig war. Der stellvertretende Bürgermeister holte beim Gendarmeriekommando die weiße Fahne und fuhr mit dem Motorrad an den Kobel, um die Gemeinde zu übergeben. Er kam bald mit der Forderung der Franzosen zurück, daß die Hauptstraße für den Einmarsch freizuhalten sei. Der Befehl wurde von der Gendarmerie durchgeführt. Die Panzersperren am Kobel und in St. Arbogast wurden abgeräumt.

Um 8 Uhr früh setzte noch einmal ein kurzes Artilleriefeuer ein, es erschien ein Aufklärungsflugzeug, das wohl das Freisein des Ortes von deutschen Truppen festgestellt haben mochte. Hierauf wurde das Feuer eingestellt. Daß in Friedrichshafen Flugzeuge schon bereitgestanden seien, um Götzis dem Erdboden gleichzumachen, wie nach dem Einmarsch von französischen Soldaten behauptet wurde, ist kaum anzunehmen, und selbst dann, wenn dies den Tatsachen entsprochen hätte, wäre die Zahl von 500, die genannt wurde, viel zu hoch gegriffen. Ein Zehntel davon hätte, wo doch keine Abwehr da war, schon genügt . . .

Um 10 Uhr vormittags marschierte der Vortrupp der Franzosen in Götzis ein. Die Häuser zeigten weiße Fahnen. Schon in der Früh waren die Häuser beflaggt, aber auf einmal hieß es, die SS zünde alle Häuser, die sich mit weißen Fahnen zeigen, an, worauf die Beflaggung vorübergehend eingestellt wurde.

Besetzung des Ortes

Um 11 Uhr rückten Infanterie, Artillerie und Panzer nach und Götzis wurde besetzt. Da die französischen Truppen nach dem Durchbruch bei Koblach-Rheinbrücke weiter in das Oberland vordringen wollten, aber Götzis immer noch nicht ganz trauten, hielten sie den Ort mit vier Kompanien in der Zange. Sie standen am Kobel, beim Götzner Stall in den Rheinauen, in Mäder gegen den Rhein zu und in Koblach-Birken. Der verängstigten Bevölkerung von Mäder versicherten sie, daß den Orten Altach und Mäder bestimmt nichts passieren werde; hingegen hätte Götzis schlimme Stunden erleben können, wenn nur ein einziger Schuß gefallen wäre. Die Franzosen vermuteten in der Ruine Montfort und in Klaus zurückgebliebene SS. Davon hatten sie anscheinend Kenntnis, daß in Klaus das deutsche Festungskommando Quartier hatte. Mit einigen Stunden Vorsprung hatte sich General Schmidt mit seinem Stab nach Göfis abgesetzt.

Über Mittag hatten die französischen Streifen Götzis mit den Berghängen durchkontrolliert und um 15 Uhr wurden sodann die vier Kompanien, die den Ort in Schach halten sollten, eingezogen. Damit war der Krieg für Götzis aus und ein schwerer Druck der Zwingherrschaft wich endlich von der Bevölkerung.

Durch viele Monate hindurch lag in Götzis, verglichen mit anderen Orten des Landes, eine außerordentlich große Besatzungstruppe. Da aber keine Zwischenfälle ernster Natur vorkamen, mußte sich das Kommando überzeugen, daß es nicht Einheimische waren, die Götzis verteidigt hatten. Nach der ersten Drucklegung dieser Kriegschronik gelang es dem Verfasser, mit Obstlt. Knoblauch in Verbindung zu kommen. Seine Mitteilungen bestätigen die in diesem Buche gebotene Darlegung der wichtigsten Ereignisse und deren Zusammenhänge. Nachzutragen wäre noch:

Götzis hätte regelrecht verteidigt werden sollen. Es gelang aber Obstlt. Knoblauch, den General von der Sinnlosigkeit zu überzeugen, so daß er den Abschnitt räumen ließ.

Die Stimmung im „Adler" in Klaus

Am 30. April, 12 Uhr mittags, fuhren die Offiziere des Festungskommandos beim „Adler" in Klaus vor. Um 2 Uhr kam auch die Mannschaft (Meldefahrer, Funker usw.). Gegen Abend erschienen General Schmidt und Kreisleiter Reiter.

General Schmidt war begleitet von sechs SS-Führern und -Unterführern. Zu seinem Schutz oder zu seiner Bewachung? Als Schmidt seine Befehlsstelle in Haselstauden hatte, war er ganz gereizt. Einerseits war die Bregenzer Klause wie kein Punkt des ganzen Landes geeignet, den Feind aufzuhalten, andererseits mußte er vernünftigerweise auf die Verhandlungen um die Rettung der Lazarettsoldaten und der Zivilbevölkerung auch eingehen. Dazu strenge Befehle von oben und SS, die ihm dauernd auf die Füße trat. So hatte die Lösung des Problems der Verteidigung von Bregenz die Nervenkraft des alten Mannes stark in Anspruch genommmen. In Klaus aber faßte sich der General wieder, bewahrte völlige Ruhe und machte den Eindruck eines gütigen Charakters. Jeden Augenblick blieb er Soldat. Er schaute auf alles; beim Aufbruch gab er z. B. Weisung, ja alles Material gut zu versorgen, man könne es wieder brauchen . . . Den Untergebenen gegenüber zeigte er sich verständig. Gleich bei seinem Eintreffen in Klaus stellte er einen Soldaten, der vorsorglich schon Zivilkleider unter der Uniform trug. Unglücklicherweise schaute irgendwo ein verdächtiger Zipfel heraus. Der General ließ ihn in die Stube kommen, verhörte ihn — und schrieb ihm einen Entlassungsschein.

Die Verteidigungsmaßnahmen in Götzis waren nicht so, daß der Ort lange hätte gehalten werden können. Darum gab es von vorneherein in Klaus wenig Aufregungen. In Feldkirch sollte es dann wieder anders kommen.

In Klaus vermutet man, daß General Schmidt schon eine Woche vorher in Begleitung von Obstlt. Knoblauch dort gewesen sei. Er habe die Kampflinien in Vorarlberg studiert und auf dem Sattelberg eine Übung abgehalten. Offiziere wie Oblt. Vogel halten dies für ausgeschlossen.

Obstlt. Knoblauch tat sich in Klaus nicht mehr stark hervor. Mit seinen Gedanken weilte er in München, wo er in Zivil Kaufmann war. In Klaus fiel es auf, daß er sich viel mit den Bergen beschäftigte und nach den Tälern des Rhätikon und der Silvretta fragte. Knoblauch kannte sich in den Bergen gut aus. Unter den Offizieren in Bludenz wurde er der „Berggeist" geheißen. Jetzt waren die Berge seine stille Hoffnung! Andere Offiziere klammerten sich noch an die Erwartung, daß Amerikaner und Russen, sobald sie sich die Hand gereicht hätten, bald schon wieder hintereinander geraten und dann Süddeutschland und Tirol nicht besetzt würden. In ein paar Tagen würde es sich entscheiden!

Die SS war zurückhaltend, verbissen und verschlossen und sprach vor Zivilisten kein Wort über den Krieg.

Kreisleiter Reiter war kleinlaut geworden. Jetzt brauchte er nicht mehr mit einem ganzen Behang von Waffen herumzustolzieren. Es genügte ihm nun ein Revolver. Er hielt sich eng an die Offiziere und wenn er nicht in ihrer Gesellschaft war, saß er sicher in der Küche und pulverte sich mit Bohnenkaffee auf.

Im Gefolge des Generals Schmidt war auch ein russischer General mit 25 Soldaten. Es handelte sich dabei wohl um Überläufer oder Wlassow-Russen, die nun auch in Deutschland keinen ruhigen Fleck Erde gefunden hatten. Der Stab des Generals Schmidt führte eine unheimliche Menge von Munition mit und verstaute sie in den Räumen des „Adler"; eine große Ecke allein war angefüllt mit Panzerfäusten.

Vor der Verlegung des Festungskommandos nach Göfis versammelte der General die Stabsoffiziere und die anderen Offiziere, die sich auf ihrem Rückzuge angeschlossen hatten, und hielt an sie eine Ansprache, in der er bekanntgab, daß der Widerstand in Götzis von der SS übernommen werde, daß also die übrigen Truppen sich vom Feinde absetzen und daß sie im Walgau wieder Stellung beziehen würden. Es sprachen auch andere Offiziere. Man machte sich gegenseitig Hoffnung: Es gibt noch eine Wendung! Nur noch ein paar Tage ausharren! Sich nicht gefangennehmen lassen!

In Klaus war nur das Festungskommando, nicht aber das Armeekommando; dieses war vielmehr von Haselstauden direkt nach Satteins verlegt worden.

Unterabschnitt Rankweil-Feldkirch

Die nächste Verteidigungslinie nach Götzis-Kummenberg war Rankweil-Feldkirch. Die Wehranlagen in diesem Raum bildeten eine Einheit. Trotzdem war eine Kampfkommandantur in Feldkirch und eine solche in Rankweil. Aufgabe der Stellungen in Rankweil war es, eine Einkesselung Feldkirchs und einen Durchbruch nach Bludenz über den Schwarzen See zu verhindern. Die Frutzbrücken gehörten zum Kommandanturbereich Rankweil. (Die Befehlsstelle in Rankweil könnte vielleicht besser als Expositur der Feldkircher Kommandantur bezeichnet werden.)

Rankweil als Kampfvorfeld von Feldkirch

Nach dem Plane der Befestigungsanlagen von Feldkirch mußte es jedem einleuchten, daß Rankweil das Kampfvorfeld von Feldkirch sein werde und dies hauptsächlich wegen der Straße zum Schwarzen See, die militärisch gesichert war. Vom Einsatzwillen der dortigen Truppen hing es ab, ob Rankweil mit einem blauen Auge davonkommen werde wie Lochau bei der Verteidigung von Bregenz. Die Rankweiler Patrioten schauten darum früh genug dazu, daß ihre engere Heimat nicht Kriegsschauplatz wurde. Davon ließen sie sich auch nicht abbringen, als die Gestapo neun Geiseln aushob.

Die Straße Rankweil-Valduna-Schwarzer See mußte von einer Kompanie der Garnison Bludenz gehalten werden. Oblt. Vogel hatte seinen Gefechtsstand erst in Tufers, dann im „Sternen" in Rankweil und zuletzt in der „Goldenen Mühle". Zwei Züge lagen links und rechts von Valduna auf den Anhöhen, ein Zug bei der „Goldenen Mühle" und ein vierter Zug blieb als Reserve in Tufers. An Geschützen hatte die Kompanie nur zwei leichte Pakkanonen und drei Granatwerfer. Die zwei 8,8-cm-Geschütze, von denen sich die Rankweiler bedroht sahen — sie sollen auf der Schanz, oberhalb der Letze gestanden sein — existierten tatsächlich nicht.

In der letzten Aprilwoche kamen öfters in einem Privatzimmer des Gasthauses „Zum Löwen" acht Rankweiler Bürger zusammen und berieten, wie der militärische Widerstand in der Letze verhindert und wie die Brückensprengungen an der Frutz aufgehalten werden könnten.

In Bälde war in Erfahrung gebracht, daß die Mannschaft der Bludenzer Kompanie nicht kämpfen wolle, daß man also nur mit den Offizieren reden mußte. Etwas spröde war zuerst ein Leutnant namens Poschitz, bei dem die Diplomatie der Frauen eingesetzt werden mußte. Bei einem Kaffee trat er aus sich heraus und dann war auch er gegen Zusicherung von Zivilkleidern und einer Unterkunft bereit, abzutreten.

Ein Truppenkommando, das im „Löwen" Quartier hatte, war nicht zu fürchten, da es, wie sich bald herausstellte, nur auf die Entlassungspapiere wartete und nicht im geringsten die Absicht hatte, noch einmal zu kämpfen.

Unberechenbar nach Zahl und Einsatzbereitschaft blieb die SS. Mit ihr war nicht zu reden und nicht zu spaßen. Sie war das Schreckgespenst, das bald da, bald dort war.

Die Seele der heimaterhaltenden Aktionen in Rankweil waren die Standschützen. Sie hätten auf der Götzner Rütti den Feind erwarten sollen, waren aber auf eigene Faust mit reichlich Proviant und Waffen nach Rankweil zurückgekehrt und versahen nun, vom Bürgermeister geduldet, den Sicherheitsdienst. Die Kanzlei der Standschützen war in der Tischlerei Branner; einen Stützpunkt hatten sie am Bahnhof, einen anderen auf dem Liebfrauenberg. Die Standschützen trugen weiße Armbinden mit einem Aufdruck „Polizei".

Es geht um die Frutzbrücken

Am 30. April wurde ohne weiteres Verhandeln das Parteilokal im Versorgungsheim vom Widerstandskomitee beschlagnahmt. Die Akten waren schon verbrannt. Das Telefonfräulein in der Post erklärte sich bereit, die Gespräche des Widerstandskomitees ebenso bevorzugt zu verbinden wie früher die Parteigespräche. Bürgermeister Jenny verhielt sich loyal und setzte sich bei den militärischen Kommandostellen dafür ein, daß die Frutzbrücken nicht gesprengt werden.

Nachdem die Brücken geladen waren, erhielt Oblt. Vogel den Auftrag, Sicherungsposten an die Brücken zu stellen, damit die Bomben nicht in die Frutz geworfen würden. Vogel stellte absichtlich die jüngsten Soldaten hin in der Erwartung, daß die Widerstandsbewegung sich an sie heranmache und sie zum Abhauen ermuntere. Es klappte aber nicht, wohl, weil der Ortsgruppenleiter Verdacht schöpfte. Bei der Sulzer Brücke waren auch junge Burschen vom Arbeitsdienst herum. Sie standen unter Führung von SS-Leuten, die eifrig bei der Brücke und bei der Rhomberg'schen Fabrik auf und ab patrouillierten. Es ist bezeugt, daß einer dieser Schergen an die vor der Fabrik wachehabenden Arbeitsdienstjungen den Befehl gab: „Beim geringsten Widerstand schießen, auch gegen Frauen!"

Am 2. Mai erhielten die Frutzbrücken eine verstärkte Wache und auf jeder Brücke standen zwei Maschinengewehre. Diese Pioniersoldaten waren nicht von der restlosen Erfüllung ihres Dienstes abzubringen. Es blieb also nichts übrig, als mit einem starken Aufgebot von Standschützen von dieser Wache die Brücken abzutrotzen. Jedoch, was hätten die Rankweiler davon gehabt, wenn vielleicht eine Reihe ihrer Söhne dabei das Leben verloren hätte? Die Brücken konnten wieder erneuert werden, Männer aber hatte der Krieg schon reichlich genug dahingemordet. Jakob Ammann warnte darum vor unüberlegtem Handeln.

Die Pionierabteilung war ohne Zutun des Kampfkommandanten Vogel an die Brücke gekommen und unterstand nicht seinem Befehle, sondern direkt dem Stabe des Generals.

Die 1920 erbaute Frutzbrücke (auch Kriegerbrücke genannt) im Verlauf der Bundesstraße vor ihrer Zerstörung in den Morgenstunden des 3. Mai 1945

Die gesprengte Frutzbrücke Rankweil—Muntlix im Vordergrund, im Hintergrund das Brückenprovisorium Rankweil—Sulz

Am Donnerstag (3. Mai) früh flogen die vier Straßenbrücken über die Frutz in die Luft: Die Brücke Koblach-Meiningen, die Reichsstraßenbrücke (auch Kriegerbrücke geheißen), die Brücken Rankweil-Sulz und Rankweil-Batschuns. Die Kriegerbrücke war vollständig zertrümmert. Durch die Sprengung der Brücke Rankweil-Sulz erlitten umliegende Wohnhäuser großen Schaden.

Bei der Eisenbahnbrücke war der Sprengversuch nur zum geringen Teil gelungen. Der Unteroffizier des Sprengkommandos verlor unweit der Brükke aus unbekannter Ursache seine Briefschaften, worin auch die Berichte an seine Vorgesetzten über die Brückensprengungen an der Frutz lagen. Die Meldung über den Mißerfolg bei der Eisenbahnbrücke hat den Wortlaut: „Eisenbahnbrücke Sulz-Rankweil. Sprengung der Brücke 8.10 Uhr bereits durchgeführt. Truppen nicht vorhanden. Sprengung nicht einwandfrei. Gleis nur einseitig etwa 80 cm unterbrochen. Tragkonstruktion hält. Bolzius, Uffz."

Die schlauen Rankweiler

Die ganze Nacht hörte man von Götzis herauf den Kanonendonner, und Feuerschein von dortigen Bränden erleuchtete den Himmel weitum. Nach Mitternacht machte sich der Standschütze Alfons Branner*) auf und fuhr mit dem Rad den Franzosen entgegen, um mit ihnen wegen Rankweil zu verhandeln. Bei der Rollbahnbrücke Meiningen-Koblach kam er ohne weiteres über die Frutz. Erst in Altach wird er von einem Marokkaner aufgehalten und einem Offizier vorgeführt, der ihn auffordert, den Weg und das Gelände auszukundschaften und bis zum Tagesgrauen Bericht zu bringen.

Um 4 Uhr früh ist Branner wieder in Altach. Er muß einem höheren Offizier Aussagen machen über die vermutliche Stärke der SS und Wehrmacht in Götzis und an der Frutz, über den Standort der Geschütze und über die Bewachung der Brücken. Auf Grund der gemachten Beobachtungen war mit der Sprengung der Brücken mit Ausnahme der Rollbahnbrücke unbedingt zu rechnen. Die Frutz könne, so klärte Branner auf, nur an einer Stelle unweit der Koblacher Brücke übersetzt werden, wo die Panzer den Damm erklettern können. Das Wasser sei an dieser Stelle auch nur ein Schuh tief. Für leichte Fahrzeuge könnte die Rollbahnbrücke benützt werden, bei der keine Sprengvorbereitungen zu beobachten seien. Branner versprach, mit Motorrad an die Frutzübersetzung zu kommen, sobald die Standschützen vom dikken Turm der Bergkirche aus das Nahen der Panzer beobachten; dann werde

---

**) Der Rankweiler Tischlermeister Alfons Branner war während der Nazi-Herrschaft (1939 bzw. 1943) wegen seiner oppositionellen politischen Einstellung mehrere Wochen bei der Gestapo Bregenz inhaftiert gewesen. (Von Herren und Menschen 1985, 276)*

er melden, ob ohne Widerstand bis Feldkirch durchzukommen sei. Die Straße Meiningen-Brederis würde kaum beschossen werden können. Wenn dann die Panzer nach Feldkirch abbiegen, würden die SS-Schützen in Rankweil und im Vorderland schon einsehen, daß es nichts mehr zu verteidigen gebe als die eigene Haut.

Branner erklärte sich bereit, nach Götzis zu fahren, um zu sehen, ob dort sich noch Wehrmacht oder SS halte. Die Erkundungsfahrt war nicht mehr notwendig, da inzwischen eben die Antwort des Generals zurückkam, worin der von Branner vorgeschlagene Vormarschplan gebilligt wurde. Der Offizier versprach Branner, das Feuer auf Götzis sofort einzustellen. Bei der Verabschiedung schüttelten sie sich die Hände und wünschten sich gegenseitig, daß sie Gott in den kommenden Stunden beschützen möge.

Dem Offizier war es darum zu tun, daß er jetzt unmittelbar vor dem Kriegsende keinen Mann mehr verliere. Branner aber erreichte dadurch, daß er die Franzosen über Koblach—Meinigen—Brederis—Altenstadt führte, daß sich in Rankweil kein Kampf entwickeln konnte am Eingang zur Straße an den Schwarzen See, wo die SS auf den umliegenden Höhen Widerstandsnester hatte, besonders auf der Gastra-Wand, auf Eicheler, auf der Schanz, am Alten Stein bis zum Altenstädter Schrofen hinüber.

Die SS gebärdete sich immer drohender, da sie erfahren hatte, daß in der Standschützenkanzlei Panzerfäuste und Maschinengewehre eingelagert seien und daß seit einigen Tagen eine neue Gemeindevertretung die Macht an sich gerissen habe. Die SS-Leute waren zum Teil schon zwei Wochen in Rankweil, zum Teil kamen sie nach Aufgabe von Götzis hierher.

Branner war eben von seiner Erkundungsfahrt aus Feldkirch zurück, als der Beobachtungsposten am Liebfrauenberg meldete, daß die Panzerspitze sich der Koblacher Brücke nähere und daß eine Panzerkolonne über den Weiler Dreiet dem Vorderland zufahre (sie gelangten über Röthis nach Sulz und Muntlix bis zur gesprengten Brücke). Branner fuhr sofort an die Frutz. Der französische Kommandant zeigte sich darüber erfreut, daß bis jetzt alles so geklappt hatte — die Übersetzung der Frutz war zwar etwas umständlich, aber glatt vor sich gegangen — und ließ sich an Hand von Karten und Zeichnungen über den Abschnitt Feldkirch orientieren. Branner berichtete, daß er eben das Gelände abgefahren habe und von Brederis bis zum „Löwen" in Altenstadt niemand beobachtet habe, der irgendwie Widerstand leisten würde. In Altenstadt müßte damit gerechnet werden, daß vom Schrofen heruntergeschossen werde. Die Sperre in Altenstadt könne in kurzer Zeit umfahren werden, da sie an einer Stelle nicht mehr fertig geworden sei. Der Kommandant setzte sich mit dem über die Panzerspitze kreisenden Flugzeug in Verbindung und erklärte diesem offenbar den Gefahrenpunkt.

Branner und seine zwei Begleiter mußten bis Brederis vor der Kolonne herfahren, dann bogen die Panzer verabredungsgemäß nach Altenstadt ab. In Rankweil verbreiteten die Standschützen durch Schulkinder die Nachricht, die Panzer seien schon in Feldkirch. Scharen von SS-Leuten und Wehrmachtsangehörigen flüchteten Viktorsberg und Dafins zu. Einige Schützennester wurden aber immer noch verteidigt.

Die für Rankweil bestimmte Panzertruppe der Franzosen blieb vorerst in Meiningen und rückte erst am Abend in Rankweil ein. Inzwischen war unter Führung Branners französische Infanterie von Sulz und Muntlix her über die Frutz nach Rankweil gelangt — die Überquerung der Frutz mit Panzern konnte trotz allen Bemühens infolge der steilen Dämme nicht gelingen — und hatte, zwar nicht ohne Grund, zur Vorsicht Rankweil besetzt. Die Widerstandsnester waren, sobald es ernst wurde, bald leer. Bei der Rhomberg'schen Fabrik kam es zu einem Geplänkel zwischen Franzosen und Schützen im Walde. Die zahlreichen Zivilisten, die auf der Straße waren, suchten rasch Deckung. Das Feuer verstummte aber in kürzester Zeit. Als der Liebfrauenberg besetzt wurde, war weitum schon alles ruhig. Die SS-Leute, Werwölfe, Arbeitsdienstler oder wer immer sich in den Wäldern herumgetrieben hatte, waren verschwunden. Ortsgruppenleiter Wagner flüchtete mit ausgiebiger Verpflegung zuerst nach Marul, dann in den Satteinser Wald, wo er bald festgenommen wurde.

Die Kompanie des Oblt. Vogel hatte schon knapp nach Mittag ihre Stellungen verlassen.

Die Arbeitsdienstjungen, die in der Fabrik Franz M. Rhomberg einquartiert waren, verschanzten sich im Walde, sobald die Brücke gesprengt war.

3. Mai 1945: Panzer der 5. französischen Panzer-Division auf der Ringstraße in Rankweil

Nur ein halbes Dutzend blieb unter Führung eines SS-Soldaten in der Unterkunft zurück. Nicht alle Jungen hatten das Talent, früh genug zu verschwinden. Leute, die sich um diese Zeit auch im Walde aufgehalten haben — es waren ja ziemlich viele dahin geflüchtet — bezeugen, daß sie von diesen Burschen um Brot gebeten wurden. Man gab ihnen solches und redete auf sie ein, die Gewehre fortzuwerfen und heimzugehen. Eine ganze Reihe solcher Arbeitsdienstjungen wurden von den Standschützen aufgegriffen, mit Wissen der Militärregierung nobel behandelt und bei der nächsten Gelegenheit ins Altreich heimgebracht.

In Sulz wurde am 3. Mai abends der Waldhirt Jakob Matt von den Franzosen aus seiner Wohnung geholt, im „Löwen" verhört und am anderen Tage beim Morgengrauen im Weiterfeld erschossen. Er war Träger des Blutordens.

Weitsichtiges Überlegen und mutiges Anpacken hat Rankweil vor ernsten Kriegshandlungen bewahrt.

Meiningen an der Heeresstraße

Das sonst so abgelegene Rheindorf Meiningen war auf kurze Zeit an die Heeresstraße versetzt. Der Krieg ging zwar diesmal friedlicher am Dorfe vorbei als im Jahre 1809, wo im Meininger Ried acht Landsturmmänner verbluteten.

Als am Mittwoch in den frühen Morgenstunden Geschützdonner einsetzte und über dem Kummenberg Brandröte am Himmel stand, wurde in Meiningen kurz nach Mitternacht Glockenalarm gegeben zum Zeichen, daß die Grenze geöffnet sei. Zu allem Überfluß ging in jener Nacht das elektrische Licht aus, daher fehlte der Telefonanschluß, auch konnte man keinen Rundfunk hören. Das Gefühl des Abgeschnittenseins von der Welt gerade in diesem Augenblick höchster Spannung und drohender Gefahr läßt es begreiflich erscheinen, daß vorsichtshalber schon während der Nacht die Möglichkeit zur Evakuierung eröffnet wurde. Der Glockenalarm wurde ohne Weisung und Wissen des Pfarrers gegeben und wurde von einem Teil der Bevölkerung und von der Ortsgruppenleitung als ein unnötiges Aufschrecken mißbilligt und die Läuter (Parteimitglieder) wurden noch im Turme mit Vorwürfen überfallen.

In der Frühe, gerade während des Gottesdienstes, erfolgten die schweren Explosionen an der Frutz. Jetzt wurde die Brücke abermals geöffnet. Der Großteil der Frauen und Kinder rettete sich über die Grenze, andere zogen es vor, in den Wald zu gehen. Ausgeschlossen vom Grenzübertritt waren wehrfähige Männer über 16 Jahre. 304 Personen von Meiningen hatten in der Schweiz Schutz gesucht. In Oberriet wurden sie im Schulhaus untergebracht und durch das Rote Kreuz liebevoll und aufmerksam betreut. Auch wurden sie über den Gang der Ereignisse in Vorarlberg auf dem laufenden gehalten. Der Dank der Meininger an die Schweizer Nachbarn, mit denen man jahrelang nicht mehr zusammentreffen durfte, kam von Herzen. Das Hilfswerk hatte viel zur Beruhigung beigetragen. Am Abend, als die Übergabe von Feldkirch gemeldet worden war, wurden die Internierten wieder herübergelassen. Es war eine lange Prozession, die sich von der Grenze ins Dorf herauf bewegte — gerade als die Einquartierung der Franzosen begann.

Als Bedingung für die Öffnung der Brücke hatten die Schweizer nur verlangt, daß die Brücke entladen werde *).

Nach dem zweimaligen Auszug war das Dorf fast ausgestorben. Die wenigen Zurückgebliebenen ließen es auf alles ankommen. Über die Dörfer am Bergrand rollte zeitweilig starker Geschützdonner. Schulleiter Friedrich Längle, Kommandant des Volkssturmes, ging allein den Franzosen an die Frutz entgegen und meldete, daß das Dorf nicht verteidigt werde. Er mußte für seine Aussage mit dem Kopfe haften. Von Brederis her kamen zwei Parlamentäre und gaben Weisung, weiße Flaggen zu hissen, dann werde nichts passieren. Alsbald sah man an den Fenstern Leintücher und rotweißrote Fahnen. Und schon hörte man die ersten Panzer sich dem Dorfe nähern. Um 12.15 Uhr fuhren sie mit einem Motorradfahrer an der Spitze (wohl Branner) ein. Beim Kreuzweg in der Mitte des Dorfes wurde gehalten, dort wurde Meiningen offiziell übergeben.

Dann rollten die Panzerkolonnen durch das Dorf. Man bestaunte die Ungetüme und betrachtete mit Zurückhaltung die afrikanisch dunklen Gesichter. Einige hundert Franzosen quartierten sich abends im Dorfe ein. Viele Häuser waren vollgepfropft von Soldaten. Das Kommando lag im Pfarrhof. Sehr unangenehm wirkte sich das Fehlen des elektrischen Lichtes aus. Vor Mitternacht ging mitten im Dorf der Geschützdonner los. Die Franzosen schossen in Richtung Göfis.

Die Durchfahrt der Panzer dauerte bis tief in die Nacht hinein und wurde am anderen Tag fortgesetzt. Zwei Tage lang zog so der ganze Heerestroß durch das sonst so verträumte Meiningen. Die Reichsstraße war ja unpassierbar. Die Frutz selber kann leicht überquert werden, wenn sie nicht gerade Hochwasser hat. Jedoch sind die hohen Dämme unüberwindliche Hindernisse für jegliche Fahrzeuge. Durch Branner von Rankweil aufmerksam gemacht, benützten die Panzer eine für Kiesfuhrwerke unmittelbar unterhalb der Straßenbrücke Koblach-Meiningen angelegte Rampe, um den Damm zu überwinden, unterfuhren die Brücke an einer Stelle, wo sie nicht eingestürzt war, durchquerten das Wasser, kletterten die jenseitige, oberhalb der Brükke angebrachte Rampe wieder hinauf und, da die schmale Dammkrone ein Wenden zur Straße nicht gestattet, abermals den Damm hinunter, kehrten auf der Wiese um, nahmen wiederum die Dammhöhe und gewannen, über den Damm fahrend, nach diesem für die schweren Ungetüme etwas komplizierten Manöver wieder die Straße.

**) An den Schweizer Grenzstationen Kriessern, Montlingen und Oberriet wurden zusammen etwa „1000 Vorarlberger Zivilpersonen eingelassen". (Küng 1972, 97)*

Die Frutzbrücke Koblach-Meiningen vor dem Wiederaufbau im Dezember 1946

Die Übersetzung der Frutz erfolgte unweit jener Stelle, wo die Franzosen im Jahre 1809 das andere Ufer erreichten. Als sie am 17. Juli 1809 an die Frutz kamen, wurden sie an der Kriegerbrücke vom Landsturm aufgehalten, dann gelang ihnen der Übergang etwas flußabwärts, nämlich bei der Parzelle Dürne in Koblach. Damals war die Frutz noch nicht reguliert. Darum konnten die Franzosen mit Pferden das jenseitige Ufer gewinnen. Die Abwehr war zu schwach. Auf dem Meininger Ried, auf der Weidenau, kam es dann zu einem ernsten Gefecht, in dessen Verlauf acht Landsturmmänner fielen. (Vor der Meininger Kirche ist ihnen ein Denkmal gesetzt.)

In unglaublich kurzer Zeit hatten französische Pioniere anstelle der Kriegerbrücke eine Notbrücke gebaut, wodurch Meiningen vom stärksten Verkehr entlastet wurde.

Wie es zur kampffreien Übergabe der Stadt Feldkirch kam

Nächst der Klause vor Bregenz wurde Feldkirch als der günstigste Verteidigungspunkt von ganz Vorarlberg angesehen. Daß hier „weiters nichts passiert ist, als daß die Illbrücke in der Felsenau in die Luft flog", wie man auch in Feldkirch nach den Umsturztagen vielfach hören konnte, war keine Selbstverständlichkeit. Im Gegenteil, die Vorgeschichte der Übergabe von Feldkirch war eine sehr bewegte. Wie in Bregenz ging das Schicksal auch hier einen ausgesprochenen Zickzackweg und warf in allerletzter Stunde, als alles schon gerettet schien, noch einmal um, allerdings nur, was die Brücke in der Felsenau anbelangt. Bei Voraussetzung einer schwachen Verteidigung war Feldkirch gegenüber Bregenz und Götzis insofern im Vorteil, als die eigentliche Verteidigungslinie hinter der Stadt lag (die Sperre in Altenstadt war nicht ernst zu nehmen), weshalb diese nicht automatisch verteidigt werden mußte, wenn man die Kampflinie halten wollte.

Für die Erhaltung der Stadt wurde viel getan. Vielfach gingen die Aktionen nebeneinander; jede suchte mit mehr oder weniger Erfolg auf ihre Art zum Ziele zu kommen. Ein wichtiges Moment, das im Ringen um Feldkirch immer wieder den Ausschlag gab, waren die Lazarette. Oberstabsarzt Dr. Lassner vom Lazarett II (Stella), ein Grazer, war unablässig um die Rettung der schönen Illstadt bemüht. Seine Anstrengungen gingen parallel mit denen Dr. Poschachers in Bregenz, mit dem er in enger Verbindung stand. Ein weiterer Umstand, der in Feldkirch den Gang der Ereignisse stark beeinflußte, war der entschlossene Wille der Standschützen, für Ruhe und Ordnung zu sorgen. Entscheidend für das Schicksal der Stadt war schließlich die Kriegsmüdigkeit des Kampfkommandos auf der Schattenburg. Formell wurden die Befehle des Generals Schmidt in Satteins respektiert; wenn notwendig, wurde auch großer Lärm geschlagen; aber den tatsächlichen Willen, die Stadt selber zu verteidigen, hatten Hauptmann Bartels von der Kampfkommandantur und auch Obstlt. Knoblauch vom Festungskommando in Göfis, wie eindeutig feststeht, nicht, wenn sie auch nach außen so taten.

Für die Verteidigung waren nur General Schmidt in Satteins und in Feldkirch ein paar radikale Parteifunktionäre wie Dreißig (ein Preuße), während einige Ratsherren der Stadt mit dem gemäßigten Flügel der Partei ganz anders dachten und handelten. Die Parteifunktionäre wurden auf der Kommandantur nur belächelt, geschweige denn, daß sie ernst genommen wurden. Sie durften das große Wort führen, solange Feldkirch in den Verteidigungsstand gesetzt wurde; das Militär ließ sich jedoch von ihnen nichts vormachen. Wenn sich Dreißig als „örtlicher Verteidigungskommissär" vorstellte, so war das nur ein letzter Ausdruck der parteiüblichen breitspurigen Titelkrämerei.

Bereits am 1. Oktober 1943 wurde beim Fliegerangriff auf Feldkirch das Antoniushaus (Bild) von einer Sprengbombe getroffen sowie ein Trakt der Lehrerbildungsanstalt zur Hälfte zerstört. Insgesamt waren 203 Tote zu beklagen, davon 103 im Lazarett Antoniushaus und 46 Mädchen der Lehrerbildungsanstalt. Das Lazarett war nicht als solches gekennzeichnet, da kurz zuvor das Rote Kreuz auf dem Dach entfernt worden war. Es waren insgesamt 35 Bomben, die an diesem Tage auf Feldkirch niedergingen.

Gedenkfeier in der Feldkircher Neustadt für die Opfer des Fliegerangriffes

Die Kampfkommandantur Feldkirch

Zur Orientierung müssen wir festhalten:

General Schmidt hatte seine Befehlsstelle in Satteins. Das Festungskommando Vorarlberg mit dem Stab des Obstlt. Knoblauch war in Göfis (Lehrerhof). Ihm unterstanden direkt die Kampfkommandanturen in Rankweil und Feldkirch.

Die Kampfkommandantur Rankweil wechselte die Befehlsstelle mehrmals. Kampfkommandant war dort Oblt. Karl Heinz Vogel. Das Verhältnis zwischen der Befehlsstelle in Rankweil und der Kampfkommandantur in Feldkirch war sehr eng; es wird sogar von manchen bestritten, daß Rankweil eine eigene Kampfkommandantur hatte. Die Wahrheit scheint zu sein, daß wohl ein Kampfkommandant für Rankweil ernannt wurde, daß sich jedoch die Ausstattung der Befehlsstelle mit einem eigenen Kommandanturpersonal wegen der geringen Entfernung von Feldkirch nicht gelohnt hat. Praktisch war Oblt. Vogel also Abschnittskommandant mit starker Anlehnung an die Kommandantur in Feldkirch. Von ähnlich verworrenen Unterstellungsverhältnissen berichtet auch Oblt. Lorenz, Kompanieführer der Landecker in Götzis.

Die Kampfkommandantur Feldkirch wurde am 22. April errichtet und war in der Schattenburg.

Für die Verteidigung des Oberlandes war die Garnison Bludenz bestimmt gewesen, die aber eine Kompanie nach Bregenz abgeben mußte. Die Kompanie des Oblt. Vogel lag in Rankweil—Valduna—Tufers und gehörte zur Kampfkommandantur Rankweil. Die Kompanie des Oblt. Stegmann war in Maria Grün und unterstand der Kampfkommandantur Feldkirch.

Als Obstlt. Knoblauch noch in Bludenz war, hatte er als Adjutanten Hauptmann Bartels. Auch als Knoblauch nach Bregenz kam, blieb Hauptmann Bartels sein Adjutant. Gleichzeitig war er auch Adjutant des Majors Hübner. Nach dem Weggang des Majors Hübner (am 25. April) blieb die Stelle des Kampfkommandanten von Feldkirch unbesetzt und Hauptmann Bartels wurde mit der stellvertretenden Führung betraut, während die Nachrichtenabteilung von Major Scherribel, einem Münchner, übernommen wurde. Am 22. April rückten drei Kompanien der Bludenzer Garnison in ihre Stellungen ab. In Bludenz blieben noch zurück: eine Kompanie Genesende und zwei Kompanien einer ungarischen Nachrichtenabteilung, die hier zur Ausbildung war. Diese unterstanden auch weiterhin Major Scherribel, der in Feldkirch amtierte. Praktisch war jedoch der Führer der zurückgebliebenen Kompanien Obstlt. Faukal, Leiter des Wehrmeldeamtes und Standortältester von Bludenz, den Obstlt. Knoblauch mit seiner Vertretung in Verteidigungsangelegenheiten in Bludenz betraut hatte. Obstlt. Faukal war also kurze Zeit soviel wie Kampfkommandant von Bludenz, hat aber die Stadt schon früh verlassen. — Die Ungarn wurden nicht in den Kampf eingesetzt, wohl aber zu Schanzarbeiten in Nüziders eingeteilt. Mit dem Kriegsende wurden sie nicht gleich entwaffnet, sondern sie bewachten noch einige Tage unsere Kriegsgefangenen im Lager Runggelin; dann mußten überraschend auch sie die Waffen abgeben und wurden in die Gefangenschaft abgeführt.

In dieser Zeit war also Hauptmann Bartels Adjutant des Obstlt. Knoblauch, Adjutant des Führers der Nachrichtenabteilung (Major Scherribel) und stellvertretender Kampfkommandant von Feldkirch.

Oblt. Vogel z. B. unterstand dem Obstlt. Knoblauch direkt, und zwar als Kampfkommandant, dem Hauptmann Bartels in Feldkirch nicht als Kampfkommandant, sondern weil dieser Adjutant Knoblauchs und Adjutant des Kommandeurs der Nachrichtenabteilung (GN 18) war. Trotz dieser Kompliziertheit der Kompetenzverhältnisse scheint bestes Einvernehmen und gute Eintracht geherrscht zu haben. Zum mürrischen „Alten" in Satteins hingegen war das Verhältnis nur streng dienstlich.

In der letzten Nacht vor dem Einmarsch der Franzosen, knapp vor Mitternacht, wurde Hauptmann Bartels als stellvertretender Kampfkommandant von General Schmidt abgesetzt. Der Führer der Garnison, Major Scherribel, wurde Kampfkommandant. Hauptmann Bartels blieb sein und auch Knoblauchs Adjutant.

Nicht zu verwechseln mit der Kampfkommandantur ist die Ortskommandantur in Feldkirch, Schlossergasse. Sie hatte nur mit Verwaltung, nicht aber mit Kriegseinsatz zu tun.

Hauptmann Bartels war ein Preuße, in Zivil ein kleiner Zollbeamter. Solange er in der Garnison in Bludenz war, stand er nicht im geringsten im Rufe, daß er gegen die Parteiinteressen arbeite, im Gegenteil, man hielt ihn für einen Fanatiker. Auch in Feldkirch machte er immer nach außen den bissigen Wauwau, was ihm als Preußen ganz natürlich anstand. So trat er aber nur auf, wenn er einen Parteifanatiker oder einen SS-Mann vor sich hatte oder jemanden, den er noch nicht kannte. Er war zur Vorsicht gezwungen, weil bei ihm viele Leute aus und ein gingen und weil die Telefone jederzeit abgehorcht werden konnten. In Wirklichkeit war Bartels u. a. ein Gegner der Brückensprengungen. Den Kompanieführern Vogel und Stegmann, zu denen er ein vertrautes Verhältnis hatte, sagte er öfters, man sollte die Kampfvorbereitungen abbrechen und die Truppen zurückführen können. Hauptmann Bartels hatte eine gewisse Vorliebe für unser Land, da er doch länger bei der Nachrichtentruppe in Bludenz stationiert war; auch hatte er sein Herz in Lustenau verloren

In jenen Tagen schaute sich jeder Soldat und jeder Offizier um die nächste Gelegenheit um, sich noch rasch in die Heimat durchzuschlagen oder im Volke unterzutauchen. Auch Hauptmann Bartels träumte von einem Zivilanzug, den man ihm gerne besorgte.

Arnold Ganahl hatte einen maßgeblichen Einfluß auf Hauptmann Bartels. Er war wohl in Beachtung einer Familientradition von Hofer beauftragt worden, in Feldkirch das Standschützenwesen in die Hand zu nehmen und Bataillone auszuheben. Ganahl stellte aber nur eines auf. Als der ehemalige Legionär Bechtold von einem Standschützenführerkurs in Zürs zurückkehrte, übernahm dieser das Feldkircher Bataillon. Ganahl wurde Verbindungsmann zwischen Wehrmacht und Standschützen. Praktisch war er also der Vertreter der Bevölkerung von Feldkirch auf der Schattenburg. Das Verhältnis zu Bartels war bald ein vorzügliches. Der Hauptmann versprach ihm mehrmals, daß er nichts Entscheidendes unternehmen wolle, was er nicht zuerst mit ihm besprochen hätte.

Auch die beiden Kompanieführer Oblt. Vogel und Oblt. Stegmann standen mit Bartels sehr gut. Stegmann war Süddeutscher, zeigte aber aufrechte Sympathie für Österreich und hinderte seine österreichischen Soldaten nicht, daß sie früh genug abgingen. Seine Truppe stand bei Maria Grün. Oblt. Vogel aus Innsbruck, später in Bludenz, wollte von einem sinnlosen Kriegführen ebenfalls nichts wissen und es ist bezeichnend, daß die Widerstandsbewegung in Bludenz, wie von dort berichtet wird, ihn als den Mann ansah, der in ihrem Sinne in der Garnison arbeite. In Rankweil mußte er sich sehr in acht nehmen, denn er konnte nicht ermessen, wieweit er vom Ortsgruppenleiter Wagner (Rankweil), der seit 22. April auch Ortskommandant von Satteins war, beobachtet wurde, und überdies war er in seiner Handlungsweise durch das bei Göfis lagernde Bataillon der Kampftruppe des Generals Schmidt eingeengt.

Obstlt. Knoblauch ließ sich auf der Kampfkommandantur nicht viel sehen. Sein immer deutlicher in Erscheinung tretendes Zerwürfnis mit General Schmidt und die verlockende Nähe der Schweizer Grenze bzw. des Arlbergs waren für ihn nicht angetan, die Verteidigung von Feldkirch zu forcieren.

Die Befestigungsanlagen

Im Verteidigungsplan, der vom Erkundungsstab ausgearbeitet wurde, war vorgesehen, daß dem Feind nach einem allfälligen Durchbruch bei Götzis in Feldkirch der Weg für seinen Vormarsch nach Bludenz versperrt würde. In Altenstadt wurde darum unweit vom „Torkel" ein breiter Panzergraben über die ganze Talenge gezogen, vom Fuße des Ardetzenberges bis zum Schießstand am Fuße des Schrofens unter dem Amberg. Die Reichsstraße sollte hier beim Gasthof „Sonne" im kritischen Augenblick durch Umlegen eines Betonfallkörpers blockiert werden.

Zum Verteidigungssystem von Feldkirch gehörten auch die Panzersperren beim Valdunastall in Rankweil und zwischen der „Goldenen Mühle" und Tufers auf der strategisch wichtigen, zudem brückenfreien Ausweichstraße Rankweil-Schwarzer See-Satteins und die Schützengräben im Walde um die „Goldene Mühle" und in Göfis.

Für den Fall, daß der Feind doch in Altenstadt durchbräche, mußten die vier Illbrücken, insbesondere die Felsenaubrücke, gesprengt werden. Alle Brücken in Feldkirch erhielten denn auch eine Sprengladung, die in der Felsenau eine solche von 2000 kg.

Die dritte Kampflinie, deren Hauptzweck es war, die Umgehung von Feldkirch zu verhindern, war in Tisis-Maria Grün, wo ein Panzergraben, beginnend beim Felsabsturz des Stadtschrofens und über Wald- und Wiesengelände zum Fuße des Älpele führend, die Letze überquerte. Für den Ortsunkundigen ist zu beachten, daß es sowohl in Rankweil wie in Tisis eine Letze gibt.

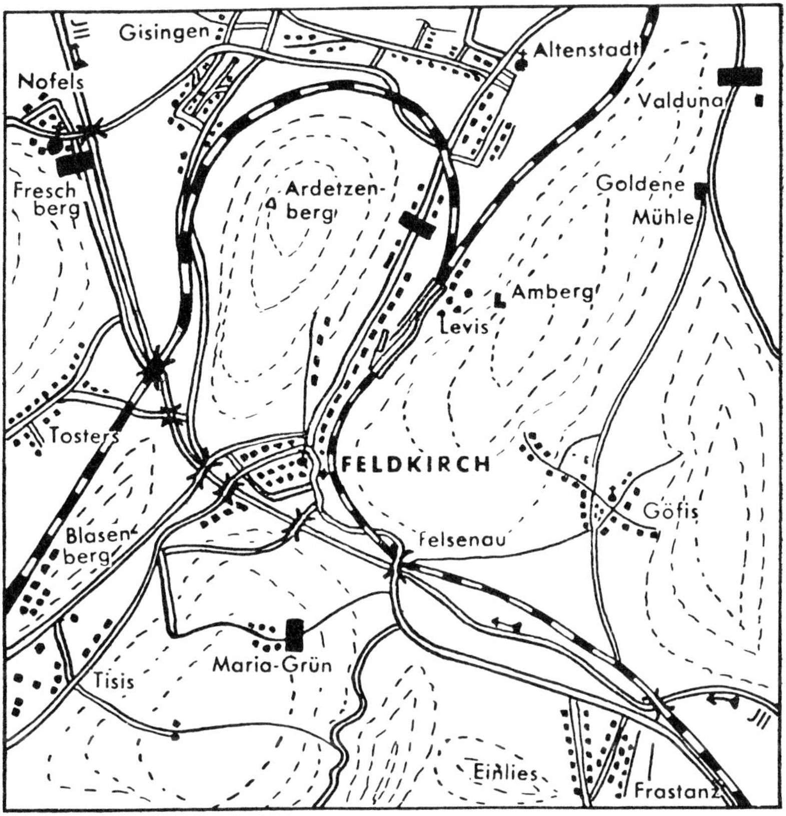

Das System der Verteidigungsanlagen im Raume Feldkirch: Die Brückensperren, die Straßensperren (bei Valduna, in Altenstadt und in Nofels) und der Panzerabwehrgraben in Maria-Grün

Wenn zwar die Sprengung der Felsenaubrücke gelingen, aber der Feind über die Stadtbrücken in Tisis einbrechen oder wenn er über Liechtenstein die Grenze überschreiten sollte, müßte dieser Panzergraben das große Wunder wirken. Tatsächlich nahmen die Franzosen diesen Weg über Maria Grün.

Um zu verhüten, daß der Feind die Stadt über Nofels umgeht, wurden auch die Straßen- und Bahnbrücke in Nofels geladen. Dort, wo der Freschberg bei Nofels ganz nahe an die Ill herankommt, wurde aus dem gleichen Grunde ein Sperrsystem angelegt. Dazu gehörten ein Panzergraben, ein fünf Meter hoher Betonfallkörper und auf dem Illdamm eine dicke Deckungsmauer für Panzersperrtrupps.

Über das ganze Feldkircher Stadtgebiet hatte die OT ein großes Netz von

Schützengräben aufgeworfen, von Tufers bis nach Nofels und von Altenstadt bis nach Tisis. Um die Kirche von Tisis herum, im Tostner Wald und auf dem Blasenberg (also in Abwehr gegen die Richtung Liechtenstein) waren viele Bunker angelegt.

So wie der Verteidigungsplan in der Theorie ausgearbeitet war, hatte er wie jener für Bregenz einen ernsten Charakter, wenn auch jedes einzelne Hindernis für sich unzulänglich war. In Bregenz, wo die Klause allerdings unvergleichlich günstiger zu sperren war, wurde der Vormarsch der Alliierten auch nur kurz aufgehalten, aber die paar Stunden genügten, daß die Stadt großen Schaden erleiden mußte. Ähnlich erging es auch Götzis. Eine für ein paar Stunden wirksame Abschnürung der Straßen bei Valduna-Schwarzer See, bei Altenstadt und bei der Nofler Brücke wäre für Feldkirch eine Katastrophe gewesen. Die Verteidigung der zweiten Linie (die Illbrücken in der Stadt und in der Felsenau) und der dritten Linie (bei Maria Grün) hätten das Unglück der Stadt nur noch vergrößern können. Die Offiziere schnitten zwar auf: einen Monat könnte der Feind vor Feldkirch aufgehalten werden. Zum Glück für die Stadt waren sie aber zufrieden, wenn sie nicht gerade in Feindberührung kamen und doch noch den Rückzug decken konnten.

Die Sperre in Altenstadt war noch nicht ganz fertig, von ihr war also nicht allzuviel zu erwarten. Umso mehr muß man sich wundern, daß Obstlt. Knoblauch die Stadtbrücken insofern freigab, als er sie nur blockieren ließ. Auch die Sperre beim Valdunastall bedeutete keine absolute Abriegelung der Straße nach Satteins; denn ohne besondere Schwierigkeiten können Fahrzeuge auf der Übersaxner Straße bis zum Bannholz fahren, über Egethen abzweigen und nach Tufers vordringen. Die Straße nach Übersaxen war durch gefällte Bäume verrammelt, jedoch im Ernstfalle in völlig unzureichender Weise. Zu dieser Arbeit war der Reichsarbeitsdienst herangezogen worden, der in Rankweil ein Lager hatte.

Die Widerstandsbewegungen

Die Widerstandsbewegung in Feldkirch war kein einheitliches Ganzes. Im Falle eines Verrates konnte dies von Vorteil sein. Im anderen Falle blieb die Kraft zersplittert. Es waren mehrere Widerstandsbewegungen fest organisiert, von denen die umfangreichste bis in das Jahr 1942 hinaufreicht*).

**) Damit ist die Gruppe um den Geologen Johann August Malin gemeint, der unter anderen der christlich-soziale Rauchfangkehrer Allgäuer, der Sozialdemokrat Jakob Bertsch, der Kommunist Heinreich Reisecker und der Geistliche Rudolf Melk angehörten. Malin, der Kopf der Gruppe, wurde im Mai 1942 verhaftet und im November desselben Jahres in München/Stadelheim hingerichtet. (Von Herren und Menschen 1985, 93—98; vgl. auch Löffler-Bolka 1975, 53 f.)*

Die Grenznähe begünstigte die Unternehmungen der Freiheitsbewegung insofern, als die Verbindung mit dem Ausland infolge Kenntnis der Grenzverhältnisse nicht so schwer herzustellen war, andererseits ergaben sich gerade aus der Grenznähe spezielle Hilfsdienste. Schon seit der ersten Zeit der Nazi-Herrschaft in Österreich mußte politischen Flüchtlingen und später ausländischen Zivilarbeitern und deutschen und österreichischen Militärdeserteuren über die Grenze geholfen werden. Aus diesem Liebesdienst erwuchsen die ersten Keime der Feldkircher Freiheitsbewegung. Die Organisation, die sich mit den Jahren auch anderen Aufgaben zuwandte, wurde immer ausgedehnter. Das Arbeitsfeld erweiterte sich zusehends, so daß vorsichtshalber eine Vierteilung der Mitarbeiterorganisation vorgenommen wurde (Gruppen um Hoch, Reisecker, Winder und Schmidler). Die ersten zwei Gruppen repräsentierten — grob gezeichnet und vulgär ausgedrückt — das schwarze und das rote Lager. Trotz weltanschaulicher und parteipolitischer Gegensätzlichkeit arbeiteten sie gut zusammen. Man war sich einig im Willen, die Fremdherrschaft so rasch wie möglich abzuschütteln. Besonders, als bekannt wurde, daß die Krimkonferenz die Selbständigkeit Österreichs in Aussicht stellte unter der Bedingung, daß die Österreicher selber durch Widerstand gegen die nationalsozialistische Kriegführung den Willen dazu bekunden, wurde mit doppeltem Eifer gearbeitet. Die dritte Gruppe war bei Gendarmerie und Polizei verankert. Ihr Haupt war Gendarmerie-Inspektor Kaspar Winder, der nicht bloß einer der Führenden der Widerstandsbewegung Feldkirchs war, sondern monatelang zwischen Innsbruck und Bregenz hin und her fuhr und so die Verbindung zwischen den Widerstandszentren herstellte. Von seinem stellvertretenden Chef in Innsbruck wurde er gedeckt und erhielt von ihm auch die notwendigen Papiere, daß er verreisen oder Urlaub nehmen konnte. Hinter Winder stand eine große Zahl patriotischer Gendarmen und Polizisten im ganzen Lande. Die vierte Gruppe wurde von Wehrmachtssoldaten des Lazarettes II (Stella) gebildet. Ihr Führer war Dr. Karl Schmidler (Feldkirch). Diese Gruppe hatte den anderen das eine voraus, daß sie ausgebildet und bewaffnet war und leichter Einblick in die militärischen Vorgänge gewinnen konnte. Als bezeichnender Ausdruck für die Stimmung mag angesehen werden, daß der Reichsadler, der über der Reichsfinanzschule (Stella) prangte, über Nacht geköpft wurde. In diesem großen Lazarett II (Stella) traten in den letzten Kriegswochen starke politische Gegensätze in Erscheinung. Über Auftrag des Stellvertretenden Generalkommandos in Salzburg mußte im Lazarett eine Soldatenkampfgruppe gebildet werden, die gegebenenfalls in die Gefechte eingreifen und sich vor allem gegen Widerstandsbewegungen richten sollte (Kennwort: „Aktion Gneisenau"). Mit der Führung dieser Kampfgruppe wurde der Stabsintendant (Verwaltungsbeamter im Hauptmannsrang) Johann Benzer (später Hauptschuldirektor in Hohenems) beauftragt — der die rechte Hand Dr. Schmidlers war! Im Lazarett lagen unter anderem 250 SS-Leute, zum Teil auch Drückeberger, die aber sehr agil waren und der Entfaltung einer Widerstandsbewegung hinderlich im Wege standen. Mit Mühe konnte die Lazarettleitung durchsetzen, daß die Brücke, die beide Hauptgebäude der Stella verband, entladen und die Brükkenwache eingezogen wurde. — Nach der Übernahme der Stella durch die Reichsfinanzschule war die Muttergottesstatue über dem Eingang durch einen in Stein gehauenen, wuchtigen Reichsadler ersetzt worden. Die Spannweite der Flügel betrug etwa drei Meter. Der Anschlag auf ihn wurde in stockfinsterer Nacht verübt. Die „Attentäter" waren Johann Benzer und zwei weitere Soldaten (ein Bregenzer und ein Tiroler). Zuerst versuchten sie vergebens, mit einer Winde, wie sie die Kiesfuhrwerke haben, dem Adler den Kopf abzudrehen. Dann bearbeiteten sie ihn mit einem Eisenhammer und kamen so mühsam zum Ziel. Trotzdem die Arbeit eine Stunde gedauert hatte, schöpfte niemand Argwohn. Am anderen Tag sprach sich die Begebenheit rasch herum. In der Stadt befriedigtes Schmunzeln! Die SS schimpfte. Man durfte es nicht auf das Äußerste ankommen lassen, hatte also Erbarmen mit dem sterbenden Adler und ersparte ihm wenigstens die letzte Schande des Gespöttes: er wurde mit einer großen Flagge des Roten Kreuzes verhängt und so den Blicken der Öffentlichkeit entzogen.

Von diesem Lazarett aus war am Sonntag, 29. April, ein Versuch unternommen worden, die SS in Bregenz zu bewegen, sich nach Tirol zurückzuziehen; damit wäre auch Feldkirch vor diesen Abenteurern sicher gewesen. Der Versuch mißlang am Galgenhumor der SS, der es nicht mehr darauf ankam, ob ihr Schicksal in Vorarlberg oder in Tirol besiegelt werde.

Die Führung der ganzen Bewegung gegenüber dem Ausland übernahm Malermeister Reisecker (sozial.-kommunistische Gruppe). Besonders in der letzten Zeit gab es einen regen Austausch von Nachrichten. Die Fäden liefen zu einem englischen Vertreter in St. Gallen und später zum französischen Oberkommando in Mülhausen. Wie in Tirol wurde zum Beispiel der Abwurf von Funkgeräten und Waffen erörtert, und als die Alliierten planten, Luftlandetruppen im Rheintal abzusetzen, mußten die günstigsten Punkte ausfindig gemacht und die Ergebnisse hinüberberichtet werden. Die Alliierten durften die Ausführung des Luftlandeprojektes fallen lassen, da die deutsche Front im März und April 1945 so gründlich zusammenbrach, daß die ganzen Kampfhandlungen der deutschen Armeen nur noch in der Sicherung des „Blitzrückzuges" bestanden.

Reisecker wußte auch Waffen und Munition in großen Mengen zu beschaffen. Die Widerstandsbewegung von Feldkirch unterhielt auch Verbindungen mit den Garnisonen von Bregenz und Bludenz. In Bregenz scheint die Organisation verraten worden zu sein, denn sie wurde über Nacht durch Fronteinsatz empfindlich geschwächt.

Eine zweite größere Widerstandsorganisation in Feldkirch, eine zivile Gruppe, rekrutierte sich vornehmlich aus der Feuerwehr und aus Eisenbahn- und Postangestellten (Ammann-Mellich-Bertsch). Die Führer dieser Gruppe konnten, wie z. B. Mellich als verantwortlicher Luftschutzchef, im Rathaus aus- und eingehen und sich auf dem laufenden halten, ohne dabei aufzufallen. Nachher konnten sie ihre Wahrnehmungen mit den anderen Führern der Widerstandsbewegung auswerten.

Lorenz Tiefenthaler, Leiter der Widerstandsbewegung O 5 in Vorarlberg und späterer Bürgermeister von Feldkirch

Jakob Bertsch, Mitglied der Feldkircher Widerstandsbewegung und späterer Landesrat

Wichtig besonders wegen der Verbindung zu den Alliierten war auch O 5 (Österreichische Widerstandsbewegung 1945). Die Anfänge auch dieser Organisation gehen schon auf weiter zurück. Die Auslandsbasis war hauptsächlich die Schweiz. Aber auch mit Paris wurden Verbindungen unterhalten. Die Organisation war über ganz Österreich verbreitet und hat unter anderem eine maßgebliche Rolle gespielt bei der Befreiung Wiens vom SS-Terror. Die Zentrale für Vorarlberg war in Feldkirch. Ihr Leiter war der ehemalige Oberleutnant Lorenz Tiefenthaler, der als Schwerkriegsverletzter abgerüstet hatte. Aus langjähriger Kriegserfahrung kannte er die deutsche Rückzugsstrategie und setzte nun in wochenlanger Vorarbeit alles daran, daß Vorarlberg nicht verwüstet werde. Dabei kam ihm die Bekanntschaft mit dem Pionierleutnant Bacher (einem Innerösterreicher) sehr zu statten, mit dem er die Maßnahmen gegen die wahnsinnigen Vernichtungsbefehle beriet. Der junge Leutnant blieb nach Ablösung seines Kommandos in Feldkirch und verkehrte bei O 5. Wie Tiefenthaler berichtet, setzte er sich auch dafür ein, daß die Illbrücken in der Stadt entladen werden durften, wogegen sich die Bevölkerung verpflichten mußte, auf den Brücken Panzersperren zu errichten, damit der Schein der Verteidigung gewahrt bleibe. (Auch die Standschützen arbeiteten in diesem Sinne. Von allen Seiten wurden Obstlt. Knoblauch dahingehende Vorschläge gemacht.) Bei der Brücke in der Felsenau, die als die strategisch wichtigste von General Schmidt fest im Auge behalten wurde, gelang dieses Manöver nicht.

Auflösung des Standschützenbataillons Feldkirch

Eine scheinbare Schwächung erlitt die Widerstandsbewegung dadurch, daß viele ihrer Getreuen zu einem mehrwöchigen Kurs zur Standschützenausbildung nach Südtirol eingezogen wurden. In Wirklichkeit wurde dadurch der Widerstandsgeist des Volkssturmes im ganzen Land angesichts der Masse der Gleichgesinnten nur vertieft. Als Waffenträger konnten die Standschützen auch in den kritischen Tagen sicherer auftreten und ihre Widerstandsabsichten günstig tarnen.

Am 22. April wurden die drei Feldkircher Standschützenkompanien einberufen und im Schulhaus in Gisingen und im St.-Josefs-Institut auf dem Ardetzenberg kaserniert. Der Sitz des Bataillonsstabes war im St.-Josefs-Institut. Dem ersten Kommandeur des Bataillons, Major Arnold Ganahl, folgte am 24. April Major Bechtold, ein fanatischer Parteianhänger. In Kreisen der Standschützen, denen er nie restlos traute, sprach es sich herum, er hätte SS zur Verstärkung angefordert, jedoch nicht erhalten.

Am Sonntag, 29. April, wurde das Bataillon über Auftrag von Innsbruck durch die Kreisleitung Dornbirn in das Außerfern abkommandiert, wo sich die alliierten Truppen schon Tirol näherten. Der Befehl wurde aber in letzter Minute zurückgenommen, weil Obstlt. Knoblauch, der über die Standschützen gut genug im Bilde war, es nicht zuließ, daß „man ihm alle Kräfte abziehe". Inzwischen wurde gemeldet, daß die Franzosen auch bei Hohenweiler schon an der Grenze ständen. Damit war die Gefahr der Verschickung nach Tirol für die Standschützen abgewendet.

Am Montag darauf sollte das Bataillon der Feldkircher Standschützen in die Verteidigungsgräben aufgeteilt werden. Die Waffen hatten sie erst am Samstag (28.) abends und die Munition am Sonntag (29.) erhalten. Unmittelbar bevor die Stellungen in Altenstadt bezogen werden sollten (am Montag nachmittags), begab sich eine Abordnung von neun Standschützen mit Ammann und Bertsch als Sprecher*) zum Bataillonskommandeur Major Bechtold und erklärten, daß die Standschützen nicht gewillt seien zu kämpfen, sie möchten überhaupt wissen, was mit Feldkirch geplant sei. Die erregte Auseinandersetzung dauerte über eine Stunde. Dann eröffneten Major Bechtold und Kompanieführer Dein (auch ein Legionär) der Deputation, sie müßten ihren Vorgesetzten General Schmidt und Obstlt. Knoblauch Meldung von dieser Einsatzverweigerung machen; die Sprecher würden wieder gerufen.

Bechtold war ratlos und wandte sich an Ganahl, was er tun solle. Von der Kreisleitung erhielt Ganahl die Auskunft, der Kreisleiter habe sich zum Fronteinsatz ins Unterland begeben — die Franzosen hatten sich eben in Lochau festgesetzt —, Befehle würden von Dornbirn nicht mehr zu erwarten

---

**) Zur Mission von Carl Ammann und Jakob Bertsch gibt es einen ausführlichen Bericht von Ammann selbst, in welchem auch die weitere Tätigkeit der Feldkircher Standschützen beschrieben wird. (Ammann 1984, 11—20)*

sein. Major Ganahl solle auf eigene Verantwortung tun, was er für richtig finde. Dr. Reiter fand nicht den Heldentod an der Bregenzer Klause, sondern kam wohlbehalten wieder nach Dornbirn zurück. Inzwischen war aber die Entscheidung über die Standschützen bereits gefallen. Das Bataillon wurde aufgelöst. Es wurde ausgemacht, daß es den Standschützen freigestellt werde, nach Hause zu gehen oder sich bewaffnet dem Sicherheitsdienst zur Verfügung zu stellen oder sich der Wehrmacht anzuschließen. Bechtold meinte, mindestens 50 Mann würden doch noch zu kämpfen bereit sein.

Endlich nach fünf Stunden, um 19.30 Uhr, ließ Major Bechtold die Kompanien antreten und gab ihnen die Entlassung bekannt. Er selber wollte weiterkämpfen und richtete an die versammelte Mannschaft die Aufforderung, als Freiwillige sich ihm anzuschließen. Es fanden sich sechs Mann. Die anderen rückten in Uniform und Gewehr ab und verteilten sich nach einem schon früher besprochenen Plan in die einzelnen Stadtbezirke. Von den sechs Mann ließ sich bloß noch der Adjutant Bechtolds, der Direktor der Lehrerbildungsanstalt, Kunkel, bei der Kommandantur sehen, die übrigen entfernten sich mit der Begründung, sie müßten sich marschbereit machen, verschwanden dann aber im Saminatal und spielten etwas ungeschickt ein bißchen Werwolf.

Ordnungsgemäß wurde Obstlt. Knoblauch von der Auflösung des Bataillons verständigt.

In dieser Nacht standen die Franzosen in Lochau. In Feldkirch stieg die Nervosität und, weil die Standschützen die Gräben in Altenstadt nicht bezogen hatten, wurde die Kompanie Vogel von Rankweil-Tufers herunterkommandiert. Ein Drittel der jungen Soldaten desertierte in jener Nacht, worauf Oblt. Vogel bei General Schmidt erwirkte, daß die Kompanie am folgenden Vormittag wieder in die alten Stellungen zurückkehren durfte.

Die Standschützen übernehmen den Sicherheitsdienst

Nach Auflösung der Formation marschierten 54 Standschützen zum Rathaus und verlangten von Bürgermeister Lange (Reichsdeutscher) eine freimütige Erklärung über die Lage der Stadt; den einen Augenblick werde die Parole ausgegeben, Feldkirch sei offene Stadt, dann wieder erfahre man, daß bis zum letzten Mann gekämpft werde, weshalb sich für die Dauer der Kriegshandlungen Frauen und Kinder nach Liechtenstein begeben dürfen; Bregenz werde schon beschossen; in Feldkirch drohe ein fürchterliches Durcheinander; die Bürger würden verlangen, daß zum Rechten gesehen werde. Bürgermeister Lange versuchte es zuerst mit ausweichenden und gewundenen Erklärungen, verstand dann aber bald im Anblick so vieler bewaffneter Männer den Ernst des Augenblickes und entschloß sich, mit einer Vertretung der Standschützen zu verhandeln. Als Sprecher wurden Ammann, Bertsch, Fritz, Schimek und Briem ausgewählt. Das Ergebnis war, daß der Bürgermeister als Verantwortlicher für Ruhe und Ordnung in der Stadt den Antrag der Standschützen, sie mit dem Sicherheitsdienst zur Unterstützung der Stadtpolizei zu beauftragen, annahm und sie durch Armbinden legitimierte.

Auf diese Weise konnten die Standschützen, die natürlich mit den anderen Widerstandskameraden Hand in Hand zusammenarbeiteten, das ganze zivile und zum Teil auch das militärische Geschehen in der Stadt durchschauen. Es galt, Befehlsstellen und Gefechtsstellungen des Militärs auszukundschaften, Brücken zu entladen, den Dienst ins Ausland zu verstärken, einen motorisierten Kurierdienst nach Bregenz und Bludenz einzurichten, um so immer auf dem laufenden zu sein usw. An gefaßter Munition hatten die Standschützen nur geringe Bestände, jedoch war die Widerstandsbewegung mit Maschinengewehren, Panzerfäusten und Handgranaten ausgestattet. Der Besitz noch größerer Bestände wäre ungemütlich gewesen, denn es war ja bekannt, daß als letzte Kampftruppe gewöhnlich die SS zu erwarten war.

Der Sicherheitsdienst war aber auch notwendig, besonders für die Außengemeinden, um das irgendwie hergelaufene lichtscheue Gesindel, das sich mehr als anderswo hier an der Grenze herumdrückte, in Schach zu halten. Am 2. Mai wurde von der Zentrale der Widerstandsbewegung die Parole ausgegeben, daß in der kommenden Nacht losgeschlagen werde. Die Aktion mußte unterbleiben, nicht zuletzt, weil am Tag zuvor 400 Mann indische SS in Feldkirch und ebensoviele Nazirussen (Wlassow-Leute) in Nofels eingetroffen waren. Dadurch waren die Außengemeinden von diesen unheimlichen Gesellen, deren Gesinnung niemand kannte, so in Anspruch genommen, daß eine Volkserhebung ein zu riskantes Unternehmen gewesen wäre.

Die Inder wurden in Richtung Bludenz weiterbefördert.

Reste einer 400 Mann starken indischen SS am Buchser Bahnhof

Mit den Russen setzten sich Ortsvorsteher Franz Büchel und Schulleiter Stieger sowie der Brückenkommandant von Nofels, Leutnant Vonblon, in Verbindung. Es zeigte sich, daß ein Divisionsstab mit dabei war und daß die ganze Truppe von einem General geführt wurde. Die Russen erzählten, sie seien in der Nähe von Kempten vor zwei Tagen von den Amerikanern überrascht worden und seien nun zu Fuß hierher gekommen. Am anderen Tag würden sie in Feldkirch nach Innsbruck verladen werden. Der Bürgermeister sorgte für die Einquartierung dieser Leute. Die Bevölkerung befürchtete, diese Truppe könnte dableiben, sich der Kampfkommandantur zur Verfügung stellen und gegen den Einmarsch der alliierten Truppen Widerstand leisten. In der Nacht erzählte der Dolmetscher dem Brückenkommandanten, sie hätten jetzt genug von den Deutschen, sie seien bloß zum Narren gehalten worden. Andererseits könnten sie sich auch nicht gefangen geben, da sie in diesem Falle erschossen würden. Am liebsten würden sie in die Schweiz flüchten. Vonblon klärte die Russen über die Grenzverhältnisse auf und gab ihnen auch zu verstehen, daß in wenigen Stunden mit Feindberührung gerechnet werden müsse. Am anderen Nachmittag kam der General selber an die Brücke und unterhielt sich über die militärische Lage. Dabei bot er seine Hilfe an, die Vonblon als nicht notwendig höflich ablehnte. Den ganzen Tag wurden eifrig Karten studiert. Um 11 Uhr nachts setzten sich die Russen bei Schneegestöber mit Autos und Pferden und auch zu Fuß gegen den Freschberg zu in Bewegung, wobei ihnen führende Standschützen beim Abzug gerne behilflich waren. Um 12 Uhr nachts überschritten die Russen bei Schellen-

Russische Wlassow-Soldaten fahren am 18. August von Buchs aus über Feldkirch in ihre „Heimat".

berg die liechtensteinische Grenze. Nach einem kurzen Feuer seitens der schweizerischen Grenzwache war der Übertritt vollzogen. Ein russischer Offizier war verletzt worden. Versprengte Gruppen von Russen und Indern kamen auch nachher noch an die Grenze bei Tisis, aber nicht alle konnten abgeschoben werden. In Tisis war darum noch durch viele Monate hindurch solche abgerüstete Auslands-SS einquartiert.

Eine andere Aufgabe des Sicherheitsdienstes war es, durchziehende kleinere deutsche Truppenverbände, Wehrmachtstrosse und Parteiflüchtlinge rasch aus dem Weichbild der Stadt wegzubringen. Ein Ordnungsdienst sorgte, daß einem Teil solcher Rückzügler bei Rankweil der Weg über Valduna nach Satteins gezeigt wurde. Bald nach Beginn der Fluchtbewegung, schon am 22. April, waren der ehemalige französische Staatspräsident Marschall Petain und Ministerpräsident Laval, die von Sigmaringen herkamen und in die Schweiz reisen wollten, in Feldkirch eingetroffen und im Hotel „Löwen" abgestiegen*).

Die Bewegungen des Militärs und der Parteiformationen, alle Waffenlager, alle Sprengvorbereitungen wurden ständig im Auge behalten, was u. a. unauffällig dadurch geschah, daß vor die Hauseingänge der Kaufläden Posten gestellt wurden, angeblich damit nicht geplündert würde. Als Hilfspolizei hatten die Standschützen überall Zutritt. Hitlerjugend und Reichsarbeitsdienst, die Brücken und Türme zu bewachen hatten, wurden nach geschickten Verhandlungen von den Standschützen abgelöst. Die jungen Bayern und Tiroler waren froh, daß sie heimgeschickt wurden. Gesamtziel war, das Verteidigungspotential der Stadt herabzusetzen.

Eine Standschützenhauptwache hatte am Ardetzenberg Tag und Nacht Bereitschaft und wurde fallweise in der Stadt eingesetzt. Die Befehlsstelle des Sicherheitsdienstes war im Rathaus (Polizeiwachstube). Bei der Polizei hatten die Standschützen besondere Vertrauensleute. Auch mit einigen Offizieren der Wehrmacht entwickelte sich ein annehmbares Verhältnis.

Putschpläne

Bei einer Tagung in Feldkirch am 7. und 8. April 1945 gab Gauleiter Hofer Weisungen über den Endkampf aus. Immer wieder betonte er, das Land müsse bis zum Äußersten verteidigt werden. Daraufhin wurde von der Widerstandsbewegung ein Putschplan ausgearbeitet, der sich sehr eingehend

---

**) Während Petain am 24. April in die Schweiz einreisen durfte, wurde das Einreisegesuch Pierre Lavals von den Schweizer Behörden abgelehnt.*
Neben den beiden Franzosen drängte eine ganze Reihe von Prominenten von Vorarlberg aus in die Schweiz, meist solche, die mit den Nazis kollaboriert hatten: so etwa die Außenminister von Spanien und Dänemark, verschiedene Militärattachés oder Deutsche wie Professor Ferdinand Sauerbruch und der Komponist Richard Strauss. (Küng 1972, 94 ff.)

mit der Ausschaltung der Parteifunktionäre, mit der Besetzung der wichtigsten Ämter und mit der Brechung des militärischen Widerstandes befaßte. Weil vom Unterlande her immer mehr Offiziere eintrafen, die mit der Karte in der Hand Feldkirch studierten, wurden viele Männer der Freiheitsbewegung argwöhnisch und immer lauter wurden jene, die zum Losschlagen antrieben.

Am 1. Mai abends — nach Einnahme von Bregenz durch die Franzosen — ließ der Kampfkommandant verlautbaren, wenn nicht sofort 200 Männer zur Errichtung von Barrikaden auf den Stadtbrücken erscheinen, lasse er die Brücken sprengen und die Stadt verteidigen. Auf den ersten Ruf erschienen nicht genug. Noch um 10 Uhr nachts mußte die Polizei Männer aus den Häusern holen. Man kannte sich nicht recht aus, sah aber, daß die Lage sich zuspitzte. Am anderen Tage hatten die Widerstandsgruppen Alarmbereitschaft. Sammelplatz war die Gärtnerei Hoch, wo etwa 100 Mann, mit Maschinengewehr, Maschinenpistolen und Panzerfäusten bewaffnet, Bereitschaft hielten. Von hier aus gingen ständig Streifen nach allen Richtungen, die den Wehrmachts- und Arbeitsdienstposten zuredeten, die Waffen wegzuwerfen und nicht mehr weitere Befehle abzuwarten. In vielen Fällen gelang das Unternehmen.

Die Bludenzer wurden ungeduldig. Kuriere kamen, um den Zeitpunkt des Losschlagens zu erfahren. Unter ihrem Drängen wurde nun beschlossen, in der kommenden Nacht die Ämter in Feldkirch zu besetzen und die bisher führenden Persönlichkeiten sicherzustellen. Inspektor Winder überzeugte sich noch am gleichen Abend, daß in Götzis eine rabiate SS die Straße beherrsche und daß von dieser Seite her der Druck kaum abzuwehren sei. Trotzdem wurde der Putschplan aufrechterhalten. Auch in Bludenz wurden um diese Zeit die Rollen für die Besetzung der wichtigsten Ämter verteilt und wurde in der Nacht noch die Kreisleitung gesprengt. Die Feldkircher überlegten noch einmal gründlich. Schließlich wurde der Plan von Mellich gutgeheißen, eine provisorische Stadtvertretung zu gründen, die dann die Stadt zu übergeben hätte. Wegen der SS-Verbände, die nicht mehr weit weg waren und deren Stärke niemand kennen konnte, wurde es als klüger erachtet, den Putschplan nun fallen zu lassen, zumal der Sicherheitsdienst durch andere Aufgaben gebunden war.

Die Bedeutung der Felsenauer Brücke

Um keine Brücke des ganzen Landes wurde auch nur annähernd soviel verhandelt wie um die Illbrücke in der Felsenau. An Bedeutung für den Durchzugsverkehr kommt ihr höchstens die Brücke Rieden-Lauterach nahe. Aus dem Verhalten des Generals Schmidt konnte man nicht schließen, daß er Feldkirch unbedingt zum Kriegsschauplatz machen wollte. Hingegen von der Sprengung der Felsenaubrücke war er nicht abzubringen, weil er damit den weiteren Rückzug billig decken konnte. Wegen aller anderen Brücken in Feldkirch ließ er schließlich mit sich reden. Da das Zusammentreffen glücklicher Umstände es wie kaum anderswo bei der Erforschung der Kriegsereignisse in unserem Lande erlaubt, einen Blick hinter die Kulissen zu tun, sind wir über den Gang der Verhandlungen eingehend im Bilde.

Ein Vormittag in der Schattenburg

Leutnant Ewald Vonblon, im Zivil Theologiestudent, der als Sohn eines Finanzwachbeamten in Nofels aufgewachsen ist, hatte sich nach längerer Lazarettbehandlung am 30. April bei der Kampfkommandantur zu melden. Da man sich dort über seine Verwendung im Augenblick nicht gleich einig war und er vier Stunden auf einen Entscheid warten mußte, hatte er Gelegenheit, Ohrenzeuge verschiedener Gespräche zu sein und die Leute kennenzulernen, die auf der Kommandantur aus- und eingingen. Lassen wir ihn erzählen (die Gespräche sind nicht wörtlich, aber sinngemäß aus dem Gedächtnis wiedergegeben):

Antwort Hauptmann Bartels' auf einen Anruf des Oberstabsarztes Dr. Lassner, der um einen Lagebericht bat: „Heute nacht zwischen 3 und 4 Uhr Panzerspitzen gegen Wangen vorgefühlt. Zwei Panzer wurden von uns abgeschossen; ganz erfreulicher Erfolg schon, was? Es handelt sich dabei wahrscheinlich um eine Flankensicherung des Feindes, dessen Hauptstoß Richtung Kempten erfolgt. Hier ist vorläufig nichts zu befürchten." Dann wendete sich Bartels zu seinem Adjutanten: „Dies paßt Lassner gar nicht, daß nun Feldkirch doch verteidigt wird, er möchte ja unter allen Umständen erzwingen, daß Feldkirch zur Lazarettstadt erklärt würde. Übrigens, sollte Lassner noch einmal anrufen, dann bin ich eben nicht zu sprechen, da er doch immer mit dem gleichen Gejammer kommt!" (Wie Ganahl berichtet, hatte das Lazarett durch einen anderen Arzt, Prof. Dr. Angerer, ständig gute Verbindung mit der Kampfkommandantur.)

Dann kommt Standschützenmajor Ganahl herein und bemerkt: „Der größte Teil der Bevölkerung ist sehr darüber aufgebracht, daß die Erklärung, Feldkirch sei offene Stadt, rückgängig gemacht worden ist." Bartels: „Die Leute hier haben vom Krieg doch nichts gespürt. Was sollen erst die sagen, denen alles durch die Bomben vernichtet worden ist? Den Feldkirchern werden noch die Augen übergehen."

Nun eilt ein Lazarettarzt herein, dem die Beschaffung und Verteilung der Medikamente für die Lazarette obliegt, und macht dem Kampfkommandanten erklärlich, wie unverantwortlich es sei, Feldkirch zu verteidigen. Die Lazarette seien schon überfüllt und die Medikamente seien jetzt schon nicht mehr aufzutreiben. Und jetzt sollen also noch Frischverwundete dazukommen! Das Argument machte auf Bartels Eindruck.

Um 9 Uhr wird eine Nachricht von der bevorstehenden Kapitulation der Südarmee von irgend einem Sender eingefangen. Dazu Hptm. Bartels: „Ich kann das nicht verstehen. Laut Führerbefehl gibt es keine Kapitulation oder offene Stadt. Wo kämen wir da hin?"

In diesem Augenblick kreuzt Standschützenmajor Bechtold auf. Ganz aufgeregt meldet er: „Heute nacht ging von meinem Bataillon eine Kompanie einfach stiften, es waren zum größten Teil Satteinser, die in Göfis standen. Am besten wäre es, wenn man einen Standschützen öffentlich im Dorfe aufhinge als abschreckendes Beispiel, dann würden die anderen von selbst kommen. Aber mit diesen Leuten ist ohnedies nichts anzufangen. Ich werde heute noch die übrigen Kompanien fragen, wer freiwillig mit mir weiterkämpfen will. Die anderen schicke ich einfach nach Hause. Lieber kämpfe ich mit wenigen, aber verläßlichen Männern, als mit einer Masse, zu der man kein Vertrauen haben kann. Dann aber treten wir einfach irgendwo als Werwolf auf; das Bludenzer Gebiet ist dazu gut geeignet. Diesmal soll es dem Gegner nicht so einfach gemacht werden. Noch eine Woche müssen wir Zeit haben, dann sind die Verteidigungsanlagen in Bludenz fertig. Für den Gebirgskrieg sind die Franzosen ja nicht speziell ausgebildet."

Gegen 10 Uhr trat Obstlt. Knoblauch ein und setzte endgültig fest, welche Brücken in Feldkirch gesprengt werden müssen; vor allem die Felsenaubrükke, dann die Brücke bei Nofels und die Eisenbahnbrücke, die nach Liechtenstein führt. Die Brücken innerhalb Feldkirchs könne man nicht sprengen, dafür müßten dort Panzersperren angebracht werden. — Diese letztere Maßnahme begründete er damit, daß, wie er höre, Wasserstauungen und daher Überflutung von Stadtbezirken befürchtet werden müßten. Außerdem würde mit der Sprengung dieser Brücken die Versorgung der Stadt mit Trinkwasser und Gas unterbunden, was sich besonders auf die großen Lazarette sehr nachteilig auswirken müßte. — Von einem Offizier wurde sodann Obstlt. Knoblauch aufmerksam gemacht, daß am Illspitz ein Steg über den Fluß führen solle, dort könne also der Feind noch herübergelangen. Knoblauch hielt es nicht für notwendig, dort etwas zu unternehmen. Hierauf wurde erwogen, wie das Bludenzer Standschützenbaon nach Tirol verlegt werden könnte. Der Führer des Baons, Schuldirektor Plangg von Bürs, machte den Einwand: „Es ist unmöglich, die Leute anderswohin zu verlegen; sie wollen höchstens im Raume von Bludenz eingesetzt werden." Darauf Hptm. Bartels: „Wohin kämen wir denn, wenn jeder bestimmen wollte, wo er eingesetzt werden möchte. Hier wird einfach befohlen." Dann der Standschützenmajor von Bludenz: „Dies ist leicht gesagt, aber durchführen läßt sich dies niemals. Da kennen Sie die Leute schlecht! Man muß nämlich bedenken, daß es sich durchwegs um ältere Leute handelt, die man nicht einfach überreden kann." Bechtold bemerkte dazu: „Man könnte es höchstens so machen, daß man ihnen nichts sagt und dann, ohne zu halten, bei Bludenz einfach vorbeifährt." Man wurde nicht einig und das Bludenzer Bataillon ist auch nie nach Innsbruck gefahren.

Etwa um halb 11 Uhr erschienen dann Kreisleiter Richter und Oberstabsarzt Dr. Lassner; das Gespräch wickelte sich aber im Nebenzimmer ab, so daß Vonblon den Inhalt nicht wahrnehmen konnte. Nachdem beide wieder weg waren, sagte Bartels mit Bezugnahme auf Richter, der ganz verdattert gewesen sei: „Auch die Herren Parteifunktionäre wollen in letzter Minute noch ihr Leben in Sicherheit bringen! So kann keine einheitliche Führung herauskommen. Der eine befiehlt so, der andere anders."

Eine Stunde später gab es Aufregung im Haus. Arnold Ganahl hatte von seiner Frau Nachricht bekommen, sie sei telefonisch verständigt worden, daß ein Anschlag auf die Schattenburg bevorstünde. Ihr Mann solle herunterkommen. Der Anruf hatte kurz gelautet: „Bringen Sie Ihren Mann in Sicherheit. Achtung, Handgranaten!" Die Warnung konnte nur von Standschützen oder von der Widerstandsbewegung gekommen sein.

In der Annahme Bartels bewegen zu können, seine Kommandantur unter solchen Umständen außerhalb der Stadt hinaus zu verlegen, informierte Major Ganahl den Hauptmann vom Gerücht. Bartels veranlaßte, daß sofort die Wachen verstärt werden und daß niemand zugelassen werde, der keinen Ausweis trägt und daß auch die Inhaber von Legitimationen von einem Doppelposten begleitet werden müssen. Dann machte Bartels seine Maschinenpistole schußbereit, entsicherte den Revolver, steckte sich eine Handgranate ein und meinte: „So, jetzt sollen mir die Feldkircher nur kommen!" Nachdem Bechtold draußen war, legte sich die Aufregung sofort und der Hauptmann stärkte sich mit einem Schnaps.

Nach 12 Uhr erhielt Leutnant Vonblon den Bescheid, daß er als Brückenkommandant in Nofels eingesetzt sei. Hauptmann Bartels meinte, in Nofels müsse unbedingt eine Widerstandslinie errichtet werden, denn der Feind könnte dort durchbrechen und so Feldkirch umgehen. Auch hielt er es für gut, wenn in Nofels ein Offizier eingesetzt sei, denn es stünden ihm dort nur Nachrichtentruppen zur Verfügung, die infanteristisch wenig ausgebildet seien; aber mit einem entsprechenden Führer lasse sich doch manches erreichen.

Nächtliche Auseinandersetzung am Telefon

Es ist Mittwoch abend. Die Franzosen stehen vor Götzis. Der kommende Tag kann der entscheidende für Feldkirch sein.

Jetzt stemmt sich auch das Kampfkommando gegen die Befehle des Generals Schmidt.

Noch ein Blick hinter die Kulissen!

Dem Reg.-Vet.-Rat Dr. Feurstein in Feldkirch, der sich nach Auflösung der Standschützenkompanien auch dem Sicherheitsdienst zur Verfügung stellte und in der Nacht vom 2. auf den 3. Mai Gelegenheit hatte, die Telefongespräche abzuhorchen, verdanken wir die Kenntnis über die Auseinandersetzungen zwischen dem Landratstellvertreter und dem Kommandierenden General Schmidt. Die Geschäfte des Landrates führte zu jener Zeit praktisch nur sein Stellvertreter Dr. Kropf (Südtiroler). Der Landrat von Feldkirch, SS-Sturmbannführer Pflauder, war in Bozen Stabsleiter für Verwaltungsangelegenheiten beim „Obersten Kommissär für die Operationszone Alpenvorland", d. i. bei Gauleiter Hofer.

Zunächst brachte die bedingungslose Kapitulation des Generalobersten Vietinghoff, die durch das Auslandsradio bekannt wurde, die Partei- und

Amtsstellen der Stadt in Verwirrung. Es kamen Anfragen, warum denn in Vorarlberg gekämpft werde, wenn doch dieses Land auch dem Südabschnitt unterstehe. Bei Obstlt. Knoblauch erfuhr dann Dr. Kropf, daß Vorarlberg ja schon vor einigen Tagen vom Südabschnitt abgetrennt worden war. (Also selbst die obersten Bezirksbehörden, die doch mit der Partei in Fühlung sein mußten, wurden über den Verlauf der Dinge im unklaren gelassen!)

Um 1 Uhr nachts verständigte Standschützenmajor Ganahl den Landratstellvertreter Dr. Kropf von dem Gerücht, daß auch Hofer kapituliert habe. Er und der Stadtkommandant (wohl der Kampfkommandant?) animierten gemeinsam Dr. Kropf, direkt bei Hofer anzufragen. Hofer: „Ich denke gar nicht daran, die Kapitulation anzubieten." Der Gauleiter bestätigte aber, daß Vietinghoff kapituliert habe. Er bemerkte noch dazu: „Und i bin dabei der Draufzahler!"

Weil die alliierten Panzer bereits vor Götzis standen, wollte Dr. Kropf von Hofer wissen, wie es denn mit der „offenen Stadt Feldkirch" stehe. Der Gauleiter: „Kreisleiter Richter hat genaue Weisungen." Bei einem Telefongespräch, das im Anschluß an diese Aussprache mit Kreisleiter Richter geführt wurde, stellte dieser in Abrede, von Hofer Weisungen zu haben.

Von der Kampfkommandantur (Hptm. Bartels) wurde Dr. Kropf ersucht, sich mit Satteins, Tel. Nr. 1, in Verbindung zu setzen und sich bei General Schmidt dafür zu verwenden, daß die Brücke in der Felsenau nicht gesprengt werde, aber auf keinen Fall dürfe er erwähnen, daß eine militärische Stelle die Anregung mache. Man müsse doch auf die 7000 Verwundeten — der Stand der Lazarettinsassen in Feldkirch war nach Aussagen des Lazarettoffiziers Johann Benzer rund 5000. Höchstziffern: Stella 2500, Exerzitienhaus 1500, Lehrerseminar 1000; Teillazarette waren weiters im Gericht, im Gymnasium, in der Knabenschule usf. — in den Lazaretten Rücksicht nehmen und auch die Versorgung der Stadt mit Lebensmitteln sei ohne diese Brücke undenkbar. Der Hauptmann schlug als Ersatz für die Sprengung eine weitgehende Verbarrikadierung der Brücke mit Lastautos und Steinen vor.

Der General: „Ich hätte Sie eben auch angerufen; es ist unerhört, was sich die zivilen Behörden erlauben. Es haben heute Leute im Auftrage des Landrates die Frutzbrücke und die Felsenaubrücke entladen. Nun sehen Sie selbst, wie die Bevölkerung Sie betrügt und wie sie Ihren Namen mißbraucht. Wenn ich gewußt hätte, daß die Leute nicht in Ihrem Namen handeln, hätte ich sie sofort festnehmen lassen."

Dr. Kropf: „Eine militärische Stelle hat die Anregung gemacht, die Felsenaubrücke zu verbarrikadieren, anstatt sie zu sprengen."

„Welche militärische Stelle? War es Obstlt. Knoblauch?"

„Nein."

„Oder sein Adjutant, Hauptmann Bartels?"

„Ja, so könnte er geheißen haben."

„Bartels habe ich abgesetzt. Ich verbitte es mir, daß militärische Stellen über zivile Ämter Wünsche vorbringen."

General Schmidt schimpfte dann über die Bevölkerung. Es sei sogar vorgekommen, daß dem Feinde von der Bevölkerung der Weg gewiesen wurde.

(Der General meinte wohl die Aktion Pirker in Bregenz; zur selben Stunde, wie er sich darüber aufregte, schmiedeten die Rankweiler ähnliche Pläne und führten sie noch in derselben Nacht durch!) Wie die Bevölkerung eingestellt sei, ersehe man aus dem Beispiel Bludenz, wo eben auf die Kreisleitung ein Anschlag verübt worden sei.

Auf die abermalige Frage, ob also eine Barrikade die Sprengung der Felsenaubrücke ersetzen dürfe, antwortete der General mit einem schnarrenden „Nein!"

Ob man also damit rechnen müsse, daß in der Stadt selber gekämpft werde . . .

„Wenn die Bevölkerung sich der Wehrmacht gegenüber so unfreundlich verhält, lasse ich gegen die Bevölkerung schießen, dann hat sie den Kampf auf alle Fälle in der Stadt."

Dr. Kropf fragte ihn noch weiter aus, ob die Stellungen in Altenstadt bezogen werden.

Antwort: „Das ist eine militärische Angelegenheit. Es ist unglaublich, was sich Behörden und Ämter erlauben!"

Dr. Kropf erlaubte sich noch, den General aufmerksam zu machen, daß es keinen Wert habe, diese Gräben zu besetzen, da die Sperranlagen in Altenstadt den Feind doch nicht aufhalten könnten. Der General wurde immer erboster. Die Bevölkerung, so meinte er, sehne geradezu eine Besatzung herbei. Sie werde ja sehen, was komme!

Es wurde dann noch Kesselring angerufen, der aber nicht erreichbar war.

Das Ringen um die Brücke in der Felsenau

Die letzten sechs Stunden vor der Sprengung der Felsenaubrücke boten das Bild eines grausen Durcheinanders, verursacht durch den Wechsel des Kampfkommandanten, durch den Widerruf von Befehlen und durch Widerstandsaktionen, die in Unklarheit über die militärische Situation und in der Aufregung des Augenblicks auch nicht einheitlich geführt waren. Nach Befragen aller jener Beteiligten, die irgendwie erreichbar sind, ergibt sich folgendes Bild:

Eine erste völlig neue Situation schuf die Auswechslung des Pionierkommandos an der Brücke.

In der Nacht vom 2. auf 3. Mai, als noch Kolonnen von Wehrmachtsfahrzeugen die Brücke passierten, gelang unter dem Schutz des Halbdunkels und des Lärmes der Wagen das Durchschneiden des durch Reisig verdeckten, fünffachen Kabels auf der Frastanzer Seite. In den Nachtstunden erschien Standschützenmajor Ganahl des öftern im Kampfkommando und wies darauf hin (nach Oblt. Grebmer), daß die Stimmung in der Bevölkerung sehr gereizt sei und daß es zu Zwischenfällen kommen könnte, wenn weiterhin der Befehl aufrechterhalten würde, daß die Stadt und die Brücke verteidigt werden. Nachdem die Sabotage entdeckt worden war, erstattete der Brückenoffizier sofort Befehl an den Kampfkommandanten, der das Kabel gleich wieder durch den neuen Pioniertrupp in Ordnung bringen ließ. Als General Schmidt um Mitternacht zum Kommandostand kam und auch von der gereizten Stimmung in der Bevölkerung hörte, verfügte er, daß die Brückenwachen verstärkt und daß die Wache bei der Felsenaubrücke verdoppelt werde. Im Kampfkommando stieg die Nervosität, da man keine sicheren Nachrichten hatte, ob die Franzosen bei Nacht über Götzis herauf vorrücken. Um 2 Uhr früh meldete der Brückenoffizier der Heiligkreuzbrücke, daß seine Leute unter Zurücklassung der Waffen das Weite gesucht hätten. Aus kümmerlichen Reserven wurde eine zweite Besatzung zusammengestellt.

Lorenz Tiefenthaler rechnete damit, daß Feldkirch an diesem Tage (Donnerstag) besetzt werde. Um 8.30 Uhr ging er mit Kriminalsekretär Emmerich Dünser zum Rathaus, wo sie sich zur Hilfspolizei meldeten und die vorgeschriebenen Armbinden erhielten. Bürgermeister Lange kam eben herein und wünschte, daß jemand an die Brücke hinaus gehe, um sie vielleicht noch zu retten. Das hatten die beiden Hilfspolizisten eben ohnedies im Sinne. Dort kundschafteten sie zunächst die Lage aus. Etwa 20 Meter vor der Brücke waren frische Grabungen zu sehen sowie zahlreiche am Boden und über die Mauerbrüstung zur Bahn hinunterführende Drähte. Auch bei der Brücke liefen zahlreiche Drähte vom einen Ende zum anderen und mit Fortsetzung über eine kleine Felswand in den gegenüberliegenden Wald. Der Sprengstand befand sich unterhalb des Waldsteiges in einer dunklen Mulde des alten Steinbruches. Ein schmaler, durch Gebüsch gedeckter Weg führte dahin. Etwa 200 Meter oberhalb des Sprengstandes liegt der Bauhof des Stadtbauamtes Feldkirch. In dieser geschützten Lage, wo überdies ein Luftschutzstollen Unterschlupf bot, wartete der militärische Stab das Näherrücken der Franzosen ab. Am Sprengkasten hielt ein Unteroffizier mit Maschinenpistole Wache.

Die Zündleitung noch einmal zu durchschneiden war schwer, weil noch zuviel Militär da war. Ganz ausgeschlossen war es, die Sprengmunition wegzuschaffen. Das Militär, das am Vormittag an der Brücke zu tun hatte, waren meist junge Soldaten ohne Kampfgeist. Sie schafften Holz und anderes Material herbei, um die Brücke für den Verkehr zu sperren, denn sie werde nicht gesprengt, so behaupteten sie. Dies erhielt Tiefenthaler auch bestätigt durch Oblt. Lorenz, den er hier antraf (die beiden kannten einander zufällig von einem Wiener Lazarett her); das Errichten einer einfachen Sperre sollte lediglich eine gewisse Sicherheitsmaßnahme für die zurückflutenden Truppen bedeuten.

Mit Hilfe einiger guter Schweizer Zigaretten waren auch Offiziere unschwer gefügig zu machen. Ein Leutnant hatte am Tag vorher nach seiner Aussage noch 57 Mann, jetzt nur noch 23 oder vielleicht auch das nicht mehr. Jetzt rief er seine Leute zusammen und verschwand mit ihnen. Ein anderer Offizier, ein Bayer, ließ sich ebenfalls überreden, die Brücke zu verlassen. Seine Landsleute nahm er mit. Auf der Frastanzer Seite der Brücke hielten sich etwa 20 junge Soldaten auf, die erst kurze Zeit beim Militär waren und nicht einmal die Bedienung ihrer Waffen richtig kannten, sich aber nicht getrauten „abzuhauen“. Die Soldaten jammerten, sie hätten schon zwei Tage keine ausreichende Verpflegung mehr.

Wie die beiden Hilfspolizisten Tiefenthaler und Dünser die Unteroffiziere und Offiziere vorsichtig, einen nach dem anderen, bearbeiteten, stießen sie auch auf einen Pionier, der ihnen zwar etwas auffällig offenherzig, fast großsprecherisch, versicherte, die Brücke könne niemals gesprengt werden, denn er habe die Kabel, die in der vergangenen Nacht abgeschnitten worden seien, zwar zusammengeflickt, habe aber absichtlich die Pole verwechselt, sodaß kein Stromkreis da sei und die Brücke nicht in die Luft fliegen könne. Er habe einmal früher mit seiner Frau in Feldkirch die Ferien verbracht. Seine Frau würde ihm die Haare ausreißen, wenn sie erführe, daß er mitgeholfen habe, Feldkirch zu verschandeln.

Inzwischen war Regierungsrat Dr. Elmar Grabherr, der eben in Feldkirch weilte und nicht mehr beabsichtigte, an seinen Dienstort Bozen zurückzufahren, auf der Brücke erschienen, mit der Absicht, noch zu retten, was zu retten ist. Da er Tiefenthaler gut kannte und dieser ihm Dünser als absolut verläßlichen Mann vorstellte, war ein Zusammenarbeiten sofort gegeben.

Nun fuhr Oberbaurat Friedl von der Bezirksbauleitung her und erkundigte sich, ob es keine Möglichkeit mehr gebe, vorsichtshalber das Kabel noch einmal in letzter Minute abzuschneiden. Er schickte sofort einen Motorradfahrer, den Schuhmachermeister Schallegger, an die Brücke, der Dünser auf die Seite nahm und ihm eine kleine Zwickzange übergab.

Die Situation schien aber Dr. Grabherr so unbefriedigend, daß er mit Schallegger in die Stadt zurückfuhr, um sich nach Verstärkung umzusehen. Nach seiner Meinung hätten 20—30 bewaffnete Männer die Brückenverteidigung ausschalten können. Da es aber gerade Mittag war, konnte er in der Polizeistube nur einen einzigen diensttuenden Polizisten finden. In der Stadt herrschte große Nervosität, da die Franzosen schon erwartet wurden.

An die Brücke zurückgekehrt, gewann Grabherr den Eindruck, daß doch ein Sprengbefehl da sei. Keinen Zweifel gab es mehr hierüber, als ein Pionieroberst mit einem Wachtmeister von Feldkirch herkam und die Hilfspolizei von der Brücke vertreiben wollte. Tiefenthaler stellte einen Hauptmann, der eben aufgetaucht war und offenbar die Sprengung zu besorgen hatte, zur Rede, der dann nach längeren Ausflüchten doch zugab, daß die Brücke geopfert werden müsse. Alle Einwände halfen nichts.

Mittlerweile war auch der Standschützen-Zugsführer Toni Natter an die Brücke gekommen, auch in der Absicht, sie um jeden Preis zu retten. Natter war am Freitag zuvor bei einer Besprechung im Rathaus gegen die Heißsporne der Partei entschieden aufgetreten, war natürlich in Ungnade gefallen und wurde seitdem von den Besprechungen ausgeschlossen. Auf der Brücke wurde Natter von einem Feldwebel aufgehalten.

Natter: „Ich bin von der Stadtgemeinde geschickt, um mit Rücksicht auf die 6000 Lazarettsoldaten um Aufgabe der Verteidigung zu ersuchen."

„Ausgeschlossen!"

„Dann möchte ich mit dem General sprechen. Ich habe den Auftrag."

Der Feldwebel führte dann Natter und Dünser in die Dachstube des Spiegel-Hauses (Wohnhaus der ehemaligen Seifenfabrik Spiegel). Dort trafen sie zwei höhere Offiziere an. Beide saßen auf einem aufgeschlagenen Bett. Auf dem Tisch vor ihnen lagen einige Zigaretten herum. Der Oberst gab zu, daß der Kampf zwecklos sei und daß auf die Lazarette ja auch Rücksicht genommen werden müsse. Auch um die schöne Stadt sei es schade. Er habe aber den Auftrag, die Brücke zu sprengen, und dieser sei noch nicht zurückgezogen. Bei der Verabschiedung hatten die Bittsteller dann doch noch einige Hoffnung, daß die Brücke noch nicht verloren sei. Der General war um diese Stunde nicht im Spiegel-Haus.

Wie sich Natter wieder mit den drei anderen Zivilisten unterhielt, sah er, daß vom Bahnhof Offiziere herunterkamen und aufgeregt disputierten. Im Bauhof war die Kampfkommandantur in einem Raum untergebracht, der nur durch eine Wand von der Werkmeisterei getrennt war. Hier konnte man also unschwer die Befehle mitanhören. Wie der Werkmeister merkte, daß es bald zum Sprengen der Brücke kommen werde, unterband er die Telephonleitung. Der Hauptmann fluchte und schimpfte, schickte einen Melder an die Zündstelle und ging gleich auch selber dorthin.

Ein Zivilist hatte in Eile die Meldung an die Brücke gebracht, die Franzosen stünden schon in Feldkirch. Es sei alles glatt abgelaufen. Tiefenthaler hoffte, jetzt vielleicht die Offiziere von der Durchführung des Sprengbefehles abzuhalten. Wichtig war es jetzt, Zeit zu gewinnen; denn jeden Augenblick mußten die Franzosen kommen. Aber sie blieben aus. Zwanzig Minuten ließen sich die Sprengoffiziere hinhalten, dann stellten sie die noch vorhandenen Soldaten zur Sicherung auf — es waren knapp zwanzig Mann — und gingen zum Schaltkästchen.

Nun sagte Tiefenthaler zu Dünser, der die Zwickzange bei sich trug: „Jetzt ist es Zeit, die Leitung abzuzwicken!" Tiefenthaler geht etwas voraus und frägt den alten Hauptmann, um ihn abzulenken, ob nun die Brücke wirklich gesprengt werde. Der Hauptmann spricht aufgeregt von Befehlen, die er noch erhalten werde. Inzwischen bückt sich Dünser hinter Tiefenthaler und Grabherr, um die Drähte abzuschneiden. Ein Offizier merkt es und ruft: „Was geschieht dort?" Der Hauptmann schreit und zetert. Auf Kommando gehen die Gewehre und Maschinenpistolen auf die Freiheitskämpfer in Anschlag. Nur Kaltblütigkeit kann jetzt ihr Leben retten. Dünser richtet sich auf und sagt, er sei doch nur gestolpert, was Tiefenthaler bestätigt; was denn den Soldaten einfalle, auf eigene Leute zu schießen! Dann zieht die Wache die Gewehre wieder ein und wendet sich dem Sprengkasten zu. Diese Gelegenheit benützt Dünser auf Anraten Tiefenthalers, um im Gehölz unterzutauchen. Dr. Grabherr war etwas auf die Seite gesprungen und steht jetzt fünf Meter oberhalb des Sprengstandes an einer Tanne, reißt die Pistole aus der Tasche und legt auf den Hauptmann an, in der Absicht loszudrücken, sobald ein Schuß fällt. Tiefenthaler ist kaltblütig stehengeblieben und tut, als ob er mit der ganzen Sache gar nichts zu tun habe. Natter redet Dr. Grabherr zu, die Pistole wieder einzustecken, da sie nichts nützen könne. Dr. Grabherr sieht, daß außer ihm keiner der Freiheitskämpfer eine Waffe trägt und steckt die Pistole wieder ein.

Unter den gegebenen Umständen ziehen es beide vor, im Wald zu verschwinden. Ihre einzige Hoffnung, daß die Brücke gerettet werden könne, setzen sie auf die Behauptung des Pionierfeldwebels — der inzwischen auch schon nirgends mehr zu sehen war —, daß er in der Früh beim Ausbessern der Leitung die Kabel absichtlich vertauscht hätte.

Es dauert zehn Minuten, bis die Schlüssel zum Sprengkasten gefunden sind. Lorenz Tiefenthaler redet noch einmal auf den Hauptmann ein, die Sprengung doch noch zu unterlassen. Der Hauptmann tobt, er werde ihn verhaften und den anderen werde er Leute nachschicken. Tiefenthaler steht unmittelbar neben dem Sprengkasten, als der Hauptmann den Sprengschalter bedient. Ungeheure Spannung. Daß die Franzosen noch nicht da sind! Doch der Sprengschlag bleibt aus. Der Pionierfeldwebel hat die Wahrheit gesagt. Für Tiefenthaler ist es jetzt höchste Zeit, dem Militär aus den Augen zu kommen. Auf dem Känzelefelsen trifft er mit den drei anderen Widerstandskameraden zusammen und über Maria Grün und Duxgasse gehen sie in die Stadt zurück.

Am Vormittag hatte Lorenz Tiefenthaler einem Mann von der Widerstandsbewegung, der die französische Sprache beherrscht, den Auftrag gegeben, sofort nach Erscheinen der Panzer mit dem ersten bis zur Felsenau zu fahren. Dieser Mann war leider ein Versager! Durch die kampflose Übergabe der Stadt hatte er wahrscheinlich die Brücke vergessen. Die Franzosen waren mit überaus großer Vorsicht darauf bedacht, keinen Mann zu verlieren, sonst wären sie doch sofort zur Felsenaubrücke gefahren, um sie zu besetzen; denn ihre strategische Wichtigkeit mußte ihnen bekannt sein. Andererseits hatten sie sicher auch Kenntnis darüber, daß sie geladen sei. So fand der Führer des deutschen Sprengkommandos noch eine halbe Stunde Zeit, die Sprengleitung zu überprüfen.

Gauleiter Hofer entscheidet: Feldkirch wird kampflos übergeben und die Brücke in der Felsenau wird nicht gesprengt

Den folgenden Einblick in die entscheidenden Verhandlungen über das Schicksal der Stadt Feldkirch und der Felsenaubrücke vermittelt uns Standschützenmajor Ganahl und, soweit sie die Vorgänge in der Kommandantur betreffen, auch Oblt. E. v. Grebmer (Feldkirch), der von Mittwochabend bis Donnerstagvormittag als Ordonnanzoffizier der Kampfkommandantur zugeteilt war, sowie Oblt. Lorenz, der von Koblach nach Feldkirch gekommen war, seine Soldaten hier entlassen hatte, selber sich aber noch im Gefechtsstand aufhielt.

In der Kampfkommandantur war es eine ausgemachte Sache, daß Feldkirch verschont werden müsse. Es wäre ein unnützes Beginnen gewesen, wenn dieses Ziel zu früh offenbar geworden wäre.

Am Mittwochabend sah Hauptmann Bartels die Zeit gekommen, den Hebel umzudrehen.

Oblt. Lorenz, der eigentlich nur im Bauhof zukehren wollte, um zu erfahren, was es mit dem „Waffenstillstand" für eine Bewandtnis habe, von dem auf dem Wege nach Feldkirch Leute zu erzählen wußten, kam auf den Gefechtsstand, als gerade Scherribel, Bartels und Ganahl am Telefon hingen und mit General Schmidt wegen der Brücke verhandelten. „Der General wollte sie sprengen, während die Offiziere und vor allem auch der Standschützenmajor sich dagegen wehrten." (Lorenz) Auch Obstlt. Knoblauch setzte sich bei General Schmidt energisch für die Stadt ein, bis ihm dieser mit Erschießen drohte, wenn er noch einmal einen Vorstoß mache. Die Offiziere durften es jetzt nicht mehr wagen, sich beim General für die kampflose Übergabe der Stadt einzusetzen, ebensowenig durften sie sich über den Kopf des Generals hinweg direkt mit der Gauleitung in Verbindung setzen.

Daher regte Obstlt. Knoblauch bei Major Ganahl an, durch Zivilbehörden auf den General Druck auszuüben und, wenn nötig, den Gauleiter als Verteidigungskommissär direkt anzugehen.

Eine Reaktion darauf waren die Telefongespräche in der Nacht von Mittwoch auf Donnerstag, von denen oben einige mitgeteilt wurden, wie sie Dr. Feurstein abgehorcht hat. Die ganze Nacht rasselte das Telefon. Alle erdenklichen Partei- und Wehrmachtsstellen wurden angerufen.

Arnold Ganahl und Landratstellvertreter Dr. Kropf riefen zuerst Kreisleiter Richter an. Bei ihm war nichts zu erreichen. In jämmerlichem Tone erwiderte er, er werde in der Kreisleitung in Bludenz bedrängt, das Gebäude werde beschossen. Ganahl und Dr. Kropf sollen sich direkt an den Gauleiter wenden. In dieser Nacht sprachen sie denn dreimal mit dem Gauleiter.

Nach zähem Hin und Her gab Hofer schließlich nach und beendete das Gespräch mit der Erklärung: „Ich wünsche kein Blutvergießen mehr, habe jetzt aber keine Möglichkeit, Kesselring zu verständigen."

Feldmarschall Kesselring saß in Landeck, telefonisch war er nur unter gewissen Stichworten erreichbar („Löwenzahn", „Narenta"). Erst um 5 Uhr früh kam von Feldkirch aus eine Verbindung mit ihm zustande. Kesselring nahm die Entscheidung Hofers mit einigem Mißtrauen zur Kenntnis, meinte dann, es sei klar, daß die zivilen Behörden sich immer bemühen, dem Kampf fernzuhalten. Aber Krieg sei Krieg. Er werde sofort einen Kraftfahrer zu Hofer schicken, um die Bestätigung einzuholen, daß er tatsächlich für Feldkirch eine solche Entscheidung getroffen habe. Inzwischen soll General Schmidt verständigt werden, daß er wahrscheinlich im Verlaufe des Vormittags eine neue Order erhalten werde. Sofort wurden Obstlt. Knoblauch in Göfis und General Schmidt in Satteins durch Dr. Kropf und Ganahl von der neuen Sachlage informiert. Schmidt war nicht gleich da, sondern nur sein Adjutant.

Um halb 9 Uhr war dann auch von Feldmarschall Kesselring über General Schmidt in der Kampfkommandantur Feldkirch der Befehl eingetroffen, daß die Stadt nicht mehr verteidigt werde. Darin war angeordnet: „Die Brücken müssen entladen werden, hingegen die Brückensperren müssen bleiben und von je zwei Standschützen bewacht werden, bis sich der Feind zeigt; dann sollen sich diese zurückziehen. Das gilt auch für die Felsenaubrücke." — Darum wurde am späten Vormittag, wie oben gemeldet, mit der Errichtung einer Barrikade auf der Felsenaubrücke begonnen!

Ein zusätzlicher Befehl besagte, daß die Brücke in der Felsenau so lange zu sperren sei, bis die deutsche Wehrmacht zurückgezogen ist. — Im wesentlichen handelte es sich um die Kampftruppen General Schmidts und um die Kompanie Vogel, die am Schwarzen See standen, während die Kompanie Stegmann in Maria Grün näher bei der Hauptstraße war. Außerdem war der Stand dieser Kompanie schon stark zusammengeschmolzen, denn wie die Kommandantur im Bauhof am Donnerstagvormittag feststellte, haben viele Soldaten die Gewehre weggeworfen, nachdem sie von der Bevölkerung mit Alkohol gekauft worden waren.

Zur Sicherung gegen Überraschungen wurde in Frastanz eine Batterie aufgezogen, damit kein Feindpanzer die Felsenau zu früh passieren könne.

Um 10 Uhr vormittag riefen Ganahl und Dr. Kropf noch einmal Hofer an, bekamen aber nur zur Antwort: „Gauhaus meldet sich nicht mehr!" Die Widerstandsbewegung in Innsbruck hatte das Heft in der Hand und Hofer mußte abtreten. Er kam in ein amerikanisches Internierungslager bei Tübingen.

Trotzdem...

Die Stadt war und blieb gerettet. Wie kam es aber trotz des Befehles von Hofer und Kesselring zur Sprengung der Brücke in der Felsenau?

Am Mittwoch spät abends waren die beiden Kompanieführer Vogel und Stegmann bei Hauptmann Bartels und regten an, bei General Schmidt anzufragen, ob die Kapitulation der Südfront auch für den hiesigen Kampfabschnitt Anwendung finde. Erst um Mitternacht wurde der General erreicht. Inzwischen waren Vogel und Stegmann wieder bei ihren Kompanien. General Schmidt war sehr erbost. Bartels wurde als Kampfkommandant abgesetzt (weil er sichtlich keinen Kampfwillen hatte!). Dem „Alten" ging die Geduld aus: „Das ist jetzt schon die zehnte oder die zwanzigste Anfrage über die Kapitulation. Das bestimme ich, wer hier kapituliert." Zum Kampfkommandanten wurde jetzt Major Scherribel ernannt, der seit Mitte April die Nachrichtenabteilung 18 führte. Bartels hatte also nichts mehr anzuschaffen. Noch früh genug hatte es Major Ganahl bei ihm durchsetzen können, daß die Kampfkommandantur außerhalb der Stadt hinaus in den Bauhof verlegt wurde, damit sich die Bevölkerung nicht länger beunruhige. Die Anstalten zur Verlegung wurden schon am Mittwochnachmittag getroffen, wie aus den Anweisungen ersichtlich ist, die Leutnant Vonblon erhielt. (Nach Ganahl wurde Bartels schon am Mittag abgesetzt.)

Major Scherribel hielt sich, wie Grebmer und Vogel bezeugen, eng an Bartels. Die beiden vertrugen sich sehr gut. Auch Scherribel hatte Verständnis für die Wünsche der Bevölkerung.

Den Ausschlag dafür, daß die Brücke doch gesprengt wurde, hat der überraschende Vorstoß der Franzosen am Donnerstagmittag gegeben. In der

Kampfkommandantur rechnete man damit, daß nach Sprengung der Frutzbrücken der Feind nicht vor Abend das Weichbild der Stadt erreiche und kaum noch in der Nacht über Feldkirch hinaus vorstoße. Für die Zurückziehung der Kampftruppen des Generals Schmidt, der beiden Flügel in Maria Grün und am Schwarzen See sowie der verschiedenen kleinen Kommandos wie Brückenbesatzungen usw. mußte die Zeit also leicht reichen. Aus den umliegenden Dörfern von Feldkirch war die Wehrmacht um die Mittagsstunde abgezogen worden. Die Ortskommandantur in der Schlossergasse steckte schon am Vormittag zusammen. Aus ihren Räumen und aus dem Wasserturm an der Ill holte die Standschützensicherheitswache Panzerfäuste, Gewehre und Munition heraus und führte sie mit Wagen in das Rathaus, wo die Panzerfäuste entschärft wurden (sie waren für die Verteidigung der Justizbrücke vorgesehen).

Anstatt am Abend waren aber die Franzosen dank der Aktion der Rankweiler schon um 13 Uhr in Altenstadt und eine halbe Stunde später in der Mitte von Feldkirch. Dieses frühzeitige Erscheinen der französischen Panzervorhut und daher die Aussichtslosigkeit, alle Truppen noch mit genügend Vorsprung bis zur nächsten Kampflinie zurückzuführen, war die Ursache, daß die Brücke doch gesprengt wurde.

Nach einem Bericht des Oblt. Lorenz muß das Kampfkommando im Bauhof durch die Ankunft der Franzosen in Feldkirch direkt überrumpelt worden sein; die Telephonleitungen zum Gefechtsstand seien von der Bevölkerung durchschnitten worden. Wäre aus Feldkirch noch früh genug eine Benachrichtigung eingetroffen, so hätte man die Truppen warnen können. Andererseits sei es nicht ratsam gewesen, die Soldaten zu früh heimzuschicken, da sie sonst auf dem Wege aufgegriffen und wieder eingesetzt worden wären.

Wer dann letztlich den Sprengungsbefehl gegeben hat, läßt sich nicht mehr feststellen. Knoblauch war nicht mehr an der Brücke. Scherribel und Bartels dürften wohl schon weggefahren sein. Eine neue Weisung von Kesselring oder Richter (Hofer war um diese Stunde schon flügge!) mußte nicht eingeholt werden, weil der Entscheid von der Früh eindeutig genug war; noch viel weniger konnte das OKH (Oberkommando des Heeres), das sich sonst die Sprengung strategisch, also nicht bloß örtlich wichtiger Brücken vorbehielt, um einen Entscheid angegangen werden. „Da die Sprengung der Brücke das einzige Mittel schien, die rückziehenden Truppen zu sichern, bedurfte es eigentlich keines Befehles mehr." (Lorenz) Doch dürfte die Annahme nicht weit fehlgehen, daß die Kampftruppe des Generals Schmidt die treibende Kraft war. Dafür spricht der Umstand, daß Natter und Dünser kurz vor der Sprengung im Spiegel-Haus höhere Offiziere, darunter einen Oberst antrafen. Diese konnten doch wohl nur der Kampftruppe des Generals angehören.

Die Sprengung der Brücke führte ein Pionierhauptmann durch, ein Weltkriegsoffizier. Plötzlich tauchte er bei der Brücke auf. Niemand kann Aufschluß geben, woher er kam und wem er unterstand.

Verlegung des Festungskommandos

General Schmidt hatte in Feldkirch eine unruhige Zwischenstation. Auf Kosten der Heimatbevölkerung einen Rückzug decken müssen, ist kein Weg zur Popularität. In Satteins wurde von der Widerstandsbewegung Feldkirch auf ihn Jagd gemacht. Der Anschlag glückte aber nicht.

Als die Franzosen Donnerstag früh an der Frutz standen, zog es General Schmidt vor, seine Kommandantur weit hinter die nächste vorgesehene Verteidigungslinie, die bei Nüziders-Bludenz lag, also nach St. Anton am Arlberg zu verlegen, während Obstlt. Knoblauch sich mit seinem Stab nach Lorüns absetzte.

Hptm. Bartels leitete noch am späten Vormittag die Zurückziehung der Soldaten von den Brücken und die Übergabe der Brückenwache an die Standschützen-Sicherheitswache, wobei er Oblt. Grebmer als Ortskundigen zu Hilfe nahm. Grebmer blieb im Einverständnis mit Major Scherribel in Feldkirch.

Eine halbe Stunde Mittagsrast in Altenstadt

Donnerstag, 3. Mai, kurz vor 13 Uhr, traf der erste französische Panzerspähwagen bei der Bäckerei Winkler in Altenstadt ein und stand also unmittelbar vor der Panzersperre. Da der Betonturm umgelegt und somit die Straße blockiert war, stoppte der Panzer. Einheimische wiesen dem Führer den Weg dahin, wo der Panzergraben noch nicht ganz vollendet war und daher mit einigen Hindernissen noch überquert werden konnte. An der Stelle, wo die Lehenhofstraße durch den Panzergraben unterbrochen war, fanden sich gleich Einheimische ein, die den Graben zuschaufelten und so eine notdürftige Fahrbahn herstellten. Vom Schrofen über Altenstadt aus schossen nun SS-Leute auf diese Arbeiter. Da aber die Entfernung ziemlich groß ist, war kein Opfer zu beklagen. Zur Vermeidung von unliebsamen Auseinandersetzungen wurde dem französischen Panzerführer der Standort der Schützen gezeigt. Ein beim Gasthaus „Löwen" stehender Panzer nahm die SS aufs Korn und feuerte eine Lage ab. Der Spuk auf dem Felsen war aber noch nicht zu Ende. Nach einer knappen halben Stunde wurden mit Fernglas wieder Schützen beobachtet. Erst nach einem abermaligen Feuer zogen sich die SS-Leute auf dem Schrofen endgültig zurück. Bei dieser Schießerei gerieten auch Göfner, die von der Höhe aus dem Einmarsch zuschauten, in höchste Lebensgefahr. Bald erschienen zwei leichte Aufklärer, die das Gebiet des Schrofens absuchten. Nun rollten die langen Panzerkolonnen der Stadt zu. Das Bollwerk Altenstadt hatte die Franzosen eine halbe Stunde aufgehalten, die Zeit einer kurzen Mittagsrast.

Die Umleitung des Verkehrs dauerte nur einen Tag. Schon am Freitagnachmittag war die Reichsstraße hindernisfrei, nachdem der wuchtige, fast 60 Tonnen schwere Betonklotz in zehn Sprengungen durch die französischen Pioniere beseitigt worden war. Die nächstliegenden Häuser erlitten allerdings durch diese Sprengungen zum Teil erheblichen Schaden. Es hatte auch nicht an Versuchen gefehlt, das Umlegen des „Panzerturmes“ vor dem Eintreffen der Franzosen zu vereiteln. Der zur Genesung in der Heimat weilende Frontsoldat Franz Schatzmann und der Elektromonteur Castellaz, beide aus Altenstadt, und einige Aufpasser machten sich in der Nacht vom 2. auf 3. Mai um den Turm herum zu schaffen; die Unschädlichmachung der Zündvorrichtung gelang, aber der Posten muß doch Verdacht geschöpft und Meldung erstattet haben. Der Fallkörper wurde dann um 10 Uhr vormittags durch Sprengung umgelegt.

3. Mai 1945: Die ersten französischen Panzer erreichen Feldkirch.

Einzug der Franzosen in Feldkirch. — Sprengung der Brücke in der Felsenau

Beim Hotel „Bären“ erwartete eine Delegation, nämlich der Postbeamte Bertsch (von den Standschützen), Kaufmann Mellich (von der Widerstandsbewegung) und Bürgermeister Lange, mit einem Dolmetscher das Eintreffen der Panzerspitze. Nach einem kurzen Empfang rollten die Panzer der reichbeflaggten Stadt zu. Vor der Justizbrücke bog der erste links ab und postierte sich beim Wasserturm. Ein Kanonenrohr wurde gegen den Eingang des gegenüberliegenden Justizgebäudes gerichtet, das andere gegen die Panzersperre auf der Brücke. Der Standschütze Dir. Carl Ammann klärte den Panzerführer darüber auf, wie die Verteidigung der Stadt wirksam vereitelt wurde und daß die Panzersperre den Zweck gehabt habe, die Sprengung der Brücke zu ersetzen, daß sie aber sofort entfernt würde.

Im Vorhof des Justizgebäudes, das als Lazarett gekennzeichnet war, mußten sich die 66 Patienten mit den Schwestern zeigen. Der Panzerführer hatte offenbar Kenntnis, daß da etwas nicht in Ordnung war. Das Mißtrauen war tatsächlich nicht ganz unbegründet, denn nach dem Zeugnis des dortigen Brückenoffiziers, Oblt. Fritsch, war im untersten Geschoß des Gebäudes ein Kampfstand eingebaut gewesen und erst am Abend vor dem Einmarsch aufgegeben worden.

Rasch waren genügend Männer zur Stelle, die die Panzersperre auf der Brücke öffneten. Einige Minuten später flog unter furchtbarer Detonation die Brücke in der Felsenau in die Luft. Dabei verunglückte ein deutscher Soldat tödlich. Die Aufregung, die durch die Sprengung in der Stadt ausgelöst wurde, stieg noch, als vom Stadtschrofen herunter einige Schüsse krachten. Die Franzosen gaben ein kurzes Feuer aus schweren Maschinengewehren zurück. Schon vor der Brückensprengung hatte ein Panzerspähwagen vom „Rößle“ aus kurz vor der Bahnüberfahrt beim städtischen Gaswerk einen Personenwagen in Brand geschossen. Der deutsche Offizier sprang heraus und eilte zur Brücke zurück; eine Frau wurde tödlich verletzt. Außer bei diesen genannten zwei Vorfällen wurden in Feldkirch keine Schüsse gehört. Die Aufklärungsflugzeuge kreisten nicht lange über dem Stadtschrofen.

Die Brücke in der Felsenau nach ihrem Wiederaufbau durch französische Pioniere und nach ihrer Verstärkung durch die Straßenbauverwaltung

Daß in Frastanz Geschütze aufgestellt waren, die im Falle des Mißlingens der Sprengung die Enge der Felsenau solange hätten mit Feuer belegen müssen, bis sich alle Wehrmacht nach Bludenz abgesetzt hätte, erfuhren die Feldkircher erst nachher. Wenn auch die Rückzugstruppen nicht über allzuviel Munition verfügt haben dürften, die Folgen eines solchen Widerstandes hätten für Feldkirch doch noch bitter sein können. Wahrscheinlicher aber wäre Frastanz ein Trümmerhaufen geworden. Eine Stunde nach erfolgter Brükkensprengung wurden die Geschütze in Frastanz weggefahren. Der Sprengerfolg war ja so, daß die Führer des Rückzuges voll auf die Rechnung kamen: Straße und Eisenbahn waren in der Enge der Felsenau unbenützbar. Rechtsseitig war an der Sprengstelle die ganze Straße bis auf das Niveau der darunter parallel dahinführenden Bahnlinie weggerissen. Der Bahnkörper selbst war zerstört. Trümmer der Brücke sah man noch lange in der Illschlucht liegen. Linksseitig ist der Wald ob der Schlucht wie abrasiert. Die neue Brücke, die innerhalb von zwei Wochen von den Pionieren der Besatzung aus Kriegsbrückentragwerk gebaut wurde, war Eigentum der französischen Wehrmacht und wurde ein Jahr später durch die breitere „Rote Brücke" von Bangs ersetzt, die dort abgebrochen wurde.

Die Illbrücke bei Nofels

Obstlt. Knoblauch bezeichnete die Illbrücke bei Nofels als die zweitwichtigste von Feldkirch. Es sieht fast wie ein Witz aus, wenn als Brückenkommandant ein Leutnant eingesetzt wurde, der in Nofels aufgewachsen ist und alle Leute dort kennt. Für Leutnant Vonblon und seinen ehemaligen Lehrer Christian Stieger und Ortsvorsteher Franz Büchel war beim ersten Wiedersehen die Abmachung eine Selbstverständlichkeit, daß die Brücke nicht gesprengt wird. Mit den übrigen Standschützenführern war die Zusammenarbeit in gleicher Weise sofort gegeben.

Hauptmann Bartels fand die Brückenbesatzung in Nofels für zu schwach und versprach Verstärkung. Das konnte aber der Brückenkommandant nicht brauchen. Einmal kündigte Bartels einen Zug Infanterie mit einem Leutnant an. Der Zug kam an die Brücke, doch ohne Leutnant. Dieser war beim Erklären, wie man die Panzerfäuste abschießt, schwer verletzt worden. So redete Vonblon wenigstens niemand drein. Um 11 Uhr nachts (Mittwoch auf Donnerstag) meldete sich ein Zug Reichsarbeitsdienst zur Verstärkung, den Vonblon glatterhand mit der Begründung wegschickte, es seien keine Unterkünfte da. Hauptmann Bartels gegenüber gab Vonblon zur Antwort, die Leute hätten ja keine Ahnung von ihren Waffen, sie wären für ihn bloß eine Belastung. Hauptmann Bartels zeigte sich gar nicht besonders ungehalten.

Am Mittwoch meldete sich bei Leutnant Vonblon in Militäruniform sein ehemaliger Schulkamerad Emil Zimmermann von Nofels, der am Tag zuvor von Innsbruck „abgehauen" war. Am Abend stellte er sich verabredungsgemäß wieder ein. Um 20.30 Uhr entschärfte Vonblon die Sprengladung, die auf einem Brückenpfeiler aufruhte. Die Bombe war so schwer, daß er sie nicht vom Fleck bringen konnte. Weil aber die Zündung jederzeit leicht ersetzt werden kann, nicht aber die Ladung, wollte er doch die Bombe ins Wasser werfen. Emil Zimmermann, der inzwischen Wache gestanden war und niemand passieren ließ, ging weg und holte ein Brecheisen. Genau um Mitternacht schob er die Ladung ins Wasser, während Vonblon die Wache besorgte.

Eine Stunde später fuhr ein Kontrolloffizier her, um nachzusehen, ob die Sprengladungen noch in Ordnung seien. Zimmermann ließ ihn gar nicht herankommen und erklärte, strengsten Befehl zu haben, daß er keinen Menschen an die Sprengladung heranlassen dürfe. Darauf klopfte der Offizier dem braven Soldaten auf die Schulter: „Das ist wenigstens einmal ein richtiger Posten. Wenn alle so wären, könnten keine Sabotageakte wie in Altenstadt vorkommen!"

Gegen drei Uhr früh kam wieder eine andere Inspektion. Der Offizier erkundigte sich nach der Straßensperre neben der Brücke. Hier ließ er durch zwei Pioniere eine Sprengladung anbringen und gab Befehl, daß die Sperre (Betonturm) zugleich mit der Brücke gesprengt werden müsse. Der Zeitpunkt der Sprengung würde eigens bekanntgegeben werden. Es müsse aber ein Posten aufgestellt werden, damit keine Sabotage verübt werden könne. Vor allem dürften keine Standschützen in der Nähe geduldet werden. In Altenstadt sei es in dieser Nacht vorgekommen, daß ein Standschütze eine Sprengladung von der Betonsperre entfernen wollte.

Nachdem der Offizier die Versicherung entgegengenommen hatte, daß die Brückenladung in Ordnung sei, fuhr er befriedigt nach Feldkirch weiter. Gleich nachher entfernte Vonblon die Ladung aus dem Fuße des Betonturmes, warf sie in die Ill und stellte einen Posten auf mit dem strengen Auftrag, niemanden heranzulassen ...

Um 6 Uhr früh meldete sich die Kampfkommandantur und kündigte an, daß der Kampfkommandant zur Inspektion an die Brücke komme. Etwa um 7.30 Uhr erschien dann ein Oberleutnant aus dem Kommando (Krapf, Adjutant Bartels). Um die sichere Sprengung der Brücke bemühte er sich gar nicht; die Brückenbesatzung solle sich im geeigneten Augenblick nach Nenzing absetzen. Der Kampfkommandant selber erschien nicht. Daraufhin zeigte Vonblon seinen Leuten Flugblätter, aus denen zu entnehmen war, daß die Südfront kapitulierte; sie könnten jetzt machen, was sie wollten.

Um 8.30 Uhr war die Brücke verlassen. Passieren konnte nichts, da sie nicht mehr geladen war, und außerdem bekümmerte sich die Kampfkommandantur in Feldkirch nicht mehr um die Brücke. Leutnant Vonblon erhielt zwar keine Mitteilung mehr, daß Feldkirch kampflos übergeben werde, hatte also keine Kenntnis davon.

Einige Soldaten vom Brückenkommando suchten in die Schweiz zu kommen. Andere, besonders alle Österreicher, blieben in Nofels; Vonblon verschaffte ihnen Zivilkleider und brachte sie in Bauernfamilien unter, denen sie bei den Anbauarbeiten halfen.

Leutnant Vonblon warf sich ebenfalls in Zivil, hielt sich aber noch eine

Zeitlang bei der Brücke auf. Die ersten französischen Truppenteile kamen um 14 Uhr nach Nofels, bis dahin besorgten Standschützen den Sicherheitsdienst.

Wenn auch die endgültige Weisung Kesselrings über die Freigabe der Stadt Feldkirch um 19.30 Uhr noch ausstand, war es der Kampfkommandantur doch nicht darum zu tun, die Nofler Brücke zu sprengen; wohl aber wurden zur gleichen Zeit — wahrscheinlich durch die Kampftruppen des Generals Schmidt — die Frutzbrücken ausgeschaltet, was unabhängig von den erwarteten Anordnungen Kesselrings als für die Truppen notwendig erachtet wurde.

Auch die Eisenbahnbrücke über die Ill nach Liechtenstein war geladen. Am Donnerstag früh kam der Brückenkommandant von dort, ein Oberfeldwebel und Futtermeister, zu Leutnant Vonblon, um nach der Lage zu fragen. Vorsichtig erkundigte er sich, was er tun solle; in der Nacht sei er von Einheimischen bedroht worden. Vonblon gab ihm den Rat, die Sprengladung zu entschärfen und in die Schweiz zu fliehen. Er müsse sich nur beim Oberstleutnant in Bangs melden. Alles übrige werde dort besorgt. Kaum eine halbe Stunde später kam der Oberleutnant vom Kampfkommando mit dem Sprengbefehl. Auch die Eisenbahnbrücke wurde nicht zerstört.

Am Vormittag kamen prompt je zwei Standschützen an die Eisenbahnbrücke und an die Nofler Brücke und übernahmen die Wache entsprechend den Weisungen, die Hofer und Kesselring in der Früh an General Schmidt gegeben hatten.

Am Vorabend war ein Oberstleutnant von der XXIV. Armee, allem Anschein nach ein Stabsquartiermeister, an die Nofler Brücke gekommen, stieg von seinem Wagen aus und erkundigte sich nach der Schweizer Grenze. Am Donnerstag früh fuhr er mit mehreren Offizieren wieder vorbei und unterhielt sich mit Leutnant Vonblon. Der Oberstleutnant, der keine Ahnung hatte, daß die Brücke schon entladen war, redete dem Brückenkommandanten zu, doch die Brücke nicht zu sprengen; so etwas Sinnloses wie diese Zerstörungen jetzt, wo doch alles verloren sei (dabei zeigte er auf Flugblätter, die er aus der Tasche zog), habe die Welt noch nie gesehen. Dann wies er Vonblon an, den drei Lastkraftwagen, die bald nachkommen würden, den Weg nach Bangs zu zeigen. Dort habe er schon an der Brücke verhandelt. Die Leute, die er bringe, würden sicher in die Schweiz eingelassen. Nach kurzer Zeit kamen auch richtig die drei Wagen.

Über Feldkirch hinaus

Rückblickend kann festgestellt werden, daß der schwächste Punkt in der Verteidigung der Riegelstellung Feldkirch bei den Illbrücken der Stadt gelegen war. Wohl war auch die Straße Rankweil—Schwarzer See nicht hinreichend blockiert, immerhin besser wie die Talenge in Altenstadt. Aber wenn die Stadtbrücken ein tatsächliches Hindernis für den Vormarsch gebildet hätten, wäre für den ersten Ansturm nur der Umweg über Nofels übrig geblieben, dem aber im selben Augenblick mehr Aufmerksamkeit geschenkt worden wäre, als die Absicht bestanden hätte, dem Feind den Übergang über die Ill durch Sprengung der Stadtbrücken um jeden Preis zu verwehren. Der Panzergraben in der Letze konnte in keiner Weise die strategische Bedeutung der Sprengung sämtlicher Illbrücken auch nur irgendwie ersetzen. Er gehörte ursprünglich zum Projekt „Seifenblase“, sollte also in erster Linie einen Einfall aus der Schweiz aufhalten.

So blieb die Verteidigung zum Glück für die Stadt, eine halbe Sache. Militärfachleute sagen, zu einer erfolgreichen Verteidigung von Feldkirch hätte, den völligen Ausbau der vorgesehenen Wehranlagen und eine ausgiebige Unterstützung durch Flieger vorausgesetzt, mindestens ein Regiment eingesetzt werden müssen.

Wenn sich die deutsche Wehrmacht zum Verzicht auf die Brückensprengungen innerhalb der Stadt bewegen ließ — im Urteil des Volkes zwar eine Selbstverständlichkeit, jedenfalls ein beachtlicher Erfolg des Widerstandsgedankens —, so verdient diese Rücksichtnahme anerkannt zu werden. Es gibt auch ganz Gescheite, die zwar zugeben, daß Wehrmachtsoffiziere sich zuletzt einer Verteidigung der Stadt widersetzten, aber diese unleugbare Tatsache mit dem Hinweis abschwächen wollen, daß die Felsenaubrücke trotzdem gesprengt wurde. Man wird aber einem Offizier niemals soviel Kriegssabotage zumuten dürfen, daß er damit sich und seine Truppen in sichere Gefangenschaft bringt. Denn jeder Soldat hat noch Hoffnung heimzukommen , solange er die Freiheit besitzt. Man versetze sich in die Lage der Soldaten!

Die Franzosen gelangten zunächst mit leichteren Panzern über die Heiligkreuzbrücke zum Lehrerseminar und über die schmale, steile Straße zur Letze und Felsenau. Von hier war der Weg nach Frastanz frei. Ein fanatischer Parteiagent, ein Reichsdeutscher, der in Wehrmachtsuniform in Frastanz den Widerstand organisieren wollte, wurde einfach vom Motorrad heruntergeschossen.

Während die französische Vorhut den Umweg über Tisis nach Frastanz suchte, plante eine Panzerabteilung einen Vorstoß von Rankweil aus über den Schwarzen See nach Satteins. Auf dieser Straße wurde der Walgau erst ziemlich spät erreicht, da die Hauptstreitkräfte der Franzosen von Brederis direkt nach Feldkirch zusteuerten und Rankweil erst nachher besetzt wurde. Das Fallkörperhindernis beim Valdunastall und die Sperre aus gefällten Baumstämmen beim Schwarzen See waren bald beseitigt. Aber trotzdem konnten die Franzosen nur langsam vortasten, da sich in den Wäldern von Göfis SS oder Werwölfe in den Hinterhalt gelegt hatten. Göfis wurde erst am Freitagmittag besetzt. Nachdem die Straße über den Schwarzen See offen war, wickelte sich in den nächsten Tagen, bis die Brücke in der Felsenau gebaut war, der Hauptverkehr der Besatzungsarmee über Rankweil ab.

Gauleiter Hofer hatte noch sehr spät den Ausbau von Stellungen zwischen Feldkirch und Frastanz befohlen (nach Dauner). In der nervösen Hast der letzten Wochen wurde manches geplant, befohlen und begonnen, aber niemand konnte von der Zweckmäßigkeit des Tuns überzeugt werden und deshalb war der Arbeitserfolg kaum nennenswert.

„Deutsche Kriegsgefangene werden in Lastwagen durch Feldkirch gebracht" (Übersetzter Originaltext des französischen Fotoreporters).

Dort wo der Spondawald an das Frastanzer Ried grenzt, wurden einige Stellungen, Schützenlöcher, gebaut. Von da aus hätte man die auf der Hauptstraße anrollenden Panzer gut beschießen können. Quer durchs Tal erhebt sich dann eine steile Bodenwelle am Ende des Riedes, dann beginnt das Einlieser Feld. Hier waren — allerdings schon Wochen vor dem Kriegsende — durch deutsche Truppen Stellungen für Maschinengewehre und Geschütze vorbereitet worden. Es blieb aber alles unvollendet. Das waren alle Stellungsbauten in Frastanz. Einen Widerstand fanden die Franzosen auf dem ganzen Frastanzer Vorfeld nicht. Auch die Schützenstellungen beim Spondawald waren verlassen. General Schmidt hatte seine Truppen nach Nüziders zurückgezogen. Trotz der überraschenden Ankunft der Franzosen in Feldkirch war ihm das Manöver dank der Sprengung der Felsenaubrücke gelungen.

Beim Widerstand im Göfner Wald, angeblich von SS, dürfte es sich kaum um Truppenreste gehandelt haben, die den Anschluß nicht mehr gefunden haben, sondern wohl eher um Fanatiker, denen die Augen immer noch nicht aufgegangen waren oder die ihr Schicksal auf jeden Fall besiegelt sahen. Erwiesenermaßen hat sich auch ein größeres Werwolfrudel im Wald herumgetrieben (nach Vogel).

Abschied in Lorüns

Die Truppen, die in Feldkirch eingesetzt waren und nicht zur Kampftruppe des Generals Schmidt oder zu den beiden Kompanien der Bludenzer Garnison gehörten, hätten im Ernstfall niemals etwas ausgerichtet. Es waren zusammengewürfelte Alarmeinheiten, die aus einem bunten Gemisch von aufgefangenen Rückzüglern und lazarettentlassenen Genesenen bestanden, irgend einem versprengten Offizier unterstellt wurden und bald verflüchtigt waren. Sie fanden selber den besten Weg.

Auch bei den Kompanien Stegmann und Vogel lichteten sich die Reihen immer mehr. Es waren Burschen im Alter von 16 (!) bis 18 Jahren mit einer nur vierwöchigen Ausbildung. Ihnen konnte man doch keine Kampfbegeisterung zumuten, zumal es auf sie bestimmt einen demoralisierenden Eindruck machte, wenn sie sahen, daß sie in den Stellungen sitzen mußten, während ein Offizier um den anderen der Front den Rücken kehrte und über Rankweil—Schwarzer See den kürzesten Weg in den Walgau suchte, und wenn darunter Majore waren, die schweißtriefend auf einem Fahrrad flohen und ihre ganzen Habseligkeiten in einem Persilkarton auf dem Gepäckträger mitführten ...

Die beiden Kompanieführer Vogel und Stegmann, die unter sich in Funkverbindung standen, machten am Mittwochnachmittag miteinander aus, zum Chef der Nachrichtenabteilung, Major Scherribel, zu gehen und mit ihm zu verhandeln, ob man die beiden Kompanien nicht wegschicken dürfe; mit sechzehnjährigen Leuten könne man doch keinen Krieg führen. Scherribel verstand und sagte zu; natürlich mußte Obstlt. Knoblauch davon wissen. Inzwischen wurde aber Scherribel Kampfkommandant und hundert Aufgaben stürzten über ihn her. Die Nacht brachte viel Aufregung und Unsicherheit über die Lage. Von Knoblauch war immer noch keine Bestätigung da, daß abgerückt werden dürfe (er war in dieser Nacht schon kurze Zeit in Lorüns). Vogel und Stegmann machten aus: Wenn kein anderslautender Befehl eintrifft, wird einfach abgerückt. Am Vormittag funktionierte die gegenseitige Funkverbindung nicht mehr recht.

Die Kompanie Vogel konnte sich nicht so leicht davonmachen, weil sich ein Bataillon der Kampftruppe des Generals Schmidt in den Weg gelegt hatte. Dieses Bataillon rastete hier nur, erhielt auch keinen Kampfplatz zugewiesen; im Ernstfalle jedoch wäre es sofort zur Stelle gewesen und hätte für Feldkirch eine Gefahr bedeutet. Am Donnerstag um die Mittagsstunde brach jedoch dieses Infanteriebataillon auf. So bekam auch die Kompanie des Oblt. Vogel wieder Luft und rückte einfach nach, ohne vom Festungskommando einen Auftrag zu haben. Es war auch gut so, denn in dem Durcheinander, das im Befehlsstand der Kampfkommandantur herrschte, und bei dem Aufbruchfieber der Offiziere, hatte man die Kompanie (die ja zur Kampfkommandantur Rankweil, nicht Feldkirch gehörte!) glatt hängen lassen. Mit dem Bauhof war am späten Donnerstagvormittag keine Verbindung mehr herzustellen. Durch Dr. Arthur Ender bekam Oblt. Vogel die Verständigung, daß die Franzosen bald in Feldkirch einrücken werden. Es war also keine Zeit mehr zu verlieren. Oblt. Vogel führte die Kompanie über den Schwarzen See heraus und fuhr dann voraus nach Bludenz, um sich umzusehen, was weiter zu unternehmen sein werde. In Bludenz hörte er, daß die Lager der Garnison ausgeplündert worden seien, daß sich alles in Lorüns sammle, die Entlassungsscheine bekomme und sich auflöse. In Lorüns sprachen aber Scherribel und Ney davon, daß die Reste der Nachrichtenabteilung das Montafon verteidigen sollten. Oblt. Vogel schickte die Nachricht zurück: Auflösen im Raume Bludenz! Das Gleiche tat auch Oblt. Stegmann.

In der vergangenen Nacht waren viele Offiziere in Lorüns, wohl Truppenoffiziere des Generals Schmidt; sie waren dann im Verlaufe des Vormittags in das Montafon abgehauen, während Obstlt. Knoblauch noch einmal zu seinem Kommando zurückfuhr und während des Vormittags den Festungsstab nach Lorüns holte.

Oblt. Lorenz hätte seine Landecker, die er am Mittwoch nachts glücklich nach Feldkirch gebracht hatte, dort einsetzen sollen, erwirkte aber bei Major Scherribel, daß die jungen Soldaten nach dem Gewaltmarsch von Koblach her ausrasten durften. In der Früh stellte er ihnen frei, sich langsam zu verziehen, und gab ihnen als Marschrichtung Montafon—Zeinisjoch—Paznauntal an, weil der Arlberg durch die zurückflutenden Truppen buchstäblich verstopft sein mußte. In der Felsenau blieben nur ein paar wenige Soldaten (vom Personal), die dann mithalfen, Barrikadenmaterial auf die Brücke zu tragen, und zwar aus der Erwägung heraus, den Heimweg der Truppe möglichst lange zu sichern.

In Lorüns war man zuerst unschlüssig, was zu machen sei. Erst wollte man hier übernachten, um 17 Uhr fiel aber praktisch alles auseinander: Major Scherribel verabschiedete sich, desgleichen Hptm. Ney und ein paar andere Offiziere und auch Obstlt. Knoblauch. Der ganze Stab Knoblauchs löste sich auf. Jedoch ist nicht bekannt, daß sich vom Stab des Generals Schmidt hier jemand angeschlossen hätte.

Oblt. Lorenz hatte seinen Troß nach Partenen bringen lassen; dort übergab er Pferde und Wagen der Gendarmerie und ging nach Hause.

Knoblauch, Scherribel und Ney kamen mit noch acht anderen Offizieren am Freitagvormittag nach Partenen, wo sie im Gasthaus Silvretta warteten, bis der Troß nachkam. Da Ing. Boß wußte, daß im Silvrettadorf und Zeinisgebiet Stellungen hätten ausgebaut werden sollen, erkundigte er sich bei Obstlt. Knoblauch über sein weiteres Vorhaben, ließ aber die Offiziere ihres Weges gehen, da Knoblauch versicherte, daß sie nicht im geringsten im Sinne hätten, in den Bergen einen Widerstand zu organisieren, sondern daß sie nur trachten würden, sich der Gefangennahme zu entziehen. Am Nachmittag kam der Troß mit 20 Pferden und Begleitmannschaft nach. Wegen der hohen Schneelage ermüdeten die Pferde rasch und erreichten nur Ganifer, das auf halbem Wege zum Zeinisjoch liegt. Einige Bauern, die den Trupp begleitet hatten, brachten die Pferde nach Partenen zurück. Obstlt. Knoblauch, Major Scherribel und Hptm. Ney übernachteten bei Oblt. Lorenz in Galtür, kamen im Außerfern in amerikanische Gefangenschaft und wurden in einem

Kriegsgefangenenlager in Tegernsee interniert.

Hauptmann Bartels machte den Weg in die Berge nicht mit. Er wollte in Vorarlberg bleiben. Trotz Kriegswirbel hatte er sein Liebchen in Lustenau nicht vergessen. Den Zivilanzug, den er sich schon vorher besorgt hatte, konnte er jetzt gut brauchen. Als sich aber in Bludenz alle Männer bei der französischen Militärbehörde melden mußten, wurde Bartels als Reichsdeutscher zurückbehalten und mußte den Weg in die Gefangenschaft nach Frankreich antreten, während die Österreicher in gleicher Eigenschaft gemäß dem Befehle des Generals Schlösser ihre Entlassungspapiere erhielten.

Mit der Auflösung des Festungsstabes glitt die Verteidigung des Hinterlandes in völlig fremde Hände.

Je mehr man sich mit den Kriegsereignissen von Bregenz bis Bludenz befaßt, kommt man zur Überzeugung, daß die Offiziere unserer Heimatgarnisonen und des Festungsstabes absolut vom Verdacht frei sind, Kriegsverlängerer gewesen zu sein. Unter den Offizieren und Ausbildnern, die von wenigen Ausnahmen (z. B. Bartels) abgesehen, Österreicher und Bayern waren, herrschte einmütig der Wille, den Kampf in der Heimat zu vereiteln. So haben sie in unserem Lande tatsächlich viele Verwüstungen verhütet. Es wäre jedenfalls ganz anders ausgegangen, wenn sie auch nur einen Anflug vom preußisch-nazistischen Radikalismus an sich gehabt hätten.

Entsprechend dem zahlenmäßig kleinen Heere hatte Österreich vor 1938 wenig Spezialtruppen für das Nachrichtenwesen. Die deutsche Wehrmacht unterhielt darum später in der Garnison Bludenz eine Ausbildungsabteilung für den Nachrichtendienst mit spezieller Berücksichtigung der Gebirgsverhältnisse. Die Offiziere und ersten Ausbildner hiefür wurden aus bayerischen Gebirgsnachrichtenabteilungen geholt. So kam es, daß die Offiziere der Garnison Bludenz und somit auch die Offiziere des Festungskommandos meist Bayern waren, während sich der jüngere Ausbildnernachwuchs bereits aus den österreichischen Alpenländern rekrutierte.

Man stelle sich aber die Aufgabe dieser Offiziere nicht zu leicht vor. Sie waren gedrückt durch den General, dieser selber war in seinen Befehlen eingeengt durch die SS, durch Kesselring und Hofer. Sehr stark hat unter diesem Druck auch Obstlt. Knoblauch gelitten, der an sich ein ruhiger, absolut nicht kriegerischer Mann war und auch von seinen Untergebenen, wie allgemein bezeugt wird, als ein leutseliger Offizier geschildert wird, der auch für die Lage anderer ein Verständnis hatte. Knoblauch soll zeitweilig ganz niedergeschlagen gewesen sein, wenn er keinen Ausweg zwischen Pflichterfüllung und Rücksichtnahme mehr wußte. In gleicher Lage war auch Hauptmann Ney, der militärisch-operative Adjutant Knoblauchs. Er zeigte manchmal nach Bayernart eine herbe Seite in seinem Kommandoton, wenn man seinen Nerven allzuviel zumutete. Man rühmt ihm aber charakterliche Sauberkeit nach. Er hat auch die Kompanieführer in jeder Weise unterstützt, wenn es darum ging, den jungen Rekruten zu helfen.

Oblt. Gustav Lorenz war mit geschwächter Gesundheit vom Kriege heimgekehrt und starb am 16. November 1946 in Innsbruck. Auch Oblt. Vogel ist nach kurzer Krankheit am 26. Dezember 1946 gestorben.

Kampflinie Nüziders—Bludenz

Eine agile Freiheitsbewegung

Der Anschlag auf die Kreisleitung ist der beste Beweis, daß die Bludenzer Widerstandsbewegung sich nicht erst nachher zusammenfand. In Bludenz arbeiteten zwei Widerstandsorganisationen nebeneinander. Die eine scharte sich um Josef Dona und Peter Winder, die andere um Norbert Khüny und Josef Feuerstein.

Schon seit Beginn des Krieges wurde praktische Zersetzungsarbeit geleistet. In der Wohnung des Präsidenten Zerlauth verkehrten Leute aus dem ganzen Lande vom Arlberg bis zum Bodensee. Richard Walser nahm die Verbindung mit den Widerständlern im Klostertal auf. Peter Winder gliederte sich in die Organisation ein, die sich über ganz Österreich erstreckte und deren Hauptverbindungsmann von Innsbruck nach Vorarlberg sein Bruder Kaspar Winder, Gendarmerie-Inspektor, war. Vertrauensleute waren in allen Orten des Bezirkes Bludenz. Im Jahre 1943 mußten die Beziehungen zu Innerösterreich vorläufig abgebrochen werden, weil die Organisation dort hochgeflogen war. Jedoch im Bezirk selber wurde intensiv, wenn auch vorsichtig, weitergearbeitet. Zu den Aktivisten gehörte besonders der Staatsbahnangestellte Josef Dona. Im Februar 1945 bildete sich ein Fünferausschuß, dem folgende Männer angehörten: Peter Winder, Josef Dona, Emil Nesler, Josef Bertsch und Karl Ratt. Bald wurde dieser Ausschuß erweitert durch Gendarmerie-Inspektor Ulrich Ender und Polizei-Inspektor Nußbaumer. Später kamen noch weitere Patrioten dazu. Jeder von den Genannten hatte seine Verbindungsleute und sammelte gleichgesinnte Männer um sich und so entstand die Kampfgruppe zur Sprengung der Kreisleitung. Sehr aktiv war die Gruppe in den letzten paar Wochen auch durch Verkehrssabotage bei der Eisenbahn.

Peter Winder, Mitglied der Bludenzer Widerstandsbewegung

Die andere Widerstandsbewegung ist aus der Stadtwache hervorgegangen, die von der Kreisleitung als Verstärkung der Polizei ins Leben gerufen worden war. Als Josef Feuerstein zum Obmann bestellt wurde, organisierte er bald eine Widerstandsbewegung unter dem Deckmantel dieser Wache. Es wurden 20 Zellen gegründet, deren Angehörige außer dem Anführer nicht in der Stadtwache standen. Norbert Khüny wurde beauftragt, die Standschützenformationen zu unterhöhlen. Feuerstein und Khüny wußten vom Vorhandensein einer anderen Widerstandsbewegung, doch konnten sie keine Verbindung mit ihr herstellen. Am 30. April forderte Feuerstein von der Kreisleitung mit Erfolg die Freigabe der Geiseln (Dona, Frau Nesler)*). Am 2. Mai verhandelte er mit dem Landrat und dem Bürgermeister wegen kampfloser Übergabe der Stadt. Khüny führte am 30. April die Standschützen aus der Stellung in Feldkirch nach Hause. Er selber mußte darum flüchten, weil Kreisleiter Richter ihm mit dem Erschießen drohte. Verläßliche Standschützen wurden zur Verstärkung der Stadtwache herangezogen, die anderen entwaffnet.

Angehörige dieser zweiten Widerstandsbewegung waren maßgeblich an den Verhandlungen bei der Tschalengabrücke beteiligt, wo die deutschen Offiziere bewogen wurden, Bludenz nicht ins Verderben zu stürzen, sondern sich über die Stadt hinaus zurückzuziehen.

Die Kreisleitung wird ausgehoben

Bereits am 23. und 24. April hatte Peter Winder mit Landrat Czinglar und dem Führer des Standschützenbataillons, Plangg, wegen Verzicht auf die Verteidigung von Bludenz verhandelt. Die Aussichten waren nicht ungünstig. Den Bludenzern begann es aber ungemütlich zu werden, als am Samstag, 28. April abends, vom Schweizer Rundfunk die Meldung kam, Bregenz und Feldkirch seien offene Städte. Der Schluß lag nahe, daß dann Bludenz einem umso stärkeren Druck standhalten müsse. Die Schanzarbeiten in Nüziders, die zwar spät anbefohlen und daher nicht weit über die Anfänge hinausgekommen waren, konnten die Befürchtungen der Bludenzer nur bestätigen. Dazu kommt noch, daß am Sonntag, 29. April, in Bludenz ein alliierter Jagdflieger abstürzte und die Meinung allgemein war, daß er von der Flakbatterie beim Umspannwerk in Bürs abgeschossen wurde, was die Befürchtung nahelegte, es könnte eine Vergeltung über Bludenz kommen. In Wirklichkeit stand zur Zeit des Anfluges überhaupt keine Flak in Bürs, weil sie auf

---

**) Die Kreisleitung Bludenz, allen voran Kreisleiter Richter und Stabsleiter Piazzi, war wahrscheinlich die fanatischste in ganz Vorarlberg. Das zeigten u. a. die zahlreichen Verhaftungen, die ab dem 22. April auf Antrag der Kreisleitung vorgenommen wurden. Zu den in Haft genommenen Geiseln gehörten nicht nur die beiden Genannten, sondern 17 weitere Personen, die alle bis zum 2. Mai inhaftiert waren: Rudolf Blacha, Hanibal Franzeskin, Rudolf Loy, Franz Zanghelini, Johann Nesler, Josef Fischer, Franz Neyer, Michael Nagele, Alois Wasle, Stefan Rützler, Pirmin Madlener, Max Hronek, Ambros Hartmann, Maria und Rosa Nesler, Anton Küng und Josef Scalet. (Gefangenenbuch des Gerichtsgefängnisses Bludenz 1943—45)*

ein Rangiergeleise bei der Säge Tschabrunn abgeschoben war. Die Flak hat nicht geschossen, wurde aber vom Tiefflieger angegriffen. Dabei kam dieser zu tief, streifte die Feuermauer der Schokoladefabrik und stürzte ab. Zwei Soldaten der Besatzung verunglückten tödlich.

Alle diese Momente alarmierten die Widerstandsbewegung zu raschem Handeln. Über die Widerstandsbewegung Feldkirch ging ein Funkspruch zum Kommando der I. französischen Armee nach Mülhausen ab, die Stadt Bludenz möge unter keinen Umständen bombardiert werden, die Widerstandsbewegung sorge für freie Übergabe. Anderentags, am Dienstag, 1. Mai, kam die lakonische Rückantwort: „Wir wollen Taten sehen!" So versteht man es, wenn die Bludenzer auch die Feldkircher Widerstandsbewegung zum Losschlagen drängte. Landrat Czinglar und Bürgermeister Troppmayr waren bereit, die Stadt Bludenz zu übergeben, was in etwa dazu beigetragen hat, daß fanatische Nationalsozialisten in letzter Minute Vernunft bewahrten.

Im Putschplan war als einer der wichtigsten Punkte die Sprengung der Kreisleitung vorgesehen. Den Parteiführern, von denen noch im letzten Augenblick das Wohl oder die Vernichtung der Stadt abhängen konnte, mußte der Boden heißgemacht werden. Schon seit vielen Tagen wurde von der Widerstandsbewegung genau beobachtet, wer in der Kreisleitung aus und ein geht. Außer dem Gebäude der Kreisleitung sollten noch das Postamt, das Landratsamt, die Bahn und das Rathaus besetzt werden.

Praktischen Wert versprach dieser Aufstand nur, wenn das ganze Oberland bis Götzis hinunter mittat. Andererseits mußte die Bludenzer Widerstandsbewegung, auch wenn sie ganz allein dastünde, eine Tat setzen, um die Schonung der Stadt durch die Alliierten zu erkaufen. Der Altabgeordnete Richard Walser von Braz hatte zugesagt, die Sprengung der Kreisleitung zu übernehmen. Weil er Standschützenführer war, konnte er es unauffällig machen. Im letzten Augenblick mußte aber eine Umstellung erfolgen. Richard Walser, ein angesehener Bürger und die Hoffnung der Gemeinde Braz, starb am 6. Mai 1945 infolge eines Verkehrsunfalles.

Der Zeitpunkt des Losschlagens wurde in Bludenz auf Donnerstag, 3. Mai, früh, festgesetzt. Nicht sicher bestätigte Nachrichten, Götzis brenne und am Schwarzen See werde schon geschossen, und überdies die Auslandsradiomeldung, daß Generaloberst Vietinghoff mit der Heeresgruppe C kapituliert habe, veranlaßte die Bludenzer Widerstandsbewegung, den Augenblick des Losschlagens auf 1 Uhr früh vorzuverlegen.

Um 22.30 Uhr ging Polizei-Inspektor Nußbaumer zur Kreisleitung, um zum Scheine etwaige Weisungen entgegenzunehmen. Er stellte fest, daß Kreisleiter Richter und mehrere Parteifunktionäre noch dort sind, daß es also Zeit wäre zu handeln. Etwa 30 Mann der Widerstandsbewegung aus allen Parteirichtungen unter Führung von Josef Dona und Peter Winder sowie zehn Feuerwehrmänner standen unter Mitwirkung von Gendarmerie und Polizei zur Sprengung der Kreisleitung bereit. Die Standschützenposten wurden gewarnt, um unnötiges Blutvergießen zu vermeiden. Dann ging Dona, der Führer der aus Bahnpolizei zusammengesetzten Kampfgruppe, um halb ein Uhr nachts in die Kreisleitung und forderte zur Übergabe auf. Als Dona eine ablehnende Antwort erhalten hatte, warf er die erste Handgranate in die Kreisleitungsräume. Dann wurde sofort gegen die Kreisleitung das Feuer eröffnet, das aus allen Fenstern beantwortet wurde. Es ging nicht lange, erhielt die Kampfgruppe auch vom Rücken her einen Angriff. Jetzt wurde der Befehl gegeben, sich zurückzuziehen. In einem neuerlichen Ansturm wurde der Kreisleitung und ihrer Schützenhilfe mit Panzerfäusten gezündet. Es war eine stockdunkle Nacht. Regen und Schnee waren sehr hinderlich. Es wurde klar, daß ein Zusammenprallen mit der überlegenen SS unvermeidlich war und daß der Kampf bei Tagesgrauen nicht weitergeführt werden könne, Parteileute hatten nämlich SS zur Hilfe herbeigeholt. Nach anderer Version war die abziehende SS gerade in die Schießerei hineingeraten und nahm Partei für die Kreisleitung. Unter diesen Umständen wurde die Parole in der Widerstandskampfgruppe durchgegeben: „Untertauchen und verschwinden!"

Während des Kampfes war ein Mann der Widerstandsbewegung, der in Bahnpolizeiuniform war, namens Jeller, von der SS festgenommen und überwältigt worden. Am Morgen fand man ihn mit eingeschlagener Schädeldecke und mit Genickschuß auf der Kellerstiege im Kreisleitungsgebäude*). Die Nazi hatten zwei Tote, einen Offizier, namens Eiche, und den Standschützen-Unteroffizier Rößler. In der Kreisleitung selber wurde niemand verletzt. Das Gebäude wurde durch den Angriff stark beschädigt. Auch umliegende Häuser waren in Mitleidenschaft gezogen worden, weil auch aus der Kreisleitung heraus mit Panzerfäusten geschossen wurde.

Wenn auch die Ausführung des Putschplanes auf das Unternehmen bei der Kreisleitung beschränkt blieb, hatte es doch einen nicht zu unterschätzenden Erfolg insofern, als den Parteileuten der Boden von Bludenz zu heiß

**) Im Bludenzer Stadtarchiv (Nr. 7./45) befindet sich das Untersuchungsprotokoll der Kriminalpolizei zum Tode Alois Jellers, das am 14. November 1945 angefertigt wurde, im weiteren aber ohne Konsequenzen geblieben ist: Demzufolge war Jeller nach dem mißglückten Anschlag in das benachbarte Haus Herrengasse 5 geflüchtet und dort festgenommen worden. In der Kreisleitung wurde er dann von Stabsleiter Johann Piazzi und dem dazugekommenen SS-Offizier Spieß unter Schlägen verhört. „Es ist ... mit ziemlicher Sicherheit", so der Polizeibericht, „ja man könnte sagen, als erwiesen anzunehmen, daß Piazzi den Jeller, als er aus ihm nichts mehr herausbringen konnte, ganz einfach dem Obersturmführer Spieß überantwortete, der sich vorerst ein Gewehr holte und dann Jeller in den Keller führte, wo er ihn erschoß und ihm dann noch wahrscheinlich mit dem Gewehrkolben die Schädeldecke zertrümmerte".*

Logischerweise ist allerdings anzunehmen, daß Jeller zuerst mit dem Gewehrkolben geschlagen und dann erst erschossen wurde. (Vgl. auch Von Herren und Menschen 1985, 229)

wurde. Der Kreisleitung wurde es zu ungemütlich. Mit der SS gab es allerdings noch Schwierigkeiten. Die Widerstandsbewegung Feuerstein hatte es beim SS-Führer erreicht, daß er seine Truppen über Bludenz hinaus abziehe. Während des Abmarsches ereignete sich der Vorfall bei der Kreisleitung. Nach langwierigen Verhandlungen war der SS-Kommandant zur Einhaltung der Vereinbarung zu bewegen. Es wurde der Kompromiß gefunden, daß nur 20 SS-Leute in der Stadt patrouillieren sollten, damit weitere Anschläge nicht mehr vorkämen. Die übrige SS verschanzte sich am Glashügel in Bings.

Die Meldung der Widerstandsbewegung an die französischen Truppen lautete: „Aktion durchgeführt, Kreisleitung gesprengt."

Die Verteidigungsanlagen in Nüziders

Die Hauptkampflinie verlief in Nüziders vom „Hangenden Stein" entlang der Rollbahn bis zur Kühbrücke und von dort bis zum Hang gegen das Fürkele. Beim „Hangenden Stein" stand ein Pakgeschütz. Die Straße, die von Ludesch herauf hier vorüberführt, wurde durch eine Panzersperre aus Rammblöcken abgeriegelt. Eine zweite stand beim Bahnwärterhäuschen quer über das Bahngleis. Der Weg zur Rollbahn wurde aufgeworfen, was auch irgendwie als Panzerhindernis dienen sollte. Entlang der Rollbahn, die für das Zementwerk Ludesch gebaut ist, war in Abständen von zehn Metern ein Schützenloch neben dem anderen ausgehoben. So ging es bis zur Kühbrücke. Diese Holzbrücke, die wichtig war für die Bauern und außerdem auch für das Zementwerk, weil die Rollbahn darüberführt, begann man abzubrechen, doch zur völligen Vernichtung kam es nicht. Von dieser Brücke aufwärts waren gutgetarnte Schützenlöcher und Schießstände angebracht bis hinauf zur Tschalengabrücke, über die die Reichsstraße Nenzing—Bludenz führt. Auf dieser Brücke war eine Panzersperre aus langen Baumstämmen, die aufgeschichtet und im Geländer verkeilt ein ernsthaftes Hindernis darstellten. Weitere Barrikaden setzten die Sperre über den Katils bis zum Felsen des Fürkele fort.

Nüziders in Gefahr

Diese Verteidigungsanlagen, so einfach und überstürzt sie auch errichtet wurden, waren doch ein deutlicher Ausdruck dafür, daß man sich an dieser Stelle auf ein Gefecht gefaßt machen mußte. Nun galt es, die deutsche Verteidigungstruppe rasch ins Klostertal zu bringen. Von den Standschützen war nichts zu fürchten. Schwieriger war es, mit den SS-Soldaten und Wehrmachtsoffizieren fertig zu werden.

Am 1. Mai, 10 Uhr nachts, kam ein Truppengeneral namens Faulmann mit seinem Stab ins Dorf und machte Vorbereitungen für den Kampf. Er hatte offenbar von General Schmidt den Auftrag, bei Nüziders den Vormarsch der Franzosen etwas zu stoppen. Die Wehrmachtssoldaten waren kampfmüde und hielten vielfach Ausschau nach Zivilkleidern. Man bot ihnen auch Gelegenheit, das Auslandsradio zu hören, damit sie sich in der augenblicklichen militärischen Lage besser zurechtfänden. Mannschaft wie Offiziere gingen in der Nacht noch scharenweise stiften. Die Offiziere fragten nach Landkarten und studierten die Wege nach Tirol. Im Schulhaus waren etwa 30 Soldaten eingesperrt, die desertiert waren und wieder eingefangen wurden. Noch vor Tagesgrauen entwichen die Gefangenen — und die Wache. Von den Offizieren waren in der Früh etwa die Hälfte noch da. Von der SS nahm der größere Teil die Sache ernst.

Diese Truppe gehörte zu den Kampfformationen des Generals Schmidt und war wohl aus Wolfurt gekommen, vielleicht auch aus Götzis, jedoch nicht aus Feldkirch, wo um diese Zeit z. B. noch ein Bataillon an der Straße bei Tufers lagerte. In Nüziders forderte der Quartiermeister Unterkunft für 60 Offiziere und 600 Mann.

Der Stab des Generals Faulmann quartierte sich im Gemeindehaus in Nüziders ein. Vom Bürgermeister und vom Landrat in Bludenz sowie von Führern der Widerstandsbewegung, wie Feuerstein, wurden der General und die anderen Offiziere bearbeitet, daß sie auf die Verteidigung von Bludenz verzichten möchten.

Nach mehrmaliger Abweisung versprach General Faulmann, das 8,8-cm-Geschütz, das in Bludenz-Werdenbergerstraße aufgestellt war, und die Flakgeschütze bei der Fohrenburg in das Klostertal abzufahren und Bludenz selber nicht zu verteidigen. Hingegen verblieben die Pakgeschütze, die bei der Magnuskapelle in Nüziders sowie entlang der alten Landstraße nach Bludenz und in Hinteroferst standen.

Die Bevölkerung von Nüziders kam in eine immer größere Nervosität hinein. Man ging an das Packen und schaffte möglichst viel in den Keller oder vergrub die Kostbarkeiten in die Erde. Viele zogen sich mit ihren notwendigsten Habseligkeiten in die Höhen von Lutafatz, Latz, Ludescherberg und Muttersberg zurück. Wer daheim blieb, schaute, daß er beim Ausverkauf der Läden nicht daneben kam. Die Verteilung der Waren ging die ganze Nacht vom 2. auf 3. Mai hindurch.

Am Morgen des 3. Mai wurde vom General der Befehl ausgegeben, die Eisenbahnbrücke zwischen Nenzing und Ludesch über die Ill sprengklar zu machen. Den Auftrag erhielt Oberleutnant Aschendorf von den Bahnpionieren. Am Mittag des gleichen Tages wurde der Befehl rückgängig gemacht. Es sollte vielmehr die Straßenbrücke von Nenzing nach Bludenz über die Ill (Tschalengabrücke) gesprengt werden.

Der Pionieroffizier hatte Einsicht mit der Bevölkerung, die für die Bestellung der Felder und Äcker in der Tschalenga auf diese Brücke angewiesen war. Der Oberleutnant gab vor, es fehle an Sprengstoff und an geschulten Fachleuten. Die Brücke wurde nur ganz schwach geladen, ein Befehl zum Sprengen erfolgte jedoch nicht. Die SS-Leute, die an der Brücke Wache standen, wurden mit Schnaps bewirtet, damit sie nicht eigenmächtig eine Dummheit anstellten.

Das Gefecht an der Tschalengabrücke

Das deutsche Militär verließ Nüziders am Morgen des 4. Mai (Freitag). Nur noch einige SS-Soldaten waren im Dorfe zu sehen. Um 10 Uhr erschien noch General Schmidt, der mit dem SS-Kommandanten eine Besprechung hatte. Nach einer halben Stunde fuhr er nach Bludenz weiter. Gegen 11.30 Uhr stellte die SS, die sich noch im Gemeindehaus aufhielt, fest, daß die ersten Panzer der Franzosen anrollen und auch sie fuhr mit ihren Autos weg. Das einstündige Gefecht, das nun folgte, war nur hinhaltender Natur. Oberhalb der Südtiroler Siedlung stand im Walde ein deutsches Geschütz, das den Anlaß zu einer heftigen Schießerei gab. Ein Flugzeug pfefferte mit Bordwaffen auf das Geschütz. Von Nenzing herauf kamen die ersten Panzer bis zur Tschalengabrücke, wo sie durch die Sperre aufgehalten wurden. Der erste zog sich in den Wald zurück und ging hinter der Böschung in Schußposition. Die SS-Soldaten eröffneten von Hinteroferst her das Feuer, das von den Franzosen erwidert wurde. Inzwischen kamen weitere Panzer und Wagen an. Die Soldaten stiegen aus und gingen am Waldrand in Deckung. In einer Heubarge versteckte SS-Leute wurden inzwischen gefangengenommen. Wie das Feuer etwas nachließ, mußten diese die Panzersperre von der Illbrücke entfernen. Das Ziel der französischen Panzerkanonen waren einige Häuser in Hinteroferst und in der Südtiroler Siedlung, weil von dort aus geschossen wurde. Auch an der alten Landstraße kamen Häuser in Gefahr, weil dort zwei Maschinengewehre standen.

„Ankunft der 1. Französischen Armee in Bludenz. Weiße Fahnen hängen aus den Fenstern“ (Übersetzter Originaltext des französischen Fotoreporters).

Bei diesem Gefecht in Nüziders hatten die Franzosen keinen Toten, während deutscherseits ein Soldat, der sich in der Heubarge versteckt hatte, einen Kopfschuß erhielt (er war ein Norddeutscher und kam aus der SS-Unterführerschule Überlingen). Insgesamt waren auch zehn Häuser leicht beschädigt.

Übergabe von Bludenz

Als der erste französische Panzer die Brücke passiert hatte, wehten vom Kirchturm in Nüziders die weißen Fahnen. Dann fuhr eine lange Kolonne von Panzern, Späh- und Lastkraftwagen, von der SS zaghaft und leicht beschossen, gegen Bludenz zu. Von Nüziders aus wurde auch Ludesch besetzt, weil die Franzosen von Thüringen her nicht mehr weiterkamen, da in der Nacht zuvor die Straßenbrücke über die Lutz gesprengt worden war.

Außerhalb der Fohrenburg übergaben Bürgermeister Troppmayr und Landrat Czinglar die Stadt Bludenz.

General Schlösser der einziehenden Truppen versprach den Freiheitskämpfern in Anerkennung der Aktion gegen die Kreisleitung die Freigabe von 1000 österreichischen Kriegsgefangenen und ermächtigte das Fünferkomitee der Widerstandsorganisation, die nationalsozialistischen Funktionäre von den Ämtern zu entfernen und eine Zivilverwaltung der Stadt nach österreichischem Muster einzurichten.

„Die Bevölkerung empfängt die Befreier mit Freude." (Übersetzter Originaltext des französischen Fotoreporters)

Kriegslärm im Klostertal

Im Klostertal boten die Kriegsereignisse das Bild einer wilden Jagd. General Schmidt kannte nur das eine Ziel, die Trümmer seiner Armee über den Arlberg in die amerikanische Zone zu bringen. Seine Verteidigungsmaßnahmen, die er traf, waren nur darauf abgestellt. Den Arlberg wollte er halten, bis Truppen und Kriegsmaterial durch den Tunnel durchgeschleust wären. Das Festungskommando (Knoblauch) zog die einzig vernünftige Folgerung aus der gegebenen Lage, indem es sich auflöste, wo es doch nicht mehr viel zu verteidigen gab.

General Schmidt leitete persönlich den Endkampf im Klostertal. Als geschlossene Einheiten standen ihm noch eine Kompanie junger Gebirgsjäger und eine SS-Kompanie zur Verfügung. (Nach Dr. Mayer.) Alles übrige waren Splitter irgendwelcher Truppengattungen, die der Endkampf hier zusammengeballt hatte. Rein zahlenmäßig gesehen, handelte es sich um eine immerhin noch ansehnliche Streitmacht.

Widerstand der SS in Bings

Der letzte einigermaßen geordnete Widerstand wurde von den Deutschen noch in Bings geleistet. Am Donnerstag (3. Mai) abends gab General Schmidt seine Befehle an Oberst Stampfer und Obstlt. Streicher aus. Am anderen Morgen wurde der Glashügel als Kampfstellung ausgebaut und auf der Reichsstraße und unterhalb der Brücke je eine Panzersperre errichtet. Vor der Kirche St. Leonhard nahm Flak Aufstellung und bei der Grubsertobelbrücke ging Infanterie in Deckung.

Am Freitagmittag verließen die Stabsoffiziere die Ortschaft Bings. Der besorgten Bevölkerung gegenüber versicherten sie: „Was die Wehrmacht betrifft, fällt kein Schuß." Aber SS ist nicht Wehrmacht und darum verließ die Bevölkerung von Bings bis auf wenige Männer die Häuser und flüchtete teils nach Stallehr, das etwas abseits der Heeresstraße liegt, teils nach Grubs und Hintergastens.

In den Felswänden und Waldungen oberhalb der Bahnlinie hatte sich die SS verschanzt und schoß wild auf die Straße herunter, als um 16 Uhr die ersten französischen Panzerwagen von Bludenz-St. Peter her vorrückten. Gleich in Unterbings setzte eine heftige Schießerei ein. Die Franzosen blieben nichts schuldig. Beim Passieren von Mittelbings wurden mehrere Wohnhäuser beschädigt. Das Gebäude der Bahnhaltestelle war wie ein Sieb durchlöchert. Das Feuer der Franzosen steigerte sich in Oberbings zu höchster Stärke. Durch Granaten der SS gerieten das Bahnwächterhaus, Wohnhaus und Stall des Max Bargehr und das Schulhaus (erst 1925 erbaut) in Brand und wurden völlig eingeäschert. Jeder Löschversuch wäre lebensgefährlich gewesen. Auch das Kirchlein von St. Leonhard hat erheblichen Schaden gelitten. Im brennenden Wohnhaus des Max Bargehr kam der dort wohnhafte

Wagenführer Edwin Meier von Nofels ums Leben. Die SS verlor, soweit bekannt wurde, einen Mann, den sie nächst der Grubsertobelbrücke beisetzte. Die Franzosen hatten zwei Tote und mehrere Verwundete. Erst um 20 Uhr trat auf einige Stunden Feuerpause ein.

Im Laufe der Nacht setzte sich die SS nach Innerbraz ab. Demgemäß verlegte die französische Artillerie das Feuer auf das innere Klostertal. Am Samstag früh um 5 Uhr erst gelang es den Franzosen, über die Grubsertobelbrükke nach Braz vorzustoßen. Die Sprengung der Brücke (erst 1931 in Eisenbeton erbaut) war schon einige Tage vorbereitet. Die Ladung wurde schwer bewacht. Unter Ausnützung des wilden Betriebes bei dem eiligen Rückzuge der Truppen brachte es aber am Freitagabend doch noch der Arbeiter Stefan Lanschützer, wohnhaft in Bings-Radin, zustande, die Sprengladung unwirksam zu machen.

Am Samstag, 5. Mai, früh, sprengten die Deutschen die Engelbrücke über die Alfenz bei Innerbraz, am Abend des gleichen Tages die Brücke über die Radonna und am Sonntag früh die Stelzistobelbrücke.

In Braz

Bürgermeister Richard Walser von Innerbraz (inzwischen verstorben) und Gendarmerie-Inspektor i. R. Gmeiner gingen den Franzosen mit weißen Fahnen entgegen und meldeten, daß die deutschen Streitkräfte größtenteils aus den Orten Innerbraz und Dalaas in die Berge hinaufgeflüchtet seien und keinen geordneten Widerstand mehr organisiert haben; die Bevölkerung des Tales sei der preußischen Kriegsmaschine überdrüssig und bereite dem Einmarsch bestimmt keine Schwierigkeiten. Die Artillerie schoß nunmehr an die Hänge hinauf, wo sich Soldaten zeigten oder einzelne Schüsse erwidert wurden.

Schon einige Tage wollte das Gerücht nicht verstummen, daß die Engelbrücke in der Schlucht zwischen Braz und Dalaas, wo das Tal am engsten ist, geopfert werden müsse. General Schmidt soll sich geäußert haben, der Kampf als solcher sei ja aussichtslos, aber es müsse alles geschehen, um den Feind so lange aufzuhalten, bis die eigenen Leute sicher über dem Arlberg seien. Auch General Faulmann hatte seine Befehlsstelle in Dalaas. Die Anwesenheit des Bludenzer Kreisleiters Richter in Dalaas trug auch nicht zur Beruhigung der Bevölkerung bei.

Am 3. Mai zog ein Sprengkommando bei der Engelbrücke auf. Jetzt veranlaßte Josef Engstler den provisorischen Bürgermeister von Dalaas, Georg Türk, den Gemeindearzt Dr. Josef Küng und den Gemeindevertreter Juen, sich mit ihm an den Hauptmann zu wenden, der seinen Gefechtsstand in der Gafadura hatte. Sie wurden aber sehr ungnädig empfangen und an den General gewiesen, der inzwischen nach Klösterle übersiedelt war. Dort wurden sie aber nicht vorgelassen, sondern erhielten nur die Auskunft, die Brücke werde gesprengt. Josef Engstler wollte nun die Sprengung mit Waffengewalt verhindern und setzte sich mit dem Hauptmann einer Nachrichtentruppe in

Verbindung. Das Unternehmen wurde aber infolge Eintreffens von Verstärkungen unmöglich, doch ordnete der Hauptmann die Vernichtung des größeren Teils der Munition an, die in der Turnhalle eingelagert war. Dann entließ er seine Mannschaft.

Als am Samstag, 5. Mai, früh, sich die französischen Panzer von Braz her gegen Dalaas in Bewegung setzten, flog die Engelbrücke kurz nach 7 Uhr in die Luft.

In Dalaas

Die Deutschen hatten beim Engelwandtunnel Flakgeschütze aufgestellt und schossen aus dieser gedeckten Stellung von der Bahn hinunter auf die sich in der Schlucht stauenden französischen Panzer. Zugleich entwickelte sich ein Infanteriekampf auf beiden Seiten der Alfenz, insbesondere vor der gesprengten Brücke. Die Franzosen rückten von der „Halde" (Bergmähder unterhalb der Bahnlinie) her gegen die Straße vor und drängten die Deutschen immer mehr zurück.

Am Mittag setzte französisches Artilleriefeuer auf Dalaas ein. Nur wenige Granaten fielen in die Nähe der Wohnhäuser. Der Beschuß richtete sich hauptsächlich auf die beiderseitigen Berghänge. In die Bergmähder und Heuhütten, dorthin hatte sich die Bevölkerung in Scharen geflüchtet. Vor einer hochgelegenen Maisäßhütte wurde ein 14 Jahre alter Schulknabe, Sohn des schon genannten Schreinermeisters Josef Engstler, von einem Granatsplitter schwer verwundet. Der Vater brachte ihn unter größten Schwierigkeiten und Gefahren mit einem Privatwagen in ein Lazarett nach St. Anton, wo der Verletzte tags darauf starb. Bei der Rückfahrt wurde dann, wie wir sehen werden, auch der Vater verletzt.

Die Deutschen hatten mehrere Geschütze aufgestellt und leisteten Widerstand bis gegen Abend. In dieser Zeit hatten sie schon sieben Verwundete. Eine längere Abwehr war aussichtslos, weil die Franzosen das Hemmnis der gesprengten Engelbrücke auf der Südseite des Tales über das Maisäß Tönner umgingen und auf der Nordseite über die Halde hinaufkletterten. Sie drangen in die Tunnels der Bahn ein und überwältigten die deutsche Mannschaft in ihren Stellungen. Der Kampfgeist der deutschen Truppen war schon außerordentlich klein; viele Soldaten, auch vereinzelt SS-Männer, gehorchten nicht mehr dem Einsatzbefehl, sondern schlugen sich in die Wälder oder gingen in das innere Klostertal zurück.

Nach 18 Uhr wurde wieder erbittert gekämpft, da angeblich irgendwie Waffenruhe vereinbart gewesen sei und beide Teile dem Gegner Nichteinhaltung vorgeworfen hatten. Die SS hatte Verluste, auch die Franzosen hatten einen Toten. Dann zog sich die deutsche Wehrmacht anscheinend überstürzt zurück, hatte aber durch Errichtung von Straßensperren und Niederbrennen der Radonna-Straßenbrücke (um 20.30 Uhr) den Vormarsch der Franzosen nach Wald zu bremsen gewußt. Dalaas war um 20 Uhr von den Franzosen besetzt worden. Die ganze Nacht wurde noch geschossen und es krachte furchtbar im Radonnawald. Es wurde besonders auch die Kristberghöhe unter Feuer genommen, da viel deutsche Wehrmacht dahin geflüchtet war. Auf dem Kristberg wurde ein Stadel in Brand geschossen. In den Maisässen und Wäldern oberhalb Dalaas wurden am folgenden Tage zahlreiche deutsche Offiziere, Soldaten und SS-Leute aufgestöbert und in die Gefangenschaft abgeführt. In Dalaas blieben durch ein ganzes Vierteljahr 700 Mann Besatzungstruppen.

In Wald am Arlberg

Je mehr sich die Front dem Arlberg näherte, desto mehr trachtete General Schmidt, die einzelnen Orte recht lange zu halten. Es sollte eben noch Zeit gefunden werden, um möglichst viel durch den Arlbergtunnel durchzubringen. General Schmidt leitete die Durchschleusung selber, manchmal mit nicht wenig Stimmaufwand. Der Reihe nach mußten, wie aus einem noch erhaltenen schriftlichen Befehl hervorgeht, verladen werden: die schweren Waffen, dann die Mannschaft und zuletzt die Munition und die Verpflegung. Dem Bestreben, einige Stunden Zeit zu gewinnen, mußte noch eine dritte Brücke im Klostertal zum Opfer fallen. Unweit der Stelzistobelbrücke wurden zwei 8,8-cm-Flakgeschütze und zwei 2,5-cm-Geschütze aufgestellt. Verstreut im Tal waren Maschinengewehrstellungen. Die Bewohner mußten die gefährdeten Häuser verlassen.

Von der Stelzistobel-Bahnbrücke konnten in einem günstigen Augenblick die Bahnangestellten Anton und Rudolf Berthold und Adolf Küng die Sprengladung in angestrengter Arbeit entfernen. So blieb die Bahnbrücke erhalten. Hingegen war die Entladung der Stelzistobel-Straßenbrücke unmöglich, da zuviel schwerbewaffnetes Militär in der Nähe war.

Die Deutschen gaben etwa 30 Schüsse nach Dalaas ab. Die Franzosen erwiderten das Feuer, schonten aber den Ort. Um Mitternacht erhielten die deutschen Soldaten Befehl zum Abzug. Der Hauptmann blieb jedoch mit einem kleinen Sprengkommando an der Brücke; das rasche Nachrücken des Feindes müsse um jeden Preis verhindert werden, bis die Truppe mit der amerikanischen Besatzung Tirols Fühlung bekomme. Immerhin war der Hauptmann so verständig, daß er den Zimmermeister Felix Gantner, bei dem er sich einquartiert hatte, aufmerksam machte, um 4 Uhr früh (Sonntag) werde die Brücke gesprengt. So konnten auch die Nachbarn verständigt werden und die Sprengung ging wenigstens ohne großen Schaden für die Hausbesitzer vor sich, da sie noch frühzeitig Fenster und Türen öffnen konnten.

Über Nacht machten sich nicht wenige Wehrmachts- und auch SS-Angehörige aus dem Staube. Leere und teilweise beladene Wagen ließen sie stehen, Benzin und Öl ließen sie auslaufen. Munition lag in großen Mengen herum. Ähnlich wie in Feldkirch machte man hier auch die Beobachtung, daß die SS sich nicht in direkter Frontnähe aufhielt, sondern daß dorthin mehr Wehrmachtssoldaten gestellt wurden. (In Langen jedoch hielt wieder die SS die Stellung.) In einem Bericht aus Wald heißt es: Die SS hatte genug zu essen und zu trinken, viele waren sogar betrunken, hingegen hatte die Wehrmacht schon seit zwei Tagen keine geordnete Verpflegung erhalten.

In der Früh nach der Sprengung der Stelzistobelbrücke schoß die französische Artillerie sehr hartnäckig in den schattenseitigen Wald, wodurch die dahin geflüchteten Bewohner von Wald in große Gefahr kamen. Der Eisenbahner Adolf Küng telefonierte dem französischen Bahnhofoffizier in Dalaas und machte ihm klar, daß in Wald und Klösterle keine Kampftruppen mehr seien. Der Offizier antwortete: Die Häuser werden geschont, aber die Leute sollen von den Berghängen ins Tal herab. Währenddem die Bevölkerung mit ihrem Vieh von den Maisässen herabzog, stellten die Franzosen das Feuer auf eine Stunde ein. Von einigen Geschoßeinschlägen abgesehen ist im Orte kein Schaden entstanden.

In Wald wurden schon früh weiße Fahnen gehißt. Felix Gantner ging bis zur Landbrücke vor und berichtete den Franzosen, daß die ganze Gegend von Militär frei sei. Vormittags strich die französische Artillerie die Berghänge gegen Klösterle ab und am Nachmittag rückten die Franzosen in Wald ein.

Das Spullerseewerk sollte „gelähmt" werden

Wenn man in den ersten Wochen nach dem Kriege hören konnte, das Spullerseewerk hätte zerstört werden sollen, so entspricht dies nicht ganz den Tatsachen.

Im Kriege haben elektrisch betriebene Bahnen empfindliche Schwächepunkte; so muß man sich wundern, daß dem Kraftwerk der Eisenbahn kein Schaden zugestoßen ist. Ein Geheimbefehl der ns. Verkehrsbefehlsstelle forderte vom leitenden Ingenieur des Spullerseewerkes die Ausschaltung, genannt „Lähmung", des Kraftwerkes bei Annäherung des Feindes. Der Auftrag wurde nie durchgeführt. Das Gerücht, getarnte SS-Truppen wollten am Stausee sprengen, war immer wieder zu hören. Um einer Katastrophe vorzubeugen, hatte die Werkleitung vorgesehen, den See durch Grundablaß gefahrlos zu senken. Durch Beobachter, die auf der Grafenspitze waren, erhoffte die Werkleitung die notwendigen Informationen zu erhalten. Voreilig sollte nichts unternommen werden, was später schaden könnte. Es mußte jedoch zu der ins Auge gefaßten Notlösung nicht Zuflucht genommen werden.

Am Donnerstag, 3. Mai, fuhren etwa zwanzig zum Teil mit Munition schwerbeladene Heeres-Lastkraftwagen beim Spullerseewerk vor. Das sorglose Umgehen mit Werkseinrichtungen und mit der Munition von seiten der vielfach betrunkenen Mannschaft brachte viel Beunruhigung in das Werkpersonal. Zahlreich waren die Zusammenstöße mit herrisch auftretenden jüngeren Offizieren und SS-Führern, die immer wieder die sofortige Lahmlegung des Werkes verlangten. Werkleiter Ing. Hans begegnete mit dem Hinweis, daß bei Stillegung des Werkes auch der Verkehr durch den Arlbergtunnel und die Flucht unmöglich werde. Ein anderesmal konnte er nachweisen, daß ein deutscher Sanitätszug mit Verwundeten auf der Strecke fahre. Zur Lahmlegung des Werkes sei alles vorbereitet, es genüge im Ernstfalle ein

Druck auf den Knopf. Den Befehl zur Stillegung des Werkes könne er nur vom General empfangen, der in Langen persönlich das Durchschleusen der deutschen Truppen nach Tirol kommandiere.

Am Morgen des 6. Mai (Sonntag) war das Werk geräumt und gerettet. So ist es gekommen, daß wir in Vorarlberg nicht dieses Verkehrselend wie in anderen Bundesländern hatten, weil die Arlbergbahn nicht auf Kohle angewiesen und ihr Kraftwerk erhalten geblieben war.

Klösterle zittert

Das Ende der Kämpfe in Vorarlberg spielte sich im Gemeindegebiet von Klösterle ab. Die erste Maiwoche hatte nach Langen einen ungeheuren Fluchtverkehr gebracht. Parteigrößen mit hochbepackten Luxusautos, motorisiertes Militär und abgerüstete Soldaten eilten nach Langen hinauf, wo sie anstehen mußten, bis sie zur Fahrt nach St. Anton an die Reihe kamen. Wegen der Lawinen konnte kein Auto über den Arlberg fahren — gleich oberhalb Langen war die Straße durch die große Passürlawine für den Kraftwagenverkehr gesperrt — und doch drängte alles nach Tirol, in das amerikanische Besatzungsgebiet hinüber. Besonders die Offiziere legten großen Wert darauf, nicht den Franzosen in die Hände zu fallen, weil sie von ihnen Vergeltung fürchteten.

So glich Langen schon am Vorabend einem Heerlager. Die Reichsstraße und alle Seitengassen waren voll von Lastkraftwagen, Luxusautos, Panzerspäh- und Pferdewagen. Von Unterlangen bis zur Lawine in Oberlangen dasselbe Bild des Zusammenbruches: neben der Straße hingeworfen lagen Helme, Gewehre, Maschinengewehr-Munition und Panzerfäuste umher.

Als am Sonntag früh die Stelzistobelbrücke gesprengt wurde und es trotzdem aussichtslos war, das Rückzugsfeld länger zu halten, erledigte das Sprengkommando noch einen letzten Auftrag, indem es die Eisenbahnbrükke unmittelbar vor dem Westtor des Arlbergtunnels zerstörte. Fast die ganze Kampftruppe verließ jetzt Langen und suchte zu Fuß den Arlberg zu erreichen. Über 200 Wehrmachtskraftwagen mußten zurückgelassen werden. Sie waren beladen mit Waffen, Munition, Motoröl, Lebensmitteln und Bekleidungsstücken. Um 9 Uhr vormittags suchten zwei Aufklärungsflugzeuge das Klostertal ab und kontrollierten offenbar die Truppenbewegungen. Bald darauf verließen auch die allerletzten Nachzügler der SS den Kampfstand Langen. In Stuben drohten sie noch das Dorf anzuzünden, weil schon weiße Fahnen gehißt waren, machten sich dann aber schimpfend davon.

In Danöfen, Klösterle, Langen und Stuben standen also keine Heeresverbände mehr. Trotzdem lebte die Bevölkerung, besonders die von Klösterle und Langen, in großer Angst, weil sie ganz von der Außenwelt abgeschnitten war; denn die Eisenbahn verkehrte nicht mehr und den Rundfunk konnte man nicht hören, weil seit dem Gefecht von Dalaas kein Lichtstrom da war. Der Einmarsch der Franzosen wurde jeden Augenblick erwartet. Statt dessen wurde Klösterle um halb 12 Uhr mittags von Dalaas aus unter Feuer genommen. Die Beschießung dauerte eine Stunde. Zuerst richtete sich das Artilleriefeuer gegen Danöfen und die Parzellen Wilden und Sand. In Klösterle selber gingen alle Einschläge in den Wald im Schattenhalb. Die Bewohner flüchteten zum Teil aus den Häusern und suchten in den Wäldern und dann in den Eisenbahntunnels Schutz. Als sich zum Zeichen der Übergabe bei fast allen Häusern Fahnen zeigten, wurde um 2 Uhr das Artilleriefeuer gegen Langen hinauf verlegt. Auch dort richtete es keinen großen Schaden an, weil die Geschosse in den Wald auf der Südseite der Alfenz einschlugen.

„Plakat in Klösterle, von Einheimischen geschrieben, die den Truppen der 1. Französischen Armee auf diese Weise ihre Sympathie entgegenbringen und sie als Befreier begrüßen." (Übersetzter Originaltext des französischen Fotoreporters)

Da mit einer neuerlichen Beschießung gerechnet werden mußte und zu befürchten stand, daß schließlich noch das ganze Dorf Klösterle vernichtet werde, gingen drei Parlamentäre von Klösterle, nämlich der Eisenbahner August Müller, der Schneidermeister Gero Falkenberg (Bombengeschädigter aus Wuppertal) und Frl. Marianne Keßler vom Arlberghof mit weißer Fahne den Franzosen entgegen. Schon am Vormittag hatte eine Abordnung von vier Männern unter Führung von Valentin Neururer versucht, mit den Franzosen zusammenzukommen, um ihnen erklärlich zu machen, daß kein Widerstand geleistet werde. Bei Danöfen gerieten sie aber in den Beschußbereich und mußten das Vorhaben aufgeben.

Die Parlamentäre Müller, Falkenberg und Frl. Keßler kamen bis 100 Meter vor die zerstörte Stelzistobelbrücke und stießen dort auf zwei französische Posten, die ihnen mit schußbereit gefälltem Gewehr Halt geboten, sie nach Waffen fragten und sich nach ihrem Begehren erkundigten. Falkenberg antwortete in französischer Sprache. Der Schrecken war bald überstanden. Die Unterhändler wurden zum Kommandanten geführt — es war 15.40 Uhr —,

Die Parlamentäre von Klösterle: Marianne Keßler, August Müller, Gero Falkenberg

der sie in deutscher Sprache ausfragte, ob sie Parlamentäre seien, aus welcher Ortschaft sie kämen und ob die Ortschaft feindfrei sei. Er drohte ihnen wie üblich, daß sie alle drei erschossen würden, wenn die Angaben nicht stimmen sollten. Man habe trotz den Parlamentären schon schlimmste Erfahrungen gemacht.

Der Erfolg des Unternehmens der drei Unterhändler war, daß ein weiteres Artilleriefeuer nicht mehr als notwendig erachtet wurde, das den für Montagvormittag vorgesehenen Vormarsch nach Klösterle hätte vorbereiten sollen.

Inzwischen war der Bericht der Parlamentäre aus Klösterle durch ein Bahntelefon aus Langen an den französischen Kommandanten in Dalaas bestätigt worden. Die drei Unterhändler wurden aufgefordert, an der Spitze der Kampftruppen nach Klösterle zu marschieren. Falkenberg mußte dem Kommandanten helfen, die Glongbachbrücke nach Sprengladungen zu untersuchen. Soldaten machten Streifen durch einzelne Häuser. Die Gegend erwies sich als feindfrei. Der Kommandant übermittelte einen schriftlichen Befehl nach rückwärts und erst jetzt gab er die ersehnte Zusicherung, daß Klösterle nicht mehr beschossen werde. In Schuppen und auf Autos waren 20 bis 25 Tonnen Sprengmunition und Benzin gelagert; nun war keine Explosion mehr zu befürchten.

Falkenberg, der noch am Vormittag persönlich Klösterle und Langen abgegangen war, garantierte mit seinem Leben, daß keine deutschen Truppen mehr anwesend seien, und so marschierten die Parlamentäre frohen Herzens in Klösterle ein, glücklich darüber, daß der Ort gerettet war. Die tapfere Marianne reichte vor ihrem Gasthof dem Kommandanten einen frischen Trunk und verabschiedete sich. Müller und Falkenberg marschierten bis zum Ortsende mit. Dort bestieg der Kommandant ein Auto und fuhr nach Langen, wohin er Falkenberg als Ortskundigen und Dolmetscher mitnahm.

Der Arlberg als Bollwerk

Der Gefreite Adolf Hitler, der sich als größten Feldherrn aller Zeiten anbeten ließ, war schon längst tot, da suchte der an Größenwahn ihm nicht viel nachstehende Gauleiter Hofer Tirol zu einer Festung auszubauen. Am Arlberg sollte der Feind durch totale Zerstörungen sicher aufgehalten werden. Hofer war bereit, die weltbekannten Ingenieurbauten am Arlberg, deren Wiederherstellung Millionen an Geld und Monate an Zeit gekostet hätte, auch dann noch zu opfern, als es jedes Schulkind begriff, daß der Krieg für Deutschland aussichtslos und verloren war.

Es ist darum auch nicht verwunderlich, wenn viele Hände sich rührten, um einem solchen Wahnsinnstreiben Halt zu gebieten.

Die Verteidigungsanlagen

Angeordnet waren die Zerstörung des Arlbergtunnels und die Absprengung der Arlberg- und Flexenstraße.

Die Verschüttung des Arlbergtunnels hätte in der Weise erfolgen sollen, daß eine riesige Sprengladung den Tunnel auf eine bedeutende Strecke vollkommen einstürzen ließe. Etwa Mitte April besichtigte Kreisleiter Bernard von Landeck, der Spezialbeauftragte Hofers, mit seinem Sprengmeister Jaruc von Landeck den Westeingang des Tunnels. Italienische Arbeiter, die beim Großtobel in der Nähe von Langen im Dienste der Firma Weyss & Freytag mit Verbauungen beschäftigt waren, erhielten von Bernard den Auftrag, alle Vorarbeiten zur Sprengung des Tunnels durchzuführen. Sie wurden aber nicht fertig. Insgesamt waren 16 Sprengkammern, je acht auf beiden Seiten, geplant. Jede hätte 500 kg Sprengladung aufnehmen sollen. Acht von diesen Kammern waren mehr oder weniger fertig und eine weitere in Angriff genommen. Solche Kammern gehen 1 2,8 Meter in die Seitenwand (die Stärke der Mauer beträgt 0,70 Meter) und sind in gut halber Höhe des Tunnels angebracht. Die Serie der Kammern beginnt bald hinter dem Portal und zieht sich knapp hundert Meter in den Tunnel hinein. Die Kammern waren über ein Jahr nicht zugemauert. Auf dem Gleis stehend, konnte man die Pölzungen in den Kammern sehen.

Daß beim Einmarsch der Alliierten die Arlbergstraße oberhalb Stuben immer noch durch Schnee und Lawinen für schwere Fahrzeuge unpassierbar sein werde, konnte niemand vorausberechnen. Deshalb verlangte Hofer vorsorglich die Sprengung der Arlberg- und Flexenstraße.

Auf der Arlbergstraße wurden zwischen dem sogenannten Känzele und dem Posteck (also an der schmalsten Stelle) sieben Kammern ausgesprengt. Durch die Sprengung wäre mit dem hier großenteils nur aufgemauerten Fundament die schmale Fahrbahn in die Tiefe verschwunden. Jede Kammer war 1,30 Meter tief.

Auf der neuen Flexenstraße waren 14 Kammern, ebenfalls je 1,30 m tief, zur Sprengung der Straße ausgehoben. Sie waren so verteilt, daß die Straße unbedingt in die Tiefe stürzen mußte, daß sie also nicht bloß durch Einsatz von Galerien verschüttet worden wäre.

Die Straße führt hier über eine 10 Meter hohe Stützmauer, auf der die Pfeiler der Galerie aufruhen. Auf der Fahrbahn jeweils vor dem Fuß eines Pfeilers war ein Sprengloch gegraben und, damit die breite Straße ganz sicher unbefahrbar würde, war zwischen je zwei Löchern gegen die Straßenmitte zu noch eine Kammer angebracht. Ausersehen war die unterste Galerie und zwar jene Partie, die sich straßenabwärts unmittelbar an den Tunnel anschließt.

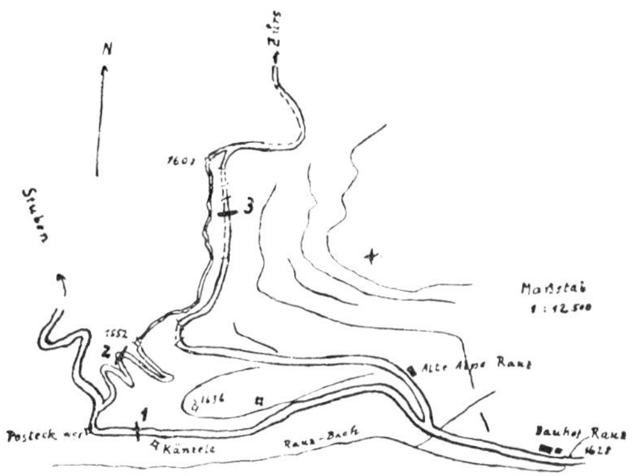

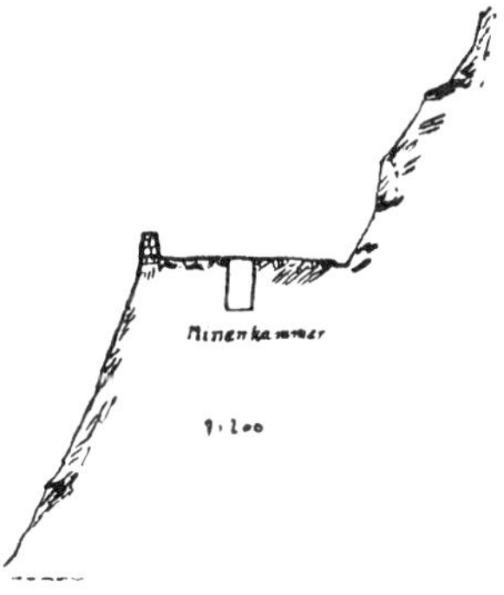

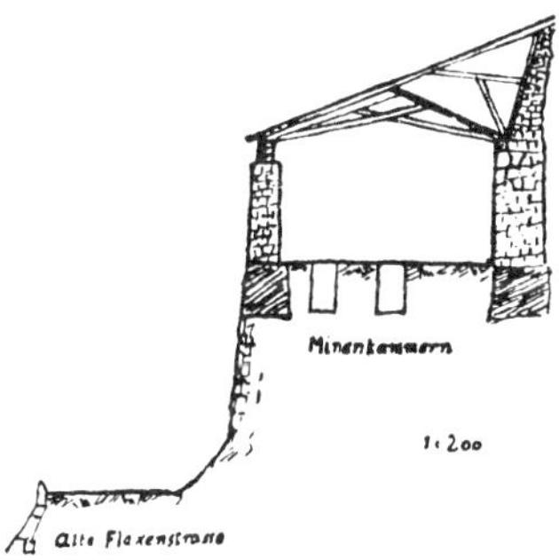

Oben: Die Sprengvorbereitungen am Arlberg:
1) auf der Arlbergstraße zwischen Posteck und Känzele,
2) bei der dritten Kurve der alten Flexenstraße,
3) bei der untersten Galerie auf der neuen Flexenstraße
Unten links: Sprengkammer in der Fahrbahn der Arlbergstraße
Unten rechts: Lawinenschutzgalerie der neuen Flexenstraße mit Sprengkammern

Vorsichtshalber wurde auch die alte Serpentinenstraße auf den Flexen in das Verteidigungssystem einbezogen. Hier hätte die Straße bei der dritten Kurve oberhalb der Abzweigung von der Arlbergstraße weggesprengt werden sollen. Da die Straßenkurve über eine hohe Kunstmauer geführt wird, wäre die Wirkung schon durch eine leichte Ladung total gewesen. Die drei Sprengkammern waren mitten auf der Straße, eher noch dem inneren Rande zu.

Bei keinem der drei Sprengvorhaben waren die Kammern schon gefüllt, jedoch stand die Sprengmunition zum Teil in Rauz bereit (1000 kg), zum Teil, nämlich 1600 kg, war sie noch in den ersten Maitagen mit Pferdefuhrwerken von Langen nach Stuben hinaufgeschafft worden.

Nach Rauz war eine Militär-Arbeiterkompanie gelegt worden, um die Stellungen am Arlberg auszubauen.

Die Rettung der Kunstbauten

Den Eisenbahnern, besonders dem Bahnhofvorstand, und dem Gendarmerie-Postenkommandanten von Langen gebührt der Dank des Landes. Es war bestimmt keine Kleinigkeit, in fast ununterbrochenem Tag- und Nachtdienst auf dem Bahnhof Langen auszuharren, wo sich in den letzten Tagen soviel Militär ansammelte und nach Tirol kommen wollte, wo jeden Augenblick Gefahr bestand, daß ein Fliegerangriff auf die sich stauenden Reste der Rückzugsarmee das ganze Bahnhofgelände in einen Schutthaufen verwandle, daß die Munitions- und Benzinvorräte Feuer fangen könnten und daß vielleicht auch die Straße nach der Arlberghöhe bis zur gänzlichen Unpassierbarkeit verschüttet würde.

Der Bahnhofvorstand von Langen, Raimund Hepberger, beriet mit dem Leiter des Gendarmeriepostens in Langen, Revierinspektor Josef Mayerhofer, die Maßnahmen, die getroffen werden könnten, um die größte Gefahr zu bannen.

In Langen stand ein Waggon Sprengmunition, die dazu bestimmt war, den Arlbergtunnel zu verschütten. Am 4. Mai (Freitag) nachmittag, als der Einzug der Franzosen in Bludenz gemeldet wurde, ließ der Bahnhofvorstand den Waggon mit Sprengmitteln nach Station Ötztal abfertigen. Am Samstagvormittag wurde der Waggon gesucht. Der Vorstand gab zur Antwort, er hätte von einem hohen Wehrmachtsoffizier, den er unmöglich kennen konnte, den Auftrag erhalten, den Waggon nach Ötztal zu überstellen. Inspektor Mayerhofer hatte schon zwei Tage zuvor die italienischen Arbeiter aufgefordert, die Arbeitsstätte zu verlassen, was sich diese nicht zweimal sagen ließen. Es wurde also im Tunnel nicht mehr gearbeitet. Dem Kreisleiter Bernard konnte es jedoch jeden Augenblick einfallen, die Arbeiten wieder aufnehmen zu lassen. Angesichts der verheerenden Folgen, die durch die Sprengung des Portals auch für die Arbeiterwohnungen unmittelbar davor entstehen mußten, ging Bahnrichter Nikolussi mit drei Freiwilligen (August Müller, Ado Haller und Johann Hoch) in den Tunnel, obwohl sie dort nichts zu su-

Sprengkammern im Arlbergtunnel

chen hatten (denn ihre Arbeitsstelle waren die Schutzbauten an den Felswänden), und beseitigten unter lebhaftem Protest und unter Drohungen des Postenführers, eines SS-Unterführers, das Sprenggerüst, um dadurch den weiteren Ausbau und das Laden der Sprengkammern zu erschweren. Sie gaben an, da doch nicht mehr weiter ausgesprengt werde, sei es an der Zeit, das zweite Gleis freizumachen; damit würde der Rückzug der Truppen mit ihrem ganzen Heeresmaterial wesentlich beschleunigt werden. Tatsächlich hätte dies auch Langen sehr vorteilhaft entlastet und es wäre die Gefahr einer kriegerischen Auseinandersetzung bedeutend gemindert worden. In Wirklichkeit hätte aber auch das angefallene Material (Steine und Erde) beseitigt werden müssen, das in großen Haufen auf den Schienen lag und dazu noch gefroren war.

Die genannten vier Eisenbahner schafften auch die im Bahnerhaltungsmagazin lagernden 20 Benzinfässer außer den Stationsbereich hinaus.

Währenddessen wurde auch alles getan, um die Arlberg- und Flexenstraße vor Zerstörungen zu retten. In Stuben waren die 16 Kisten Sprengmaterial in einem Schuppen hinter der Lawinenmauer eingelagert. Diese Kisten wurden am Samstag, 5. Mai, in den Alfenzbach geworfen. Die Arbeit besorgten drei Offiziere, die sich im Hotel „Post" aufgehalten hatten, ein Major und zwei Oberleutnante, unter Mitwirkung der Stubener Rudolf Fritz und Richard Walch. Die Namen der Offiziere sind nicht mehr feststellbar. Der Major hatte den Auftrag, für die Sprengung der Paßstraßen zu sorgen, führte aber den General hinters Licht, wo er nur konnte. Einmal gab er z. B. auf die

Anfrage, ob alles zur Sprengung klar sei, zur Antwort, der Auftrag sei zum Teil schon durchgeführt.

Am Posteck und auf der Flexenstraße vermochte Ing. Dauner (Konstanz), der als OT-Einsatzleiter der Alpenvorlandstellung zuletzt seinen Sitz in St. Anton hatte, den Fortgang der Arbeit zu verzögern, da er sich zufolge des hohen Ranges geltend machen konnte, obwohl die technische Durchführung der Arlbergbefestigungen schon nicht mehr der OT anvertraut worden war.

So hatte auch am Arlberg die Zerstörungswut Hofers das Ziel noch nicht erreicht, als die Franzosen anrückten.

Bahnhof Langen

Im großen und ganzen hat General Schmidt sein bescheidenes Kriegsziel erreicht, wenn er seine Aufgabe darin sah, das Vordringen der französischen Armee solange zu bremsen, bis seine Truppenreste und die entthronten Parteigötzen, die nun wie Marketender den Anhang des Militärs bildeten, sich den Amerikanern in die Hände werfen konnten. Hingegen brachte es der General nicht fertig, alle Lastkraftwagen des Heeres und alle Limousinen der Parteigrößen durch den Tunnel durchzuschleusen. Da ein Gleis im Tunnel durch die Sprenggerüste und Erdhaufen versperrt war, wickelte sich der Verkehr nur eingleisig ab. In Langen stauten sich Menschenmassen, Berge von Kriegsmaterial und lange Schlangen von Fahrzeugen. Die Offiziere waren abgehetzt und nervös, der Tumult war unbeschreiblich. Der General brüllte, wenn etwas nicht klappte. Neben den vielen anderen Transporten wurden immerhin täglich 150 Kraftwagen nach St. Anton befördert.

„Das Drama des deutschen Rückzugs in Langen (Arlberg). Hunderte von Fahrzeugen sind in einer riesigen Verkehrsstockung blockiert; die große Anzahl des zurückgebliebenen Kriegsmaterials beweist, daß die Flucht hoffnungslos war. Eine ganze deutsche Division hat auf diese Weise ihr gesamtes Kriegsmaterial im Stich gelassen, da der Schnee sie einige Kilometer weiter daran hinderte, den Arlbergpaß zu erreichen." (Übersetzter Originaltext des französischen Fotoreporters)

Am Samstag, 5. Mai, spitzte sich die Lage am Bahnhof Langen von Stunde zu Stunde zu. Die Franzosen ließen sich nicht aufhalten, Langen wurde jetzt beherrscht von 300 bis 400 fanatischen Kriegern, die auf einmal auftauchten. Zum Teil waren es SS-Leute, zum Teil trugen sie Wehrmachtsuniform. Auch mindestens drei Kreisleiter, der Sprache nach Süddeutsche, trieben sich herum. Sie waren als gewöhnliche Soldaten verkleidet. Von hier aus hatten sie auch irgendwie Verbindung mit den Werwölfen in Brand. Die Zahl der in Langen rastenden Gestapobeamten, mittleren Parteifunktionäre und anderen Endsieg-Akrobaten kann wegen des Durcheinanders, das herrschte, kaum verläßlich geschätzt werden.

Am Samstagnachmittag hörte man in Langen, daß die hier sich stauenden Lebensmittel, Munition, Benzintanks und Lastkraftwagen, die nicht mehr nach St. Anton gebracht werden konnten, verbrannt werden sollten, was natürlich den Untergang des Dorfes bedeutet hätte. Der Gendarmerie-Postenkommandant und die Bahnhofvorstehung taten alles, um dieses Unglück zu verhindern.

Verschiedentlich wurden in Langen schon weiße Fahnen gezeigt, was den General wütend machte; er drohte mit allem Ernst, mit Panzerfäusten gegen weißbeflaggte Häuser vorzugehen.

Um 18 Uhr verkündete General Schmidt seiner Mannschaft, daß Waffenruhe sei. Dann fuhr er mit einem „Schleuserzug" nach St. Anton ab. Die Nachricht von der Waffenruhe stimmte aber nicht und noch am Abend wurde der Befehl durchgegeben: „Gegner hält Waffenruhe nicht ein; Waffen nicht niederlegen! Geschlossen sich zurückziehen!"

Nicht verläßlich verbürgte Nachrichten besagen, daß auch Kreisleiter Richter mit General Schmidt den Boden Vorarlbergs, die Stätte seines ruhmlosen Wirkens, verlassen habe, und zwar in Zivil gekleidet.

Als Kommandant der Festung Vorarlberg hatte General Schmidt seine Rolle zu Ende gespielt. Nun hatte er keinen Auftrag mehr. In St. Anton läßt sich keine Spur mehr von ihm nachweisen. Es unterliegt aber keinem Zweifel, daß er sich in amerikanische Gefangenschaft begeben hat.

In St. Anton gingen die Bestrebungen der dortigen Widerstandsbewegung begreiflicherweise dahin, den Arlberg zu sperren, damit General Schmidt nicht das viele Kriegsmaterial über den Arlberg nach Tirol herüberschaffen und so gegebenenfalls St. Anton verteidigen könne. Da aber der Arlbergtunnel geschont werden sollte und man daher vorsichtig zu Werke gehen mußte, waren vier Versuche notwendig, bis die Blockierung gelang; und da war die Situation schon so, daß in wenigen Stunden das Ende des Kampfes um den Arlbergtunnel erwartet wurde. Am Sonntag früh, 2.15 Uhr, ging von St. Anton eine Durchschleusegarnitur, bestehend aus einer elektrischen Lokomotive und acht Wagen, nach Langen ab, um von dort wieder Kriegsmaterial zu holen. Während der Fahrt explodierte bei Kilometer 106 im Tunnel der Packwagen hinter der Maschine. Die Wagen lagen in Trümmern und die Maschine war schwer beschädigt. Der Schreinermeister Josef Engstler von Dalaas, der seinen verwundeten Sohn, wie berichtet, ins Lazarett gebracht hatte und eben mit diesem leeren Zug zurückfahren durfte, wurde schwer, wenn auch nicht tödlich, verletzt. Der Tunnel blieb auf einige Tage blockiert, bis die Trümmer des Zuges herausgeschafft waren.

Wenige Stunden nach dieser Explosion machten die SS-Truppen, die Langen noch hielten, auch ihrerseits den Versuch, beim Westportal eine Barrikade zu errichten. Beim Tunneleingang wurde auf jedes der beiden Gleise ein Personenwagen gestellt und dann wurde beabsichtigt, mit einer Sprengladung von jedem Wagen die vier Räder wegzusprengen. Der Versuch gelang jedoch nicht, die Räder blieben unbeschädigt an den Achsen. (Auch die Widerstandsbewegung von St. Anton hatte am Tage vorher das gleiche Experiment gemacht, der Wagen wurde nicht einmal aus dem Gleis gehoben.) Nach diesem mißglückten Unternehmen machte sich die SS daran, die kurze Eisenbahnbrücke vor dem Westportal des Tunnels zu sprengen — ein Gleis blieb jedoch befahrbar — und befriedigte ihre Zerstörungswut noch dadurch, daß sie eine elektrische Lokomotive, die auf dem ersten Gleis unmittelbar neben dem Bahnhofdienstgebäude stand, durch Panzerfäuste vernichtete. Dann räumte sie das Feld. Die Eisenbahnbrücke, die in Langen die Reichsstraße überquert, sowie der große Tunnel zwischen Langen und Wald waren nicht gesprengt worden. Sie waren zwar so stark bewacht, daß jeder Entladungsversuch aussichtslos war und man kaum hoffen durfte, daß sie erhalten bleiben.

Die letzte Gefahr

Die Lage war in Langen auch dann noch kritisch, als die letzte deutsche Wehrmacht über den Bergen war, weil auf dem Bahnhofplatz und auf den Straßen Lastkraftwagen standen, die mit Brennstoff beladen waren, und weil mit Bestimmtheit angenommen werden mußte, daß Langen mit Artillerie beschossen würde. Als von den Waldhängen herüber bereits die Einschläge der Granaten zu hören waren, entschärften Eisenbahner die vor dem Personalhaus lagernden Panzerfäuste und schleppten Munitionskisten weg. Es lag soviel Kriegsmaterial herum, daß z. B. die beiden Sprengfachleute Filaus (Langen) und Avencini (Klösterle) auch nach dem Einmarsch noch mindestens einen Waggon Panzerfäuste, Munition und Artilleriegeschosse gesammelt und unschädlich gemacht haben.

Ungefähr zur selben Zeit, da die Beschießung von Klösterle einsetzte, gelang es dem Stationsvorstand und dem Postenkommandanten von Langen durch die Fernsprechleitungen Langen-Wald und Wald-Dalaas, die im Bahnhof Wald befehlsmäßig zusammengeschaltet wurden, mit dem Bahnhof in Dalaas in Verbindung zu bekommen, wo sie mit einem französischen Offizier sprechen konnten. Dieser verlangte Auskunft, wo sich die deutsche Wehrmacht noch halte. Sodann ließen Hepberger und Mayerhofer noch einmal alle Straßen nach Kösterle und Stuben nach deutscher Wehrmacht absuchen und fragten telefonisch im Hotel „Post“ in Stuben an, ob sich dort vielleicht noch deutsche Truppen aufhielten. Frau Fritz hielt Umschau und berichtete bald, daß alle Soldaten abmarschiert seien. Jetzt teilten Stationsvorsteher

Hepberger und Inspektor Mayerhofer dem französischen Bahnhofoffizier in Dalaas das Ergebnis ihrer Nachforschungen mit und baten um Schonung für Langen; denn der Ort sei wegen des vielen Benzins, das herumliege, im Falle einer Beschießung in höchster Gefahr; die französischen Truppen möchten so rasch wie möglich einrücken, damit nicht die SS rächend in die Ortschaft zurückkehren könne, wenn solche sich vielleicht noch in den Wäldern versteckt hielte. Nach dem Einmarsch in Langen äußerte sich der führende Offizier, der Ort wäre durch Tiefflieger heimgesucht worden, wenn das Kommando nicht verläßliche Meldungen über das Absetzen der deutschen Truppen von diesem strategisch wichtigen Punkte erhalten hätte. So aber seien nur die Wälder ringsum von der Artillerie bestrichen worden für den Fall, daß sich dort noch SS versteckt hielte. Gendarmerie-Inspektor Mayerhofer erhielt als sofortiges Präsent die Begünstigung, sich im Lande frei zu bewegen und Waffen zu tragen. Das Angebot eines Kraftwagens lehnte er ab.

Ein Erlebnisbericht von der Explosion im Tunnel

Schreinermeister Josef Engstler von Dalaas mußte trachten, seinen schwerverwundeten Sohn in ein Lazarett nach St. Anton zu bringen. Unter Aufwand größter Mühe kam er mit ihm nach Langen, als eben der Sanitätszug schon weg war, mit dem er hoffte, mitfahren zu können. Stationsvorstand Hepberger, der sich in diesen Tagen wahrlich sonst nicht um Einzelpersonen annehmen konnte, sagte sich: Das Leben eines Kindes ist mehr wert als ein paar Waggon Kriegsmaterial, die nach St. Anton zu schaffen wären. Er ließ augenblicklich eine Maschine mit einem Wagen nach St. Anton abgehen. Vom Sanitätshilfsplatz in Langen bekam Engstler einen Sanitäter mit. Eine neue Serie von Schwierigkeiten entstand, bis endlich um 22.30 Uhr im Lager Moserkreuz die Operation beginnen konnte. Neben dem Hotel Moserkreuz war während des Krieges ein Wehrertüchtigungslager. Am 2. Mai 1945 wurde darin ein Lazarett eingerichtet.

Seit dem Augenblick der Verwundung des Knaben waren acht Stunden vergangen. Die Bauchverletzung war schwerer Natur und außerdem eine Bauchfellentzündung unvermeidlich.

Über die nun folgenden Ereignisse erzählt Engstler:

„Es wurde mir nicht erlaubt, im Lazarett zu bleiben und so ging ich mit meinem Begleiter zum Bahnhof, wo ein Güterzug stand, der nach etwa einer Stunde, wie es hieß, nach Langen fahren werde, um weiteres Kriegsmaterial zu holen. Schon während noch ausgeladen wurde, suchten wir in dem leeren Gepäckswagen einen stillen Winkel und warteten auf die Abfahrt. Um 2.15 Uhr fuhren wir in den Tunnel ein. Im Gepäckswagen waren mein Begleiter und ich, auf der Lokomotive zwei Soldaten aus Braz, Zech und Schmied, und der Lokführer Wieser aus Bludenz. Da ich zwei schlaflose Nächte hinter mir hatte, bin ich während der Fahrt eingeschlafen und habe von der ganzen Sprengung nichts gemerkt, da ich gleich bewußtlos wurde. Auf einmal kam es mir vor, als ob jemand rufe: ‚Kamerad, hast du Feuer oder ein Licht? Ich bin eingeklemmt und komme nicht heraus.' Nachdem ich im Halbbewußtsein immer wieder rufen hörte, bin ich doch wieder zu mir gekommen und wollte aufstehen. Das war aber nicht möglich, da Holz und Eisenteile auf mir lagen. Jetzt erst fragte ich meinen Begleiter, was geschehen sei und wo wir seien. Ich wollte meine Taschenlampe suchen, sie war aber nicht mehr zu finden. Zum Glück hatte ich Streichhölzer bei mir und ich zündete diese an. Jetzt erst sah ich, in welcher Lage wir uns befanden und was geschehen war.

Da durch die Explosion im Wagen der Fußboden vollkommen zertrümmert war, konnte ich unter dem Wagen herauskriechen und meinen Begleiter aus der Zwangslage befreien. Wir wußten nicht, wie weit im Tunnel drinnen wir waren. Ich sah aber bald aus Richtung Langen ein kleines Licht, das uns näher kam. Es waren die drei Männer, die auf der Lokomotive waren. Der Lokführer, der die Anlagen im Tunnel genau kannte, ging mit uns in den nächstgelegenen Seitenstollen und telefonierte von dort mit St. Anton, daß man uns hole.

Der Lokführer hatte am Halse eine breite Schnittwunde, die stark blutete; einer der Soldaten hatte Glassplitter im Gesicht und in den Augen und sah nichts mehr, der andere hatte nur leichte Splitterverletzungen. Mein Begleiter hatte nebst mehreren Prellungen eine breite Schnittwunde an der Schädeldecke. Ich hatte sechs Schnittwunden am Kopf, starke Prellungen auf der Brust und am Schulterblatt und einen Knöchelbruch am linken Fuß. Jeder blutete und keiner hatte ein Verbandzeug bei sich. So standen wir bis 6 Uhr früh mit heftigem Schüttelfrost in einem Seitenstollen des Tunnels. Dann kam endlich die Sanität unter SS-Begleitung mit einer Draisine von St. Anton, um uns abzuholen. Von St. Anton aus wurden wir mit Auto zum Lazarett Moserkreuz gebracht.

Nach einiger Zeit erhielt ich vom Chefarzt die Auskunft, daß mein Sohn soeben gestorben sei. Blut und Tränen rannen mir über das von Ruß geschwärzte Gesicht. Bei der Sprengung waren wir alle ganz schwarz geworden. Es war fast unmöglich, ohne Seife, nur mit kaltem Wasser den fettigen, mit Blut getränkten Ruß abzuwaschen. Da die Ärzte schon alles zusammengepackt hatten, wurden wir nur notdürftig verbunden, bekamen eine Einspritzung gegen Starrkrampf und mußten gehen. Als ich noch den Fuß zeigen wollte, sagte mir der Arzt, er habe keine Zeit mehr, es werde eine Prellung sein. Ich hatte starke Schmerzen, und wenn ich nicht feste Bergschuhe getragen hätte, wäre mir das Gehen ganz schwer gefallen.

Ich wollte nun schauen, wo mein Sohn liege, suchte mir zwei Stöcke und erreichte mit Mühe die Waschbaracke, wo mein lieber Josef tot neben einem SS-Obersturmführer lag. Ich machte ihm das Kreuz auf seine Stirne und nahm von ihm Abschied."

Der Zugsverkehr durch den Tunnel wurde am 9. Mai wieder aufgenommen, aber nicht für die Zivilbevölkerung. Dank reichlicher und verständnisvoller Mithilfe konnte sich Engstler am 11. Mai mit einem Arbeiterzug durch den Tunnel durchschmuggeln. Jetzt ist er wieder völlig ausgeheilt. Die Leiche seines Sohnes wurde ein Jahr später nach Dalaas übergeführt.

Besetzung des Arlbergs — Amerikaner und Franzosen in St. Anton

General Schmidt hat am Samstag, 5. Mai, abends 19 Uhr, Langen verlassen. Ebensowenig wie über sein weiteres Schicksal etwas bekannt wurde, weiß man etwas über den Verbleib des Generals Fischer, der im Hotel Moserkreuz in St. Anton für den Arlbergbereich seinen Befehlsstand hatte.

Die SS, die zu Fuß über den Arlberg ging, hielt sich noch kurz in Rauz auf. Am Sonntag, 6. Mai, nachmittags stieß bereits ein Trupp Franzosen, von Zürs her kommend, gegen Stuben vor, zog dann aber gleich wieder über Rauz nach St. Anton weiter. Unterhalb von St. Christoph kam es zu einem kleinen Gefecht. Zeuge darüber sind Kriegergräber am Straßenrand.

In St. Anton hatte sich in den letzten Tagen viel deutsches Militär angesammelt. Auch von Landeck herauf drückten deutsche Abteilungen, weil sich die Reste einer Armee über den Fernpaß ins Inntal zurückgezogen hatten und nicht mehr ausweichen konnten. Am Bahnhof in St. Anton standen 150 Waggons mit Munition und Kriegsmaterial aller Art, die nicht mehr nach Westen verbracht oder wieder von dort zurückgeleitet worden waren; denn es schien General Schmidt doch zweckmäßiger, die Truppen auf Tiroler Boden zu bringen, anstatt die Munition nach Vorarlberg zu schaffen und sie dort samt den Soldaten zu verlieren. In Langen hingegen wurde es gerne gesehen, daß diese Waggons auf Tiroler Boden blieben. Für St. Anton waren sie unter Umständen eine große Gefahr. Außerdem sprach sich das Gerücht herum, General Schmidt sei dem Zugriff der Franzosen entgangen und sei willens, mit den letzten seiner Getreuen zu Fuß über den Paß St. Anton zu erreichen, wo es ihm einfallen könnte, alle Soldaten, die hier lagen und nicht wußten, wohin sie fliehen sollten, noch einmal zu einem Widerstand zu sammeln.

Darum begab sich von St. Anton eine Dreierabordnung unter Führung des bekannten Rennfahrers Hans von Stuck nach Landeck, um beim amerikanischen Kommandanten zu erreichen, daß St. Anton sofort besetzt werde. Dem Wunsch wurde Rechnung getragen. Zwei Offiziere fuhren auf der Stelle nach St. Anton und von hier mit einigen Männern der Widerstandsbewegung auf den Galzig, um von dort die Demarkationslinie zwischen Franzosen und Amerikanern festzulegen. Unterdessen waren amerikanische Panzer von Landeck her nachgerückt, machten aber in St. Jakob halt, da inzwischen in Landeck der Ort Pettneu als Demarkationspunkt bestimmt worden war. Kaum waren die amerikanischen Offiziere aus St. Anton wieder weggefahren, als die Nachricht eintraf, die Franzosen hätten um 17 Uhr die Paßhöhe des Arlbergs erreicht. Eine neuerliche Abordnung ging jetzt den Franzosen entgegen und übergab ihnen St. Anton *). Im Orte herrschte Ruhe. Durch den Eilmarsch über den tiefverschneiten Tannberg von Mittelberg herüber war diese Truppe ziemlich abgekämpft. Sie bestand aus sechs Offizieren und 20 Mann.

Nach Stuben kamen die Franzosen von Langen herauf erst am Montagnachmittag. Am Mittwoch war schon eine Halbkompanie Marokkaner daran, die Arlbergstraße für den Autoverkehr freizumachen.

**) Am Beispiel St. Anton zeigt sich einerseits der Wettlauf zwischen Amerikanern und Franzosen, möglichst große Teile im westlichen Österreich zu besetzen, und andererseits der verbreitete Wunsch der Bevölkerung, nach Möglichkeit unter amerikanische Verwaltung zu gelangen. In einem ORF-Interview (Österreich II) meinte ein damals Aktiver aus St. Anton, man hätte den Zug in der Nacht vom 5. auf den 6. Mai deshalb im Tunnel gesprengt, um den Vormarsch der Franzosen zu behindern, und nicht — wie Schelling meint — wegen der Munitionstransporte. Umso überraschter waren dann die St. Antoner, als die Franzosen aus dem Kleinen Walsertal kommend am Arlberg eintrafen. Die Angst vor den Franzosen (besonders vor den Marokkanern) war das Resultat der nationalsozialistischen Propaganda, die es verstanden hatte, die Marokkaner als „mordende Bestien" zu verleumden.*

So wurden die Illwerke gerettet

Das Schicksal der Vorarlberger Illwerke war in den Umsturztagen auch das Schicksal des Montafons. Eine kluge Werkführung hat mit der Abwehr der Gefahr für die Kraftwerkanlagen auch dem ganzen Tal einen großen Dienst erwiesen.

Eine militärische Kommission, bestehend aus einem Pioniermajor und dem Beauftragten des Kreisleiters Bernard von Landeck für Sperrmaßnahmen, namens Meierhöfer, stellte sich am Donnerstag, 26. April, bei der Werkleitung in Partenen vor und verlangte von den Illwerken, daß sie das zum Ausbau von Verteidigungsanlagen notwendige Holz zum Silvrettadorf, also zum oberen Stausee, hinaufschafften. Die Kommission erkundigte sich nach dem Vorrat der Illwerke an Sprengmitteln, denn nach dem Ausbau der Silvrettastellungen sollten die Schrägaufzüge und die Tromeniertunnels gesprengt und die Höhenseilbahnen unbrauchbar gemacht werden. Daß im Silvrettadorf drei Tonnen Sprengstoff lagerten, konnte nicht verheimlicht werden. Sprengkapseln waren jedoch zu wenig vorhanden.

Als der Betriebsleiter Ing. Romed Boß mit dem Kriegsverwaltungsrat Dr. Hartmann und dem Reichslastverteiler Änulat bei Oberleutnant Fuchs, dem Chef der Flakbatterie, die in Vermunt und in Partenen in Stellung war, vorsprach, um über die Absichten der Flak zu sondieren, bestätigte ihm Oblt. Fuchs, daß der Befehl zum Sprengen der Anlagen vom Reichsverteidigungskommissar, also von Gauleiter Hofer, komme und daß er diesen Befehl mit allen ihm zur Verfügung stehenden Mitteln durchführen werde. Oblt. Fuchs wurde dahin belehrt, daß laut Anordnung des Reichsministers Speer an den Elektrizitätserzeugungsanlagen nichts zerstört werden dürfe. (Speer war zwar bereits abgesetzt und seine Anordnungen hatten keine Gültigkeit mehr.)

Somit klärte sich für die Widerstandsbewegung eine doppelte Aufgabe ab: die Sprengung der Werkanlagen zu verhüten und die Flak auszuschalten.

Ing. Boß fand in diesen Umsturztagen tatkräftige Unterstützung beim Führer des Objektschutzes in Partenen, Dr. Bruno Fußenegger aus Dornbirn. Von der Widerstandsbewegung Partenen haben sich besonders Werkmeister Ant. Graß, Theodor Holzer, Ant. Lorenzin, Ing. Munk, Erwin Mattle, Leo Pachole, Ad. Rauch, Em. Ritter, Ferd. Panhofer, Andr. Stärk, Blas. Sturm, Hans Waidacher und Edmund Wachter für die Erhaltung der Werke verwendet. Im Obervermuntwerk setzten sich Ing. Ernst Dorner und Werkmeister Jakob Schreiber führend für den Schutz des Werkes ein und verhandelten geschickt mit der Flak in Vermunt. Im Silvrettadorf konnte sich Ing. Boß auf Werkmeister Martin Lutz und auf den Stauseewärter Josef Bellinger stützen. Auch die Gendarmerie von Partenen (Gendarmeriemeister Gehrer und Gendarm Johann Muxel) hatte sich frühzeitig mit der Widerstandsbewegung in Verbindung gesetzt.

Da am Montag, 30. April, Meierhöfer 2000 Sprengkapseln nach Partenen brachte und dem Bauleiter Obering. Stilgenbauer die Vorarbeiten für die

Sprengungen übertrug, und zwar mit genauen Anweisungen, wo und wie die Sprengkammern anzubringen seien, sah Ing. Boß, daß rasch gehandelt werden müsse. Die Sprengkapseln wurden ohne Widerrede, wie der Auftrag lautete, zum Aufbewahrungsbunker im Silvrettadorf gebracht. Weitere Maßnahmen hat Obering. Stilgenbauer nicht getroffen, da er von der Verkehrtheit des Auftrages überzeugt war. Sofort wurde der einzige Kompressor, der zu dieser Zeit in Partenen war, unbrauchbar gemacht.

Am anderen Tag machten sich vier Männer der Widerstandsbewegung Gaschurn, Alwin und René Pfeifer, Othmar Rudigier und Hans Schemnitzer, auf den Weg und holten bei Nacht und Schneegestöber sämtliche Sprengkapseln aus dem Bunker heraus. Das Unternehmen wurde erleichtert, weil der Schußmeister der dortigen Baufirma, Schemnitzer sen., mithalf und vom Angestellten Hannot die Schlüssel zum Bunker erhielt. Der Gendarm Hermann Scheffknecht von der Gend.-Expositur Silvrettadorf unterstützte die Vorbereitungen. Es stellte sich heraus, daß bei einem Wächter eine Klingel in Tätigkeit treten mußte, wenn die eiserne Türe des Bunkers geöffnet wurde. Damit das Unternehmen nicht verzögert werde, wurde die gesamte elektrische Stromzuführung zum Silvrettadorf abgeschaltet, wodurch die Alarmanlage unwirksam wurde. Mit schwerbepackten Rucksäcken verschwanden die Männer im Dunkel der Nacht.

Auf dem Heimweg lieferten sie noch ein zweites Bravourstück: Über Anweisung von Ing. Boß warfen sie den gesamten Munitionsvorrat der Flakabteilung, die auf der Staumauer des untern Stausees postiert war, in den mit Wasser gefüllten Stollen des Vermuntwerkes. Dabei mußten sie über die Staumauer — es war 2 Uhr nachts — und beim Posten der Flak vorbei, da die Munition im Einlaufturm aufbewahrt wurde. Die vier Männer gaben an, daß ein Absperrorgan im Einlaufturm nicht funktioniere, sie hätten im Turm dringend zu tun. Nach einer Stunde lagen die 3000 Schuß Artilleriemunition im Wasser und die drei 3,7-cm-Geschütze auf der Staumauer waren damit zum größten Teil ausgeschaltet. Auch der Rückweg über die Staumauer verlief ohne Zwischenfall, obwohl eben Postenwechsel war.

Der Mittwoch, 2. Mai, war ohne besondere Ereignisse. Am Donnerstag, 3. Mai, um 6 Uhr früh, traf die Flakabteilung Partenen Anstalten abzuziehen; die Mannschaft war abmarschbereit, nur die zwei Vierlingsgeschütze mußten noch abtransportiert werden. Durch Abhorchen der Fernsprecher der Flak wurde Ing. Boß in Kenntnis gesetzt, daß die Flak in den Erdkampf in Vorarlberg eingesetzt werden solle, was unter allen Umständen verhindert werden mußte. (In dieser Nacht wurde schon in Götzis gekämpft!) Ing. Boß klärte die Flakabteilung auf: da der Führer tot sei, müsse sie doch den Befehl nicht mehr ausführen, weil sie nicht mehr an den Treueid gebunden sei; außerdem habe der Rundfunk die Kapitulation der deutschen Armeen gemeldet.

Die Mannschaft begriff sofort, nur Zugsführer Kretschmer hielt an der Ausführung des Befehles fest. Er erwartete seinen Chef, Oblt. Fuchs, auf 7 Uhr. Fuchs sollte um diese Zeit mit dem Schrägaufzug von Vermunt herunterkommen. Ing. Boß mußte sorgen, daß Holz zur Verstärkung der Brücke über die Rohrleitungen herbeigeschafft werde, da angegeben wurde, daß die

Brücke für den Transport der Geschütze zu schwach sei. Er ging aber zur Talstation des Schrägaufzuges und gab die Weisung, daß der Schrägaufzug nicht früher fahren dürfe, als er selbst die Bewilligung dazu gebe. Dann kam Ing. Boß in Begleitung von Alwin und René Pfeifer wieder zur Flakstellung und nahm den Zugsführer Kretschmer unter den Augen seiner Mannschaft kurzerhand in Haft, mit der Begründung, daß der von ihm erteilte Befehl nicht durchgeführt werden dürfe. Die Mannschaft erhielt die Aufforderung, die Stellung sofort zu verlassen und in Gaschurn draußen weitere Weisungen abzuwarten, was auch befolgt wurde.

Als nach fünf Minuten die Flakstellung von der Mannschaft verlassen war, wurde um 7.20 Uhr der Schrägaufzug freigegeben. Oblt. Fuchs, der in Tromenier auf die Abfahrt wartete, war bereits ungeduldig. Zugsführer Kretschmer, der im Kraftwerk Partenen sich in Haft befand, mußte an die Flakstellungen in Vermunt einen angeblichen Befehl des Batteriechefs durchgeben, die Waffen seien zu vernichten, dann solle die Mannschaft nach Partenen abmarschieren, es sei Kapitulation. Dieser Befehl wurde gegeben, damit die Mannschaft in Vermunt gezwungen war, ihren Chef selbst auszuschalten, falls es nicht gelänge, ihn in Partenen festzunehmen. Sämtliche Fernsprechleitungen, mit Ausnahme der werkseigenen, wurden durchschnitten.

In Partenen angelangt, ging Oblt. Fuchs mit seiner Begleitung gleich zur Flakstellung und fand diese von der Mannschaft verlassen vor. Ein Geschütz war noch auf seinem alten Platz, das andere Geschütz stand in der Wiese, seine Fernsprechleitungen waren zerstört. Oblt. Fuchs fragte den neben der Stellung wohnenden Bauer Franz Rudigier, der die Fernsprechleitungen durchschnitten hatte, wo seine Mannschaft sei. Rudigier gab an, darüber keine Auskunft geben zu können. Vom Kraftwerk aus konnte beobachtet werden, wie Oblt. Fuchs seine Pistole entsicherte und in die Tasche seiner Pelzjacke steckte. Seiner Begleitmannschaft gab er aus der verlassenen Stellung Gewehre, auf die Bajonette aufgepflanzt wurden. So bewaffnet begab sich der Trupp zur Talstation des Schrägaufzuges. Hier wies Objektschutzführer Dr. Fußenegger den Oberleutnant ins Krafthaus, wo ihm Ing. Boß Auskunft über die verlassene Stellung geben könne. Da die Mannschaft der Widerstandsbewegung im Krafthaus zu gering war, wurde ausgemacht, daß nur der Oberleutnant und der Hauptwachtmeister ins Krafthaus herein gelassen und daß dann die eiserne Türe zugeschlagen werde, die von außen ohne Schlüssel nicht zu öffnen ist.

Von zehn Mann begleitet, marschierte Oblt. Fuchs zum Werk. Als er, sein Hauptwachtmeister und ein Unteroffizier das Krafthaus betreten hatten, schlug Dr. Fußenegger die Eingangstüre vor der Nase der Begleitmannschaft zu. Oblt. Fuchs ging geradewegs auf Ing. Boß zu, beide Hände in die Taschen der Pelzjacke gesteckt. Ing. Boß ließ ihn bis zu sich herankommen und hielt ihm dann beide Hände fest, bis Emanuel Ritter hinzusprang und die rechte Hand des Oberleutnants, die dieser gegen Boß zu drehen suchte, aus der Tasche der Pelzjacke herauszog, in der er die schußbereite Pistole hielt.

Oblt. Fuchs und sein Hauptwachtmeister wurden entwaffnet und vorerst mit dem Zugsführer Kretschmer in Verwahrung gehalten.

Der Unteroffizier, der miteingetreten war, und die vor dem Krafthaus wartende Begleitmannschaft wurden weggeschickt, nachdem ihnen vorher die Waffen abgenommen worden waren.

Einige Soldaten der Flak, die froh waren, nicht mehr an den Eid gebunden zu sein, boten sich an, die Illwerke auch weiterhin vor Zerstörungen zu schützen. Fast alle folgten ihnen. So unternahmen 130 Mann derselben Flak, mit Oblt. Brenn und Ltn. Mittner an der Spitze, nun unter Führung der Widerstandsbewegung den Schutz der Werke, und zwar mit drei 3,7-cm-Flakkanonen, zwei 2-cm-Vierlingsgeschützen, sechs 2-cm-Flakgeschützen, einigen schweren Maschinengewehren und sieben Scheinwerfern. Die Vernichtung der Waffen wurde eingestellt. In Vermunt war bereits ein 3,7-cm-Geschütz in den Stausee geworfen worden.

Die zwei schweren Lastwagen, die die Vierlingsflak abtransportieren sollten, wurden in Partenen festgehalten. Die Fahrer der Wagen, Jenkner und Maux, stellten sich nach Kenntnis der Lage bereitwillig in den Dienst der Widerstandsbewegung und führten für diese wichtige und gefahrvolle Fahrten durch, bei denen dann Maux schwer verletzt wurde.

Vermuntwerk der Vorarlberger Illwerke in Partenen um das Jahr 1945. Das Dach des Krafthauses ist durch einen Anstrich gegen feindliche Lufteinsicht getarnt.

Am Nachmittag des 3. Mai kam Hptm. Jungblut vom Wehrmeldeamt Bludenz in Zivil nach Partenen und erklärte dem Führer der Widerstandsbewegung, Ing. Boß, daß die deutsche Wehrmacht in Auflösung begriffen und daß jeder Widerstand gegen die heranrückenden Franzosen zwecklos sei. Dies teilte er auch der Flak mit, die bereits die Widerstandsbewegung unterstützte.

Der Zollgrenzschutz im Silvrettagebiet zog sich unter Führung des Zollsekretärs Edwin Hartmann von den Höhenstützpunkten an der Schweizer Grenze ins Tal zurück und half dort tatkräftig mit, die Heimat zu schützen.

Entwaffnungsaktionen der Widerstandsbewegung

Als immer mehr Wehrmacht und SS im Montafon Zuflucht suchten, wurden unter dem Kommando von Fähnrich Elmar Ganahl aus Bludenz ein Vierlingsgeschütz und drei Maschinengewehre nach St. Gallenkirch gefahren und dort zur Sperrung der Straße in Stellung gebracht. So konnten 75 SS-Männer, die durch das energische Eingreifen des dortigen Führers der Widerstandsbewegung, Dr. Newessely, unter Mithilfe mehrerer Patrioten (Spannring, Salzgeber, Steiner, Netzer, Düngler, Brüder Zint usw.) vorher entwaffnet wurden, in Schach gehalten werden.

In Gaschurn hatte sich Ende April ein stark bewaffneter Pionier-Sprengtrupp von 40 Mann einquartiert, der zuerst die Werksanlagen in Partenen angesehen hatte. Die Truppe gab jedoch keine Angaben über den Zweck des Aufenthaltes in Gaschurn bekannt. Als die Flak in Partenen entwaffnet war und sich teilweise der Widerstandsbewegung zur Verfügung gestellt hatte, begann auch die Widerstandsbewegung in Gaschurn, die sich zum Großteil aus den am 1. Mai von Bludenz zurückgekehrten Standschützen zusammensetzte, unter Führung von Arthur Keßler mit der Entwaffnung des Sprengtrupps. Daran waren beteiligt: der Führer der Widerstandsbewegung Gaschurn, Engelbert Freiner, ferner Josef Lerch, Edwin Hartmann, Ludwig Wachter, Eduard Tschann, Johann Schönlechner, Hermann Sprattler, Paul Bernhard, Josef Bernhard Wittwer, Othmar Rudigier, Josef Klehenz, Karl Bruckner, Alwin Pfeifer, Ernst Brunold, Franz Hechenberger u. a.

Die Pionierabteilung war in mehreren Häusern in kleinen Gruppen untergebracht, wodurch die Entwaffnung der Soldaten und die Sicherstellung der Sprengmittel leichter durchgeführt werden konnte. Der Kommandant der Truppe war zu dieser Zeit nicht anwesend und der stellvertretende Unteroffizier übergab erst nach längerem Sichsträuben die Waffen. Es wurden der Abteilung sämtliche Handfeuerwaffen, darunter mehrere Maschinenpistolen, fünf Maschinengewehre und etwa 750 kg Sprengstoff einschließlich Zündkapseln und Zündschnüren abgenommen. Eine große Menge Gewehrmunition und Handgranaten wurde ebenfalls sichergestellt. Als der Kommandant der Abteilung, ein Leutnant, dazu kam, war der größte Teil der Waffen bereits abgeliefert. Er weigerte sich jedoch ganz energisch, den restlichen Teil seiner Leute entwaffnen zu lassen und forderte die abgenommenen Waffen zurück. Er erklärte, daß er eher das halbe Dorf niedergebrannt hätte, als daß er seine Abteilung hätte entwaffnen lassen. Als aber die Widerstandsbewegung auf die Ablieferung aller Waffen drängte und er von seiner Truppe getrennt war, gab er schließlich dem Druck nach und ließ die restlichen Waffen abgeben.

Auch auf der Bieler Höhe und auf der Silvretta-Staumauer wurden unter Führung von Stabswachtm. Michael Huber (aus dem Zillertal) zwei 2-cm-Flakgeschütze und einige Maschinengewehre in Stellung gebracht, weil man erfuhr, daß vor Galtür ein SS-Trupp von 200 Mann mit einem ansehnlichen Troß stand. Zu jener Zeit war die Lage im Silvrettadorf kritisch, da man nicht nur die Sprengung von Werksanlagen befürchtete, sondern auch mit dem Anzünden des Lagers und der Wohnhäuser durch landfremde Elemente rechnen mußte.

In den Gemeinden St. Gallenkirch, Gaschurn und Partenen stellte die Widerstandsbewegung Wachen auf und richtete Streifendienste ein, um die Bevölkerung vor unliebsamen Überraschungen zu schützen. Da die Haltung der zurückflutenden Truppen uneinheitlich war und ihre Absichten nicht immer deutlich zu erkennen waren, wurden ihnen von der Widerstandsbewegung nach Möglichkeit die Waffen abgenommen, damit sie nicht im Gebirge Widerstand leisten konnten. Es war nicht die Absicht der Widerstandsbewegung, die zurückflutende Truppe mehr als notwendig zu verärgern. Es ist klar, daß kein Soldat seine Waffen gern aus der Hand läßt und daß es daher nicht immer ohne Konflikte abging. Es wurden nur die Gewehre und die Maschinenwaffen abgenommen, die Rucksäcke wurden nicht untersucht. Die Offiziere durften die Pistolen zum persönlichen Schutz gegen Werwölfe oder Terroristen behalten.

Der größere Teil der Soldaten ging über das stark verschneite Zeinisjoch ins Paznauntal. Der Klugheit des Besitzers des Zeinisjoch-Hotels, Josef Lorenz, ist es zu verdanken, daß von dort die Soldaten rasch weiterzogen. Die Verbände lösten sich von selbst auf.

Oblt. Fuchs, der Hauptwachtmeister und der Zugsführer Kretschmer wurden vom Betriebsleiter Ing. Boß am Freitag, 4. Mai, wieder freigelassen gegen Zusicherung, daß sie nichts mehr weiter unternehmen. Der Zweck der Gefangennahme war ja erfüllt, außerdem bedeutete das weitere Festhalten der Gefangenen im Krafthaus eine große Gefahr für das Werk und die Ortschaft; man wollte vermeiden, das Werk in den Brennpunkt einer Kampfhandlung zu bringen, wenn etwa versprengte SS den Versuch machen sollte, die Gefangenen gewaltsam zu befreien. Die Pistole wurde Oblt. Fuchs nicht mehr zurückgegeben.

Am Samstag, 5. Mai, kam eine französische Panzer-Abteilung bis Partenen. Da sie bald wieder nach Schruns zurückkehrte, wünschte der Kommandant, Capitaine de Farsi, daß die Widerstandsbewegung und die Flak weiterhin den Schutz der Werke und den Sicherheitsdienst in den Ortschaften übernehmen. Dies wurde ordnungsgemäß durchgeführt, bis die Wachen der Widerstandsbewegung am 9. Mai von Abteilungen der französischen Besatzung endgültig abgelöst wurden.

Die Kriegsereignisse im Vorarlberger Allgäu und im Bregenzerwald

Die Besetzung des Bregenzerwaldes ging nicht so gleichmäßig fortschreitend vor sich wie die Besetzung des Oberlandes. Die Gemeinden des Vorarlberger Allgäu wurden schon zu gleicher Zeit befreit, als in Lochau und Bregenz die Kämpfe tobten, hingegen die Orte des Vorderwaldes erst gegen Ende der Woche, also zu einer Zeit, als schon um das Klostertal gekämpft wurde. Von einer nachhaltigen Verteidigung konnte auch im Bregenzerwald keine Rede sein. Die Franzosen vermochten zwar wegen der allseits erfolgten Brückensprengungen nicht rasch vorwärts zu kommen, andererseits mußten aber Wehrmacht und SS, ohne es auf eine Feindfühlung ankommen zu lassen, von dannen ziehen, wenn sie nicht Gefahr laufen wollten, von Alberschwende her eingekesselt zu werden.

Durch zwei Einfallstore konnte der Krieg in den Bregenzerwald getragen werden: über das Allgäu oder über den Achrain. Gegen das Allgäu wurde bei Krumbach-Hittisau eine Sperrstellung errichtet. Hier war zuerst das Volkssturmbaon Dornbirn-Lustenau eingesetzt, das im Raume von Krumbach und Lingenau stationiert war, während in Hittisau eine gutausgerüstete Abteilung Hitlerjugend sowie eine Flakabteilung lagen. Letztere mußte auch zurückziehende Soldaten auffangen, ohne indes viel ausrichten zu können. Für die Sperrung des zweiten Einfalltores, der Achrain- und Schwarzachtobelstraße, war ein Volkssturmbaon aus Bregenz bestimmt.

Generaloberst Merkl

Die Verteidigung des Bregenzerwaldes unterstand zuletzt dem Generalobersten Merkl, der aus der Gegend von Znaim und Wien nach Westen gekommen war und nun hier verwendet wurde. Merkl war Chef des Stellvertretenden Generalkommandos des Wehrkreises XVII (Wien, Stubenring). Sein Adjutant war sein Sohn, ein SS-Hauptsturmführer und Ritterkreuzträger. Mit dem Generalobersten ließ sich ein ganzer Schwarm von SS-Leuten in Schwarzenberg nieder. Dieses Kommando war die eigentliche und einzige Gefahr für den Bregenzerwald.

Merkl war eine ähnliche Natur wie General Schmidt: beide kämpften weiter, wenn auch die Lage vollkommen aussichtslos war, weil eben die höhere Führung nicht nachgab. Sonst wäre es nicht zu erklären, daß ein Generaloberst sich abseits der großen Kampflinie im Bregenzerwald niederläßt, gerade um noch eine Verwendung zu haben.

Der Generaloberst traf mit etwa 100 Mann der Waffen-SS am 1. Mai in Schwarzenberg ein. Im „Adler" stieg er ab. Die Ortseinwohner brachte er gleich in Angst und Schrecken, weil er vorgab, Schwarzenberg verteidigen zu wollen.

Die Kommandantur hatte Generaloberst Merkl in Müselbach eingerichtet, wo am 30. April neben vielen anderen Offizieren auch drei Oberste eingetroffen waren. Es waren dies Oberst Erich Scheier, Regimentskommandeur aus Konstanz, der übereinstimmend als ein sympathischer Mensch geschildert wird, weil er großes Verständnis für die Wünsche der Zivilbevölkerung zeigte und dauernd beim Generaloberst bremste, ferner Oberst Juska, der nicht stark in Erscheinung trat, und Oberst Arerl, der ziemlich aktiv im Sinne des Generalobersten war.

Das Kommando verfügte über zwei Pakgeschütze und über viele Infanteriewaffen und reichlich Munition. Auf Horgen sollte ein Gefechtsstand aufgemacht werden. Es kam aber nicht mehr dazu.

Im „Krönele“ herrschte sehr reger Betrieb. Unaufhörlich wurde telefoniert und unablässig rasten Meldefahrer in die Gemeinden des Bregenzerwaldes. Die SS traf erst am 1. Mai ein. Am 2. Mai nachmittags verschwand das Kommando aus Müselbach und siedelte nach Schwarzenberg über. Die Franzosen hatten eben Dornbirn passiert.

Der Freiheitskampf der Wälder

In jeder Gemeinde des Bregenzerwaldes hatten sich Männer zusammengeschlossen, die einvernehmlich im Sinne des Widerstandes gegen das Regime der Nationalsozialisten arbeiteten. Die Bewegung hatte keinen Namen und kein gedrucktes Programm, aber jeder wußte, was er wollte. Erst Mitte April wurden infolge des Näherrückens der Front und der sich daraus ergebenden Aufgaben gemeinsame Richtlinien besprochen, als etwa 40 Vertreter des Vorder- und Mittelwaldes in einem Heustadel an der Subersach in Großdorf zusammenkamen. Dabei wurde ausgemacht:

1. In jeder Gemeinde wird sich eine Gruppe von aktiven Freiheitskämpfern bilden, die mit Hilfe der heimattreuen Bevölkerung alles unternimmt, daß der Krieg ohne Kampf und Zerstörung vorübergeht.
2. Niemand soll mehr einer Einberufung Folge leisten, besonders nicht zum Volkssturm.
3. Der Volkssturm, der bereits unter den Waffen steht, wird bearbeitet, die Waffen niederzulegen.
4. Unter allen Umständen muß verhindert werden, daß Brücken oder Kraftwerke gesprengt, daß Häuser angezündet oder Vorräte vernichtet werden.
5. Es soll mit friedlichen Mitteln verhindert werden, daß von den Truppen in den einzelnen Ortschaften Stellungen bezogen werden.
6. Unter gar allen Umständen und unter rücksichtslosem Einsatz aller Männer müssen Frauen und Kinder geschützt und müssen Plünderungen verhindert werden.

7. Wenn die Alliierten einmarschieren, tragen die Freiheitskämpfer eine rot-weißrote Armbinde und schauen, daß die Besetzung reibungslos vor sich geht.
8. Es wird tunlichst vermieden, daß man mit der deutschen Wehrmacht in Kampfhandlungen verwickelt wird.
9. Wenn im geeigneten Augenblick die Parole durchgegeben wird, sollen im ganzen Bregenzerwald die weißen Fahnen gehißt und sollen die öffentlichen Gebäude und Ämter besetzt werden.

In kurzer Zeit umfaßte die Bregenzerwälder Freiheitsbewegung mehrere hundert Männer, wobei man bedenken muß, daß die meisten von den jüngeren nicht zu Hause waren.

Die Kämpfe im Vorarlberger Allgäu

Unübersehbare Militärkolonnen kamen in der letzten Aprilwoche zu Fuß und motorisiert über das bayerische Allgäu herein und suchten über Scheffau-Thal oder über Oberstaufen-Riefensberg den Weg in das Rheintal oder in den Bregenzerwald und nach Tirol zu gewinnen. Viele hofften, über Hittisau-Balderschwang den Bahnort Sonthofen oder über Hittisau-Sibratsgfäll Oberstdorf zu erreichen, konnten aber wegen des Schnees und wegen der Lawinen nicht durchkommen; ein Teil des Fluchtstroms kehrte um, ein anderer Teil zweigte gegen Schönebach ab. Riefensberg war zeitweilig in bedrohter Lage, bis die SS und die Hitlerjugendführer endlich das Feld räumten.

Kurze Zeit stand das Dorf Doren im Gefahrenbereich, weil am Montag (30. April) Nachmittag die Göppinger Polizei (SS) mit einem großen Autotroß hier haltgemacht hatte, vom Feind aber beobachtet und von Tieffliegern beschossen wurde. Der Pfarrhof, das Pfarrheim und die Schule hatten Einschläge, Brände entstanden nicht. Die Polizei suchte Deckung in den Wäldern, gab sich aber am 2. Mai gefangen. Als am 1. Mai noch in letzter Stunde eine größere Abteilung schwerstbewaffneter Soldaten von allen möglichen Truppengattungen durch Doren nach Bozenau und Alberschwende abgezogen war, machten sich zwei blutjunge, fanatische Leute unter ihnen, die den Rückzug sichern wollten, daran, die Hängebrücke in Bozenau zu sprengen. Stationsvorstand Peter Bereuter hinderte sie an ihrem Vorhaben. Da schleuderte einer von den beiden eine Handgranate gegen Bereuter. Dieser fing sie auf und warf sie ins Wasser, sprang einen der Burschen an und ohrfeigte ihn derart, daß keiner mehr an die Sprengung der Brücke dachte, sondern alle beide das Weite suchten.

Thal unter Feuer

Inzwischen entwickelten sich an der Landesgrenze bereits heftige Kämpfe, in deren Verlauf das Kirchdorf Thal bange Stunden erlebte. Es war in Aussicht genommen, in Langen-Hub eine starke Abwehr einzuschalten, da über Langen und Fluh ein Einbruch ins Rheintal zwecks Umgehung der Bregenzer Klause im Bereich der Wahrscheinlichkeit lag. Deutscherseits sollen an die 500 Mann an der Landesgrenze eingesetzt gewesen sein. Das Kommando führte ein Oberleutnant Greverath. Der damalige Bürgermeister Heim (Langen) und der Gendarmeriepostenführer Hauke wiesen den Volkssturm an, unbemerkt die Stellungen zu verlassen. Der Oberleutnant, der davon Kenntnis erhielt, wer die Rädelsführer waren, verfügte sofort deren Verhaftung. Der Bürgermeister wurde frühzeitig gewarnt und konnte sich in Sicherheit bringen. Postenführer Hauke wurde verhaftet, machte aber einen Fluchtversuch, der auch gelang, während Wachtmeister d. R. Pius Grabherr aus Höchst, der als Hilfsgendarm dem Posten Langen zugeteilt war und an der Heimschickung des Volkssturmes auch mitbeteiligt war, ebenfalls verhaftet und nach ordinären Beschimpfungen wieder freigelassen wurde.

Der Auftakt zu den Kampfhandlungen an der Landesgrenze war gegeben durch die Sprengung der Kesselbachbrücke Langen-Scheidegg. Durch den Ort Scheidegg, der weiß beflaggt war, fuhren die französischen Panzer durch, ohne auch nur einen Schuß abzugeben, mußten aber am Kesselbach gegen Neuhaus umkehren. Dabei wurden sie von den Maschinengewehren der SS oberhalb der Martinsbrücke beschossen. Die Franzosen ließen sich nicht lange reizen. Das Zollhaus und das Gasthaus an der Landesgrenze in Langen gerieten in Brand. Dann kehrten die Franzosen ihre Panzerrohre gegen das Kirchdorf Thal, weil hier Militär auf der Straße und auf den Feldern gegen Sulzberg zu beobachtet wurde. Der Kirchturm von Thal erhielt mehrere Treffer, das Kirchdach war schwer beschädigt. Die Beschießung des Dorfes dauerte eine halbe Stunde. Ein Soldat aus Rosenheim mußte noch sein Leben lassen. Auch in Sulzberg wurden ein Soldat und ein Zivilist, ein Familienvater von drei Kindern, tödlich getroffen. Die SS verlangte von der Thaler Bevölkerung, daß die weißen Fahnen verschwinden. Die Nacht verlief entgegen allen Befürchtungen ruhig. In der Frühe verließen SS und Wehrmacht die Ortschaft. Am Mittwoch um 13 Uhr, also zur selben Stunde, da in Bregenz Infanterie in die Stadt eindrang, rollten die ersten französischen Panzer durch das Dorf. Der Ortspfarrer mußte der Bevölkerung ein Diktat bekanntgeben, daß alle Waffen, Rundfunkgeräte, Ferngläser und Fotoapparate abzuliefern seien; daß, wer deutsche Wehrmachtsangehörige verstecke, sofort erschossen werde, und daß zehn Bürger, darunter der Bürgermeister, sofort hingerichtet würden, wenn ein Franzose angegriffen werde. Der Pfarrer machte den Kommandanten darauf aufmerksam, daß sich die französische Wehrmacht auf österreichischem Boden befände, worauf die Ablieferungspflicht dahin gemildert wurde, daß die Rundfunkgeräte verbleiben durften.

Am anderen Tag stellte es sich heraus, daß sich die französischen Truppen über den Verlauf der österreichischen Grenze nicht recht im klaren waren. Mit großer Genugtuung wurde hier wie anderswo die Mitteilung zur Kenntnis genommen, daß die Besatzung den Auftrag erhalten hätte, Österreich als Freundesland zu behandeln.

Von Thal aus wurden zunächst Langen und Doren besetzt. Als ein Kuriosum der ersten Nachkriegswochen möge hier erwähnt werden, daß am 26. Mai 1945 ein serbischer Oberst, namens Pavlovic, mit einigen serbischen Soldaten, die wie er aus der deutschen Kriegsgefangenschaft befreit worden waren, die sicherheitspolizeiliche Leitung der Gemeinden Sulzberg, Doren und Langen übernahm. Seinen Amtssitz hatte er in Doren. Am 11. Juni floh er jedoch nach Kempten. — Den wohl einmaligen Fall, daß ein Ausländer Bürgermeister wird, erlebte die Gemeinde Mäder. Es handelte sich um einen Staatsangehörigen des Königreiches Belgien. Er konnte sich nur ein paar Monate halten.

An der Rotach sind die natürlichen Hindernisse nicht so bedeutend, daß die französische Panzervorhut die zurückweichende deutsche Wehrmacht nicht hätte in Schach halten können. Dennoch entschlossen sich die Deutschen, die Höhen des Sulzberges zu verteidigen. Als dies in der Bevölkerung bekannt wurde, verließen die meisten Leute mit der notwendigsten Habe das Dorf. Sowohl aus Richtung Scheffau als auch von Riefensberg her wurden die Hänge des Sulzberges beschossen. Am Dienstag (1. Mai) beim Morgengrauen erschien eine Halbkompanie SS, die sich recht wild und brutal gebärdete. Das Kommando bezog das Gasthaus „Adler"; dort wurden auch die Waffen und Munitionsvorräte aufbewahrt. Im Hausgang stand ein Maschinengewehr schußbereit. Unter Vorhalten des Revolvers erzwangen die SS-Leute von den wenigen, die noch im Dorfe zurückgeblieben waren, die Beseitigung der weißen Fahnen. Von ihnen verschafften sie sich auch laufend Kenntnis über die Panzerbewegungen des Feindes, weil sie ja über Ortskenntnisse verfügen mußten. Der Adlerwirt Ignaz Baldauf bewirtete die SS-Männer, so gut er konnte, um sie zu beruhigen, und dann brachte er ihnen langsam nahe, daß sie sich in einer „Flasche" befänden und daß nur ein einziger und zudem schlechter Tobelweg nach Krumbach offen sei. Daraufhin gaben die Offiziere den Befehl zum Abzug. Es war 14 Uhr. Sulzberg war vor Zerstörung gerettet. Um 20 Uhr desselben Tages rückten die ersten Marokkaner ein.

Krumbach in höchster Gefahr

Die Festung des Vorderwaldes war Krumbach. Schon drei Wochen vor Kriegsende kamen immer wieder Offiziere ins Dorf, um das Gelände zu studieren und geeignete Verteidigungspunkte festzustellen sowie die Vorarbeiten für Straßensperren zu treffen. Ein Oberleutnant beurteilte die Ortslage mit den Worten: „Wenn die Brücken ringsum gesprengt sind, kann der Feind wegen der Steilhänge nicht nachrücken. Krumbach wird auf jeden Fall verteidigt." Mit dem Näherrücken der Front wurden sämtliche Brücken mit Sprengbomben oder Brandmaterial versehen. Die Widerstandsbewegung entfernte die Sprengstoffe. Die Brücken wurden aber wieder geladen und schärfer bewacht. Der Volkssturm wollte mit der unsinnigen Verteidigung nichts zu tun haben und ging heim. Dann rückte eine SS-Kompanie in der Stärke von 120 Mann an und machte sich im Dorfe breit. Auch traf eine Gruppe bewaffneter Hitlerjugendführer ein, die, wie verbürgt ist, den Auftrag hatte, gegebenenfalls die Häuser in Brand zu stecken. In einem kühnen Handstreich wurden sie von der Widerstandsbewegung entwaffnet. Auch die Entwaffnung mehrerer SS-Männer gelang.

Die Brunsttobelbrücke Krumbach-Doren, die Bärentobelbrücke Krumbach-Riefensberg und die Engelbrücke Hittisau-Bolgenach wurden der Reihe nach gesprengt. Da die Widerstandsbewegung jetzt sah, daß die SS beabsichtige, sich in Krumbach zu verschanzen, schaltete sie sich erst recht ein; denn sie wollte um jeden Preis verhüten, daß der Ort völlig vernichtet werde. Die Hauptarbeit leistete eine Gruppe von sieben Männern, deren Anführer der ehemalige MG-Schütze Max Ibele aus Bregenz war.

Ibele wurde seinerzeit gegen seinen Willen zur SS eingezogen und hätte beim Rückzug in Frankreich auf die eigenen Leute schießen sollen. Weil er sich aber weigerte, wurde er zum Tode verurteilt, dann aber zur „Frontbewährung" begnadigt. Wieder in die gleiche Lage versetzt, auf eigene Leute schießen zu müssen, floh er und fand den Weg über die Schweiz nach Bregenz zurück. Dann versteckte er sich sieben Monate in Krumbach-Zwing. (Nach anderer Darstellung hätte er sich in Frankreich geweigert, anbefohlene Zwangsmaßnahmen gegen die Bevölkerung durchzuführen, sei dann geflohen, weil ihm die Kugeln der SS sicher waren, und habe sich mit Mühe und Not nach Vorarlberg durchgeschlagen.)

Max Ibele

Jetzt sah er die Stunde gekommen, da er den Befehl, den er seinerzeit von der SS erhalten hatte, ausführen konnte. Er verschaffte sich beim Volkssturm vor dessen Abzug ein Maschinengewehr und eröffnete als geübter MG-Schütze im Verein mit den anderen Schützen in so geschickter Weise ein starkes Feuer auf die SS, daß diese meinte, der Angriff komme von allen Seiten und das ganze Dorf sei voller Partisanen. Der größere Teil der SS zog infolgedessen rasch über Hittisau nach Langenegg ab. Die SS hatte mehrere Verwundete und mindestens fünf Tote. Bürgermeister Wagner versuchte mit dem Kompaniechef zu verhandeln und gab ihm zu verstehen, daß die Bevölkerung übergeben möchte, damit das Dorf nicht zerstört werde. Er erhielt aber zur Antwort, wenn sich eine weiße Fahne zeige, sei er der erste, der erschossen werde.

Dies alles ereignete sich am Nachmittag des 30. April (also an dem Tage, da Lochau eingenommen wurde). Die Franzosen standen in Riefensberg. In der Nacht nach dem Gefecht beherrschte in Krumbach die restliche SS noch die Lage, verschwand dann aber am Morgen rasch über Hittisau.

In Krumbach wurde sodann eine 61 Mann starke Heimatwache aufgestellt, die das Dorf gegen Überfälle seitens der SS, besonders vor der angedrohten Brandschatzung, schützen sollte. Wie es sich dann aber bald herausstellte, war die SS vollzählig abgerückt, nur zwei Wagen holten noch die Munition des Volkssturmes.

Die gesprengte Brunsttobelbrücke

Bis Samstag erwartete man in Krumbach vergebens den Einmarsch der Franzosen. Solange diese nicht da waren, mußte man immer noch mit Überraschungen rechnen. Die Tage verliefen jedoch ganz ruhig. Die Franzosen rückten nicht nach, offenbar standen in Riefensberg zu wenig Truppen zu Fuß oder nur eine Panzerabteilung, die aber den Tobel wegen der gesprengten Brücke nicht überqueren konnte. Erst am Samstagmittag wurde das Dorf besetzt und die Bevölkerung vom schweren Druck befreit, der fast eine Woche lang auf Krumbach gelastet hatte.

Max Ibele erhielt bei diesen Kämpfen in Krumbach einen Kopfschuß, an dessen Folgen er am 9. Mai im städtischen Krankenhaus in Bregenz gestorben ist. Immer wieder hat er gesagt: „Für Österreich sterbe ich gerne!"

Rettung der Lingenauer Brücken

Wie in Krumbach suchte man auch in Hittisau und Lingenau das zurückweichende Militär, insbesondere das Sprengkommando, rasch loszuwerden. In Lingenau sollten die Holzbrücke nach Großdorf und die neue Betonbrücke nach Müselbach gesprengt werden.

Beide Brücken sind erhalten geblieben. Die Achbrücke war ursprünglich mit zwei schweren Bomben und 600 kg Ekrasit geladen. Zur selben Stunde, da die Brunsttobelbrücke in die Luft flog, gingen zwölf Männer von Lingenau an die Brücke, schüchterten den Posten mit Waffen ein, während die Zündung vorsichtig entfernt und die Ladung in die Ach geworfen wurde. Führend beteiligt waren Alois Schedler, Karl Lässer und Hans Fink. In Bälde wurde die Brücke wieder geladen; der Kommandant der Sprengpioniere ließ sich aber bewegen, Befehl zu geben, daß sie nicht gesprengt werde. Dann fragte dieser Oberstleutnant nach Zivilkleidern. Anscheinend handelte sein Kommando auch in diesem Sinne, denn im ganzen Hinterwald wurde keine Brükke mehr gesprengt und keine Straße verschüttet.

Die Brücke Lingenau-Großdorf wurde von Marine-Infanterie bewacht. Als diese Abteilung am Freitag (4. Mai) früh die Brücke verließ, machte sie selber noch die Ladung unschädlich. Ihr Kommandant, ein Oberleutnant, hatte Männern der Freiheitsbewegung in Großdorf versprochen, daß die Brücke nicht zerstört werde, es sei denn, daß ein direkter Angriff dies notwendig mache.

Todesernte in Langenegg

In Langenegg führte den Widerstand gegen den nationalsozialistischen Kriegswahnsinn der desertierte Unteroffizier Alois Schwarz. Mindestens zweimal wöchentlich waren Besprechungen im Hause des späteren Bürgermeisters Josef Anton Bechter. Diese Zusammenkünfte sprachen sich herum und immer mehr heimatliebende Männer stießen zur Freiheitsbewegung. Auch die beiden desertierten Brüder Adolf und Julius Schwärzler, die sich über ein Jahr in Langenegg versteckt gehalten hatten, taten offen mit. Der Ortsgruppenleiter Nenning fühlte sich immer mehr bedroht und forderte zum Schutze seiner Person und der übrigen Parteifunktionäre SS an, die im Schulhause einquartiert werden sollte. Der Schutz wurde ihm jedoch nicht bewilligt. Noch dachte niemand an die Wahrscheinlichkeit eines sofortigen „Regierungswechsels“ in der Gemeinde. Der Anlaß war aber überraschend bald gegeben. Während einer Besprechung der Freiheitskämpfer im Gasthaus „Dreikönig“ am Sonntag, 29. April, nachts, an der über ein Dutzend Männer teilnahmen, erfuhr man durch den ausländischen Rundfunk, daß die Amerikaner sich auf dem Anmarsch nach Innsbruck befinden und die Franzosen vor Bregenz stehen. Nun wurde einhellig beschlossen, Montag mittags um 12 Uhr loszuschlagen. Die Aktion mußte jedoch wieder gestoppt werden, denn Hittisau konnte den Schritt nicht wagen, da im Orte selber sich noch Hitlerjugend hielt und vor Bolgenach Wehrmacht stand, deren Gesinnung noch nicht verläßlich ausgekundschaftet war.

Am 30. April verlangte Ortsgruppenleiter Nenning von der Kommandantur in Dornbirn, daß eine eben durchziehende Flakabteilung verhalten werde, sich in Langenegg den Franzosen zu stellen. Durch Sabotieren der Telefongespräche wurde erreicht, daß der Ortsgruppenleiter die Flak nicht erhielt.

Zu gleicher Zeit, da in Krumbach die Brücken gesprengt wurden und dort die Schüsse krachten, entspann sich auch in Langenegg ein Kampf um die Brücken, und zwar um die Holzbrücke Langenegg-Müselbach über die Bregenzerach und um die kleine Brücke zwischen Langenegg und Krumbach. In beiden Fällen wurden die Sprengladungen von der Widerstandsbewegung entfernt. Beide Brücken wurden wieder geladen. Nach dem Abzug der Flak aus Langenegg ging Alois Schwarz mit weiteren fünf Männern der Widerstandsbewegung zur Achbrücke Langenegg-Müselbach, verhaftete den Unteroffizier des Sprengkommandos und warf die Sprengbomben und die Munition ins Wasser. Die Telefonapparate im Bahnhofgebäude wurden unbrauchbar gemacht. Die Brücke wurde dann von der Widerstandsbewegung bewacht.

Am folgenden Morgen, also am 1. Mai, entluden Schwarz und Wirth auch die Brücke zwischen Langenegg und Krumbach, mußten sich aber nach geglückter Tat rasch aus dem Staube machen, da bewaffnetes Militär aus Richtung Krumbach durchfuhr.

Die Franzosen standen in Riefensberg. In kürzester Zeit mußten sie in Langenegg und in Krumbach sein. In Langenegg erfuhr man fernmündlich, daß in Krumbach weiß gehißt sei und von dort traf die Weisung ein, das Gleiche zu tun. Man hörte, in Wolfurt und Alberschwende wehe überall schon die weiße Fahne. Um 13 Uhr gab also auch die Widerstandsbewegung von Langenegg die Anweisung zu hissen.

Inzwischen hatte der Bauer, in dessen Haus der gefangene Unteroffizier in Gewahrsam gehalten wurde, diesen aus Furcht vor Repressalien freigelassen. Der Unteroffizier kehrte zu seiner Truppe zurück. Es dauerte nicht lange, da kam von Müselbach her eine bis an die Zähne bewaffnete Abteilung SS

Die Holzbrücke Langenegg-Müselbach wurde von einer zurückweichenden SS-Abteilung mit Benzin übergossen und ging in Flammen auf.

mit Benzinkanistern, Panzerfäusten und Maschinengewehren und zündete die Holzbrücke Langenegg-Müselbach an. Gegen ein solch starkes Aufgebot konnte die aus zwei Mann bestehende Brückenwache nichts ausrichten und mußte sich schleunigst in den Wald zurückziehen. Es war auch aussichtslos, etwa von Müselbach her etwas zu unternehmen, um die Brücke noch zu retten, da, wie man nachher erfuhr, die Straße sowie alle Abkürzungs- und Waldwege zur Brücke durch Maschinengewehre gesichert waren.

So brannte die Brücke am 1. Mai mittags nieder. Dieser Racheakt war der unmittelbare Anlaß zum sofortigen „Regierungswechsel" in Langenegg. Der Ärger in der Bevölkerung war umso größer, als hier die Brücke schon im Jahre 1934 durch ein paar Nazilegionäre zerstört worden war.

Als die Männer der Freiheitsbewegung vor der Sennerei Berkmann standen und berieten, kam gerade Ernst Dorner her, der schon im Jahre 1934 bei den Legionären war und in seinem Leben schon manchmal Anlaß zu Redereien gegeben hatte. Wegen seiner offenen Drohungen, Häuser niederzubrennen, war er der gefürchtete Mann im Dorf. Dorner wurde nun sofort von Schwarz verhaftet.

Der Ortsgruppenleiter Nenning wurde in seinem „Amts"-Zimmer in der Gemeindekanzlei von Josef Anton Bechter, Leo Steurer und Alois Schwarz festgenommen. Als Dritter wurde der SA-Orts-Kommandant Anton Hann verhaftet, der wie Dorner mit der Pistole bewaffnet, eben die Straße daherkam. In der Sennerei Weg wurde das braune Kleeblatt festgehalten.

Gegen 18 Uhr traf in Langenegg mit Fahrrädern eine Gruppe SS ein, die bei der Bäckerei Schwarz mit der Widerstandsbewegung ins Handgemenge geriet. Der Obersturmführer, der vorausgefahren war, wurde entwaffnet. Da die SS aber ihren Anführer nicht in Gefahr bringen wollte, mußte sie im ersten Augenblick mit dem Gebrauch der Waffen zurückhalten, so daß die Männer der Widerstandsbewegung, allerdings dann von dichtem Kugelregen verfolgt, sich zurückziehen konnten. Zwei desertierte reichsdeutsche Wehrmachtsangehörige wurden in diesem kurzen Gefecht verwundet. Das Haus Schwarz wie das Gasthaus zum „Hirschen" waren rotweißrot beflaggt, in beide wurde eine Panzerfaust geschleudert. Durch das rasche Eingreifen der Freiheitskämpfer wurden die Brände verhütet. Aus ungeklärten Gründen zog diese SS-Gruppe sofort nach Lingenau weiter.

Kurze Zeit darauf, etwa um 19.30 Uhr, traf Militär aus Doren ein. Die Abteilung war 44 Mann stark. Angeblich handelte es sich um SS, die unter einem Obersturmführer stand, nach Äußerungen des Ortsgruppenleiters Nenning jedoch wahrscheinlich um Angehörige des Infanterieregiments 405, die von einem Oberleutnant Heinberger oder Heinbacher geführt wurden. Diese Abteilung kam über Hergatz nach Sulzberg und von da nach Unterlangenegg und Langenegg. Die rotweißroten und weißen Fahnen, die es hier zu sehen gab, dazu die rotweißroten Armbinden, mußten die Soldaten zur Überzeugung bringen, daß sie in ein Partisanendorf geraten seien. Sie sahen sich tatsächlich einem bewaffneten Widerstand gegenüber. Nach kleineren Scharmützeln, in die Leo Steurer verwickelt war, stießen sie, in mehrere Schützengruppen aufgeteilt, von drei Seiten — von Finkenbühl, Bach und Gfell — gegen die Sennerei Weg vor, wo die Parteiführer festgehalten wurden.

Dort waren Adolf Schwärzler, Josef Nußbaumer, Martin Gmeiner und Robert Bader zur Wache eingeteilt. Otto Bechter und Innozenz Bader sahen die Notlage ihrer Kameraden und kamen zur Verstärkung. Die vier Männer der Wache, die sich in einer Hohlgasse schon in guter Deckung glaubten, sahen sich plötzlich im Rücken angegriffen und wurden umzingelt. Gegen die Übermacht des Feindes, der mit Maschinenpistolen, Handgranaten und Panzerfäusten ausgerüstet war, konnten sie nichts unternehmen. So starben Schwärzler, Nußbaumer, Gmeiner und Robert Bader für die Heimat. Otto Bechter wollte noch rasch Frau und Kinder aus dem benachbarten Hause retten, jedoch die SS war ihm auf der Spur und schoß ihn in seinem eigenen Hause nieder. Nach der Befreiung der Parteiführer wurde die Leiche Bechters vom Legionär Ernst Dorner etwa 100 Meter weit weg unter einen Baum geschleppt. Innozenz Bader war noch einmal zurückgelaufen, um seinen Vater in Sicherheit zu bringen. Er wurde angeschossen, als er eben aus dem Hause der Sennerei heraussprang. Am folgenden Tag starb auch er.

Sechs Tote, sechs brave Familienväter!

Einige andere Mitglieder der Freiheitsbewegung konnten im Schutz der anbrechenden Dunkelheit entkommen. Anton Bechter*) erhielt einen Streifschuß, als er gerade dabei war, eine Panzerfaust auf die SS zu werfen. Auf Seiten der SS gab es bei diesem Gefecht in Langenegg keine Toten, wohl aber einige Verwundete.

Es ist nicht leicht zu sagen, wer für die Vorfälle in Langenegg letztlich verantwortlich ist. Die Freiheitskämpfer stehen auf dem Standpunkt: hätte man nicht die SS zur Befreiung der Parteileute gerufen, so wäre kein Menschenleben zu beklagen. Die andere Seite stellt es in Abrede, die SS herbeigerufen zu haben. Die Militärabteilung biwakierte vormittags in der Parzelle Reuthe (Langenegg), wo sie noch auf Tiefflieger schoß. Aus Doren oder Sulzberg wurde sie also nicht eigens hergeholt. Daß sie von der Parzelle Reuthe hergerufen wurde, wird von der einen Seite vermutet, von der anderen bestritten. Von der Verhaftung der Parteifunktionäre konnten die Soldaten im Verlaufe des Nachmittags erfahren und deren Befreiung aus sich heraus beschlossen haben. Andererseits wurden die Frau des SA-Führers und ihre Tochter, die Frau Dorner, gleich auf dem Kampfplatz gesehen. Ortsgruppenleiter Nenning soll (nach Mitteilung der Freiheitsbewegung) nach seiner Festnahme auf der Alpe Gerach Aussagen gemacht haben, wonach das Militär von den Angehörigen der Verhafteten verständigt und um deren Befreiung gebeten wurde. Bei einer anderen Gelegenheit gab Nenning an, die Frau Hann sei bei der Bäckerei Schwarz dazugekommen, als dort wieder geschossen wurde, und als schon vom Kommandanten der Feuerbefehl gegeben war, hätte sie ihn um Befreiung ihres Mannes gebeten, der unweit weg in der Sennerei eingesperrt war. Ein Langenegger hat das Problem kurz in den Worten ausgedrückt: „Die SS ist von niemand gerufen worden, aber von selbst hat sie auch nicht hergefunden."

Im letzten Augenblick gerettet

Die beiden Lingenauer Peter Franz Fehr und Richard Fuchs, die nach Langenegg gekommen waren, um die Lage zu erfahren, wurden von der SS untersucht und verhaftet, weil rotweißrote Binden bei ihnen gefunden wurden. Der SS-Obersturmführer (oder Wehrmachtsoberleutnant?) verurteilte sie sofort zum Tode. Die Exekution sollte an dem Baume vorgenommen werden, unter dem die Leiche Otto Bechters lag. Mit knappester Not entrannen die beiden dem Schicksal der sechs Langenegger Freiheitskämpfer. Die allerletzten Vorbereitungen zum Erhängen wurden schon getroffen. Einer der Verurteilten stand buchstäblich schon auf dem Stuhl — da trat irgend eine Verzögerung um Sekunden ein; dies genügte, daß der eben befreite SA-Kommandant Hann in den Halbkreis trat und den Offizier noch überzeugen konn-

---

**) Bechter war bei Aachen aus der Wehrmacht desertiert und auf abenteuerlichste Weise nach Langenegg gelangt. Hier wartete er in einer selbstgegrabenen Höhle auf das Ende der Nazi-Herrschaft. Als er die Schüsse im Dorf hörte, eilte er den Widerstandskämpfern zu Hilfe, wurde entdeckt und angeschossen und flüchtete sich in ein Rohr. In der Dunkelheit kehrte er in sein Versteck zurück. (Weiß 1985, 57 f.)*

te, daß die beiden Todeskandidaten mit dem Einsperren der Langenegger Ortsparteiführer ja gar nichts zu tun hatten. Augenblicklich gebot der Offizier Einhalt. Fehr und Fuchs wurden als Geiseln in die Wohnung des Ortsgruppenleiters mitgenommen, wo auch die SS ihr Quartier hatte. Das Ganze liest sich wie ein Roman. Für die Betroffenen war es aber bluternste Wirklichkeit.

Bleiern senkte sich die Nacht über das sonst so friedliche und heute so blutgetränkte Dorf hernieder.

Am Abend wurde noch die Lebensmittelhandlung des Wilhelm Schwarz ausgeplündert*). Am anderen Tag, also am 2. Mai, verließ diese Truppe Langenegg. Der Ortsgruppenleiter gab ihr, einen Maschinengewehrgurt umgehängt, das Geleite. Im Weggehen suchte man noch des Leo Steurer habhaft zu werden, auf den man es wegen der Schießerei des vorigen Tages besonders abgesehen hatte. Sein Haus sollte nach dem Vorschlag eines Parteibonzen, angeblich des Ortsgruppenleiters Nenning, durch eine Panzerfaust zerstört werden. Der Offizier wollte aber Waffen und Munition sparen. Das Gasthaus „Adler" wurde umstellt und untersucht, weil man Steurer und den nachmaligen Bürgermeister Bechter darin vermutete.

Die beiden Geiseln Fehr und Fuchs wurden in Lingenau freigegeben.

Die Ereignisse des 1. Mai waren nicht dazu angetan, daß man nun beruhigt dem Kommenden entgegensehen konnte. In der Bevölkerung fieberte die Angst vor neuen Begegnungen mit der SS. Die Franzosen blieben aber an der Weißach stehen. Am Donnerstag wurden dann Jakob Wirth aus Langenegg und Josef Berkmann aus Krumbach nach Springen geschickt, um die Franzosen zu veranlassen, den Schritt über den Tobel zu machen. Doch die Bemühungen waren vergebens. Zu gleicher Zeit gingen Alois Schwarz und der französische Zivilarbeiter Robert Bazaille bis nach Bregenz, um dort in der gleichen Angelegenheit beim französischen Kommando vorzusprechen.

Endlich am Samstagvormittag, 5. Mai, als gerade das Begräbnis für Josef Nußbaumer war, fuhren die ersten französischen Wagen, über Bregenz her kommend, in Langenegg auf. Am gleichen Tag trafen dann auch von Springen her Franzosen ein.

Für die gefallenen Heimatkämpfer wurde am Rosenkranzsonntag 1945 im Beisein der Landes- und Besatzungsbehörden wie von Vertretern der Widerstandsgruppen des Bregenzerwaldes eine würdige Gedenkfeier gehalten.

**) Dies deshalb, weil die Gebrüder Schwarz den örtlichen Parteifunktionären als die Organisatoren des Widerstands bekannt waren und sie deshalb von der SS gesucht wurden. Sie hatten sich allerdings nach der mißlungenen Brückenrettung im letzten Moment im Zwischenboden einer Scheune verstecken können. (Weiß 1985, 57f.)*

Im Mittelwald

Über Egg, Andelsbuch und Schwarzenberg ging der Krieg ohne Verwüstung dahin. Auch hier war unverdrossen und zäh daran gearbeitet worden, daß es nicht zu Kriegshandlungen komme.

Parteiführer aus Bregenz und Dornbirn hätten zwar auch die Verwüstung des Bregenzerwaldes riskiert, wie aus einem Bericht des Ortsgruppenleiters Sommer von Egg hervorgeht. Danach wurde bei einer Besprechung in Egg über die Einteilung der Verteidigung im Mittelbregenzerwald den Herren aus Bregenz (Kreisamtsleiter Gebhardt, Landrat Didlaukies) und Dornbirn (Kreisamtsleiter Reiter, Standartenführer Kölbl) die Frage vorgelegt, was mit der einheimischen Zivilbevölkerung, besonders mit den Kindern, und was mit den hunderten evakuierten Flüchtlingen geschehen soll, die in den vergangenen Wochen die Gemeinden übernehmen mußten, und ferner, wie nach dem Kriege die Bevölkerung ohne Wohnungen und ohne Viehstand weiterwirtschaften könne. Die Vertreter der Gemeinden erhielten (nach Sommer) zur Antwort, daß es auf ein paar tausend Frauen und Kinder auch nicht mehr ankomme. Landrat Didlaukies schloß sich diesem barbarischen Bescheid nicht an.

Ewald Sommer in Egg, aus dem Altreich stammend, war einer der wenigen Ortsgruppenleiter des Landes, die in den Tagen der Gefahr entschieden zum Volk und nicht zur Partei standen. Wie man in Egg allgemein hört, dachte und handelte er sozial, im übrigen war er bis nahe an das Ende des Dritten Reiches eben ein Nazi.

Mit Bürgermeister Felder arbeitete Sommer Hand in Hand, um die ankommenden Truppenteile daran zu hindern, daß sie sich in Egg festsetzten. Dabei mußte oft auf das gefährliche Mittel von fingierten Marschbefehlen gegriffen werden. Auf diese Weise wurde z. B. eine HJ-Gruppe, die sich zur Verteidigung der Subersachbrücke in Großdorf-Heckisau eingerichtet hatte, aus den Stellungen gelotst und dann durch Verhandeln dazu gebracht, die Waffen niederzulegen und das Gemeindegebiet mit dem Ziel Oberstdorf zu verlassen.

Viel zu schaffen machte eine Kampfgruppe „Freikorps Adolf Hitler". Über die Abschaffung dieser höchst unerwünschten Gesellschaft berichtet Ortsgruppenleiter Sommer u. a.: Diese Gruppe, etwa 50 Männer und einige Frauen, ist in Kraftwagen, Omnibussen und Krafträdern in Egg aufgetaucht und hat sich eigenmächtig im Gemeindeamt einquartiert. Sie besaß einen regelmäßigen Verbindungsdienst mit Autos und Motorrädern zu gleichartigen „Unternehmungen" und war an Waffen und Verpflegung aufs beste ausgerüstet. Da diese Gruppe durch Überreden nicht fortzubringen war, erklärte Sommer dem Führer der Abteilung, daß sich diese sofort bei der Kreisleitung in Dornbirn zu stellen habe. Unter Zurücklassung eines Verbindungskommandos leistete der Verband dem Auftrag Folge. Da er über einen eigenen Meldedienst verfügte, war in diesem Falle die Irreführung kein geringes Wagnis. Um Mitternacht setzte sich die Kampfgruppe nach Dornbirn ab. Bereits um 2 Uhr wurde Sommer von der Kreisleitung Dornbirn angerufen und zur Rede gestellt. Der Ortsgruppenleiter gab vor, von irgendwoher den Absetzungsbefehl zur Weiterleitung erhalten zu haben. Nach längerem Hin und Her erhielt er selber den Befehl, sich mit der Familie diesem Freikorps anzuschließen. Sommer widersetzte sich mit der entschiedenen Erklärung, daß er nicht daran denke, die ihm anvertraute Ortsgruppe zu verlassen; er trage die Verantwortung gerade jetzt erst recht und bleibe auf seinem Posten bis zuletzt. Der Vorfall muß sich in der Nacht vom 1. auf 2. Mai ereignet haben, da Sommer berichtete, er verdanke nur dem Umstand die Rettung, daß die Kreisleitung Dornbirn anderes zu tun hatte, denn es ging schon das Gerücht um, Vorausabteilungen der Franzosen seien nach Alberschwende vorgestoßen. Die Unterbringung des Freikorps machte dem Bürgermeister große Schwierigkeiten. — Soweit nach dem Bericht des Ortsgruppenleiters Sommer. Als Zeuge des ganzen Geschehens führt er den Gemeindesekretär von Egg an. Die genannte Kampfgruppe war wohl ein Splitter des „Freikorps Adolf Hitler“, das sich laut Marschbefehl in Bludenz sammeln sollte. Nach einem Bericht des Rankweiler Ortsgruppenleiters Wagner, der als Ortskommandant von Satteins im Armeekommando verkehren und daher auch manches erfahren konnte, haben sich tatsächlich Formationen des „Freikorps Adolf Hitler“ zwar nicht in Bludenz selber, sondern im Brandnertal gesammelt und wurden dann zur Verteidigung des Feldkircher Vorgeländes nach Rankweil und Brederis vorgeschoben. Die meisten dieser Soldaten stammten aus Württemberg.

Auf zwei großen Lastkraftwagen war in Egg eine Kampfgruppe der Marine-Hitlerjugend eingetroffen. Sie gebärdete sich als besonders einsatzfreudig. Verhandlungen mit den Offizieren waren ergebnislos. In Müselbach hatten die Offiziere ein Waffen- und Munitionslager entdeckt, das von durchziehenden Wehrmachtsverbänden zurückgelassen worden war. Die Offiziere bestanden darauf, daß diese Waffen und Munitionsbestände (Panzerfäuste, Maschinengewehre, Infanterieausrüstung, Handgranaten usw.) in Egg greifbar untergebracht würden. Seitens der Gemeinde wurde eine abgelegene Schotterbreche vorgeschlagen. Diese Kampfgruppe erhielt von Sommer einen vorgetäuschten Befehl, sich in Schwarzenberg zu stellen. Am anderen Tag war sie wieder in Egg und es gab heftige Auseinandersetzungen. Die Hitlerjungen wollten einfach nicht weg. Endlich entschlossen sie sich, sich in der Nähe der Lingenauer Brücke einzugraben und dort zu kämpfen. Während aber die Offiziere von Bürgermeister Felder in Verhandlungen hingehalten wurden, redete Sommer noch einmal auf die Mannschaft ein mit dem Ergebnis, daß sie sich auflöste und provisorische, von irgend jemand unterschriebene Entlassungsscheine entgegennahm. Die Waffen wurden sichergestellt. In der Schotterbreche hielten ortsansässige Hilfsposten Wache.

Noch am 2. Mai setzte sich in Egg eine wilde SS-Kampfgruppe fest, um die Ortseingänge, besonders die Straße bei der neuen Betonbrücke nächst dem Kraftwerk zu besetzen. Der Kommandant dieser Gruppe war ein Sturmführer, der äußerst kampfentschlossen war, obwohl er schon eine Hand im Kriege verloren hatte. Er wollte es einfach nicht einsehen, daß ausgerechnet im Bregenzerwald nichts geschehen solle, während andere Gegenden verwüstet und Leute wie er körperlich ruiniert wurden. Am 3. Mai hat Sommer (nach seinen Angaben) während einer kurzen Abwesenheit des Sturmführers den Hauptposten an der Brücke beredet, in den Wagen einzusteigen und vorläufig nach Schwarzenberg zu fahren. Die übrigen SS-Leute folgten von selbst und dann stand der Untersturmführer allein da.

Viel Sorgen bereiteten auch in Egg die geladenen Brücken. Auf der Tuppenbrücke lagen zwei Bomben zu 250 kg und 1000 kg Sprengmunition, auf der Fluhbrücke wurde durch Standschützen die Sprengladung entschärft. Sommer und Felder wurden zur Verantwortung gezogen und die Standschützenwache durch Pioniersoldaten abgelöst. Drei von diesen Soldaten gewann Felder, mit ihm die Brücken endgültig zu entladen. In der Nacht vom 1. auf 2. Mai wurde das Vorhaben glücklich ausgeführt. Die Bomben und die ganze Sprengmunition wurden ins Wasser geworfen. Bei der Fluhbrücke setzten sie das Werk fort. Sodann wurden die drei Soldaten mit Zivilkleidern ausgestattet und vorerst versteckt. Es waren: Obgfr. Peter Canal aus Partenen, Ed. Nußbaumer aus dem Pinzgau und Anton Spögler aus St. Johann in Tirol, also drei Österreicher, Leutnant Egle, der Kommandant der Brückenwache (ein Schwabe), schlug zuerst einen gewaltigen Krach und verließ dann um 4.30 Uhr früh selber mit dem Rest seiner Mannschaft Egg. Diese Pionierabteilung gehörte zum Stellungsbaustab 5 und war von Bregenz hereingekommen, wo sie bis kurz vor dem Einmarsch eingesetzt war.

Mit zwei 250-kg-Bomben und 1000 kg Munition sollte die Tuppenbrücke bei Egg gesprengt werden. Sie konnte entladen und gerettet werden.

Die Mitteilungen von Ortsgruppenleiter Sommer seien deshalb hier festgehalten, weil sie ein Bild vom Chaos des Rückzuges vermitteln. Als Parteifunktionär hatte Sommer Kenntnis über die militärischen Formationen und konnte auch eher an sie herankommen. In vielen Orten des Landes, aus denen keine eingehenden Berichte vorliegen, mag das militärische Durcheinander noch größer gewesen sein.

Egg wurde am 5. Mai besetzt und erhielt vorübergehend eine tausend Mann starke Besatzungstruppe. In Egg war auch das Kommando für den ganzen Bregenzerwald. Das Waffenlager in der Schotterbreche wurde vom Bürgermeister dem Besatzungskommando übergeben.

Ortsgruppenleiter Sommer war nur kurze Zeit in Haft und mußte dann in seine reichsdeutsche Heimat zurück.

In der Führerschule in Andelsbuch hielt sich in jenen Tagen eine Gruppe von 45 gutausgerüsteten Hitlerjungen auf, deren Ausbildner, ein Leutnant, zum Widerstand entschlossen war und die HJ auch in diesem Sinne aufhetzte. Als die Franzosen näherrückten, verlangte die Gemeinde vom Leutnant die Räumung der Schule. Nach einigem Sträuben bequemte er sich auch dazu. Die meisten Jungen wurden bei Bauern untergebracht; der Rest von 13 Burschen wurde nach Mellau verschickt. Dann gingen Männer des Volkssturmes und der Widerstandsbewegung in die Häuser und nahmen der HJ sämtliche Waffen ab, die sie mitgenommen hatten, holten die Waffen- und Munitionsbestände aus der Führerschule und verbrachten sie in Privathäuser. Der Leutnant verständigte sofort sein vorgesetztes Kommando in Schwarzenberg, das den Bürgermeister zwang, anzugeben, wo die Waffen liegen. Sie wurden nach Schwarzenberg geholt, — die Hitlerjugend blieb entwaffnet.

Die Parole, die im ganzen Bregenzerwald durchgesagt wurde, man solle den Einberufungen zum Volkssturm keine Folge leisten, tat ihre Wirkung. Die Einberufungsbefehle wurden zum Teil gar nicht befolgt, zum Teil traten die Volkssturmmänner an, ließen sich aber im Einverständnis mit den Unterführern nicht kasernieren, gingen also wieder nach Hause. In manchen Gemeinden wurden die Einberufungsbefehle überhaupt nicht zugestellt. In Krumbach und Hittisau verließen die dort eingesetzten Standschützen die Stellungen und kehrten nach Dornbirn und Lustenau heim. Auch der Bregenzer Volkssturm in Bildstein-Alberschwende zog sich nach Oberbildstein zurück und löste sich dort auf.

Generaloberst Merkl ergibt sich

Über Veranlassung der Bregenzerwälder Freiheitsbewegung machte sich ein Offizier, der hiefür gewonnen wurde, an Generaloberst Merkl heran und verhalf ihm zur Einsicht, daß seine Lage kritisch geworden sei; die Truppe sei unaufhaltsam in Auflösung begriffen und die Partisanen seien kräftig am Werk, ohne daß man ihre Stärke abmessen könne. Die Bevölkerung zeigte Merkl eine derart feindselige Haltung, daß er schimpfend und fluchend das

„Partisanennest" am 5. Mai, 2 Uhr früh, mit seinem ganzen Stab verließ und sich in Schoppernau festsetzte. Dort gab er schließlich die Zusicherung, im Tale nicht kämpfen zu wollen, um die Bevölkerung zu schonen. Ein großer Teil seiner Leute nahm den Entlassungsschein an. Er selber gab sich in Hopfreben gefangen, ohne daß er jetzt noch Widerstand entgegengesetzt hätte.

Der Werwolf*)

Kleinere SS-Abteilungen ergaben sich auch nach dem offiziellen Kriegsende noch nicht und verschanzten sich auf Alphütten, wohin sie reichlich Lebensmittel verlagert hatten.

Am 15. Mai wurde eine französische Streife auf der Gräsalpe in Schoppernau von Werwölfen mit Maschinengewehren beschossen. Die Besatzung von Au und Schoppernau, die sofort alarmiert wurde, kämmte das ganze Alpgebiet durch. Auf der Gräsalpe fielen ein Marokkaner und ein Werwolf. Die Hütten wurden angezündet, wobei ein Ostarbeiter, der bei der Aktion mithalf, entschieden zuviel tat; es brannten an jenem Tage die Kapelle in Boden sowie 16 Hütten auf dem Auer Vorsäß Boden, auf der Alpe Tobel und auf der Gräsalpe nieder. Drei SS-Leute sind sicher in den zwei brennenden Hütten auf der Gräsalpe ums Leben gekommen, vier weitere wurden gefangen genommen, zu Tal gebracht, am gleichen Tage noch zum Tode verurteilt und sofort in Au hinter der „Krone" füsiliert. Zugleich mit ihnen wurde der unbekannte Werwolf beigesetzt, der auf der Gräsalpe im Kampfe gefallen war. Ein Jäger, der bei der ganzen Aktion dabei war, glaubt, dieser Unbekannte sei der Sohn und Adjutant des Generalobersten Merkl gewesen. Doch liegen keine Beweise vor.

**) Im April 1945 riefen die Nationalsozialisten eine Untergrundbewegung ins Leben, die in den bereits von den alliierten Truppen besetzten deutschen Gebieten Sabotage- und Terrorakte verüben sollte. Der propagandistische Schrecken, der damit verbreitet wurde, war allerdings tiefgreifender als die militärische Wirkung. — Das Wort Werwolf bezeichnet in der germanischen Mythologie einen menschenmordenden Wolf mit menschlicher Seele. Bereits in der Zwischenkriegszeit hatte es einen rechtsextremistischen Wehrverband dieses Namens gegeben.*

Das Bekenntnis des Kleinen Walsertales zu Österreich

Eine Freiheitsbewegung im Kleinen Walsertal aufzuziehen war durch verschiedene örtliche Umstände erschwert. Mit der Aneignung Österreichs durch das Deutsche Reich wurde aus verkehrs- und verwaltungstechnischen Gründen das Kleine Walsertal von Vorarlberg abgetrennt und zu Bayern geschlagen. Das zuständige Kreisamt war Sonthofen.

Von der Tausendmarksperre, die Hitler über Österreich verhängte, war das Tal finanzieller Nutznießer, weil es zum reichsdeutschen Zollgebiet gehörte. Andererseits befand es sich aber in einer wirtschaftlichen und politischen Zwangsjacke, die das Einschleppen nationalsozialistischer Ideen und die Angleichung an nationalsozialistische Kulturverhältnisse erleichterte. Immer mehr kauften Reichsdeutsche Besitz im Kleinen Walsertal auf. Nach dem Anschluß nahm diese Tendenz in unbehaglichem Maße zu. Die Folge davon war, daß, wenn auch der Grundstock der Einheimischen, also der Walserbevölkerung, österreichisch dachte, am Kriegsende 42 Prozent der Einwohner des Tales einsässige reichsdeutsche Nichtwalser waren. Es ist leicht einzusehen, daß es unter solchen Umständen ein Wagnis war, eine österreichische Bewegung ins Leben zu rufen.

Zu dieser Überfremdung kam noch eine katastrophale Überfüllung des Tales durch Aufnahme von Bombengeschädigten aus dem deutschen Westen und von Flüchtlingen aus dem Osten. Am 1. Mai 1946 zählte das Kleine Walsertal 2500 Einwohner, was als annähernd friedensmäßig bezeichnet werden kann. Ein Jahr früher, am 1. Mai 1945, bezogen über 7000 Personen die Lebensmittelkarte. In dieser Zahl sind nicht eingerechnet die hunderte Soldaten, die zu Skikursen ins Tal gekommen waren und sich in den Unterkunftshütten aufhielten, ferner die aus dem Altreich hereingeflüchteten SS- und Parteileute, die sich auf den Alphütten herum „Stützpunkte" geschaffen hatten, dann die Insassen der verschiedenen Lager, z. B. des Napola-Lagers (nationalsozialistisches Schulungslager für den Führernachwuchs) mit über 500 Jungen, und die Lazarette mit 1000 Verwundeten. Gerade unter dieser Flucht- und Lagerbevölkerung waren vielfach sehr unvertraute Elemente, man denke nur an die unter SS-Einfluß stehenden Napola-Leute. Insgesamt beherbergte das Kleine Walsertal am Kriegsende rund 10.000 Seelen.

Der Walser Heimatschutz tritt auf den Plan

Durch die Abtrennung des Tales von Vorarlberg legten die Nationalsozialisten selbst den Grund zu einer Widerstandsbewegung. Bei der pompös aufgezogenen Feier der Eingliederung des Kleinen Walsertales in den Gau Schwaben am 12. Juli 1938 ging ein namhafter Teil der einheimischen Bevölkerung nicht auf die Straße.

Durch gelegentliche Aussprachen mit Bezirkshauptmann Dr. Seeberger, die bis in das Jahr 1941 zurückreichen, wurden die Walser Patrioten in ihrer Gesinnung gestärkt. Zu einem organisatorischen Zusammenschluß konnte es indes bis zum Jahre 1945 wegen der oben genannten Umstände nicht kommen. Das Spitzeltum der Ortsfremden war sehr gefürchtet. Allmählich gelang, wenn auch nur unter großen Schwierigkeiten, die Beschaffung von vorläufig allerdings nur kleinen Mengen Waffen.

Vom Oberkommando West wurde das „Hochallgäu" zur Festung erklärt. Es war also Zeit, mit Ernst und Überlegung Pläne zu entwerfen, wie gegebenenfalls der Krieg vom Tal ferngehalten werden könnte. Die treibende Kraft der Freiheitsbewegung war schon seit langem Peter Meusburger, Metzgermeister in Mittelberg. Er wußte, daß auf Zersetzung der Wehrmacht die Todesstrafe stand. Dennoch entschloß er sich jetzt, mit Oblt. Richter, dem Hochgebirgsausbildner des Jägerbaons Sonthofen, Fühlung zu nehmen. Meusburger hatte davon Kenntnis, daß dieser anders dachte als die Heeresleitung und daß auch sein Baon zu ihm stand. Es hieß in allem vorsichtig zu Werke gehen, weil in der Nähe von Sonthofen, in Birgsau, auch die SS eine Hochgebirgsschule unterhielt.

Oblt. Richter hatte auch in Oberstdorf einen Heimatschutz organisiert und begrüßte es daher, daß die Idee des Widerstandes auch im Kleinen Walsertal Fuß gefaßt hatte. Dieses Tal hätte ja für ihn eine Flankenbedrohung sein können, wenn es nicht von verläßlichen Männern geleitet worden wäre. Peter Meusburger sagte zu, die bis jetzt noch lose Organisation der Walser in feste Form zu bringen, wogegen Oblt. Richter versprach, die Walser mit Waffen zu beliefern. Eine heikle Frage, deren Lösung sich bis über Ostern 1945 hinauszog, war es, wer die Führung der Bewegung übernehmen sollte.

In diese Zeit fällt auch die erste Aussprache Peter Meusburgers mit dem ehemaligen französischen Botschafter Francois-Poncet, der mit 30 anderen französischen, italienischen und griechischen Diplomaten im Ifenhotel in Hirschegg interniert war. Von ihm erhielt er wertvolle Ratschläge für die Bewegung. Den Internierten versprach Meusburger Schutz, dem Botschafter stellte er einen Bunker zur Verfügung.

Auf Drängen von Eugen Leissing in Bregenz und Oblt. Richter in Sonthofen übernahm Peter Meusburger die Führung des Heimatschutzes, tatkräftig unterstützt von Max Abler in Mittelberg und Baumeister Walter Riedmann in Riezlern.

Auf den Volkssturm konnte der Walser Heimatschutz nicht zurückgreifen, weil er sich zur Hälfte aus Reichsdeutschen rekrutierte, ganz unter dem Einfluß seiner politischen Führer stand und etwas wesentlich anderes war als etwa die Standschützen im übrigen Vorarlberg. Trotzdem wuchs der Heimatschutz. Mit aller Vorsicht wurden zuverlässige Männer geworben. 30 standen schon offen zur Bewegung. Oberster Grundsatz dieser Schar war, den Krieg vom Tal fernzuhalten, dabei nach Möglichkeit Blutvergießen zu vermeiden und nur dann von den Waffen Gebrauch zu machen, wenn sie angegriffen würde.

Walter Riedmann

Max Abler

Peter Meusburger, Kommandant des Walser Heimatschutzes

Die Waffenbeschaffung aus Sonthofen war nicht einfach. Die Straße wurde ständig durch Streifen kontrolliert. Trotzdem brachte Meusburger, der diese heiklen Fahrten mit seinem Lieferwagen selber übernahm, die Waffen her. Manche Fahrt verlief geradezu abenteuerlich. Schon Mitte April holte er mit Walter Riedmann in seinem kleinen Lieferwagen 100 Handgranaten, mehrere Kisten Infanteriemunition und eine Anzahl Maschinenpistolen aus Oberstdorf. Die zwei Streifen kannten zufällig das Fahrzeug und ließen es passieren. Die Waffen wurden in der Werkstätte Riedmann, die Munition unter Gerümpel in der alten Mühle in Mittelberg versteckt. Schlimmer war schon die zweite Fahrt, bei der es galt, „Kartoffel" aus einem einsamen Gehöft in Reichenbach zu holen. Schon auf dem Hinweg wurde Meusburger von deutschen Soldaten, dann von SS-Kosaken und schließlich durch einen undisziplinierten Haufen Hitlerjugend aufgehalten und bedroht. Viel konnte ja nicht passieren; aber nun mußte er den gleichen Weg bei Nacht zurück machen. Die Ladung bestand diesmal hauptsächlich aus gegurteter Maschinengewehrmunition, die schon von außen sofort erkenntlich war, aus mehreren Kisten Sturmgewehrmunition, aus Maschinenpistolen und Sturmgewehren. Nach Passieren mehrerer Truppenabteilungen wurde der Wagen in Oberstdorf von einer Streife angehalten. Sie verlangte zum Glück nur den Fahrbefehl. Ein Blick unter die Wagendecke hätte genügt. Eine weitere Fahrt war durch die Feldgendarmerie Oberstdorf bedroht, die mit dem Wagen bis in das Walsertal Dienst machte. Der letzte Waffentransport war Ende April. Diesmal mußte Meusburger in aufregender Situation die Ladung im Buchenbachtobel verstecken, brachte sie dann aber doch noch glücklich nach Mittelberg.

So verfügte der Heimatschutz schließlich über 40 Maschinenpistolen, mehrere Dutzend Pistolen, genügend Gewehre und eine Anzahl Sprengkörper, außerdem über Handgranaten u. dgl. Gegen Ende April hatte sich die Zahl der einsatzbereiten Männer auf 60 verdoppelt.

Am gleichen Tag, da die Besetzung von Reutlingen und Göppingen bekannt wurde (21. April), hielt das NSKK in Mittelberg eine Versammlung ab, in der neuerdings zum Widerstand um jeden Preis aufgefordert wurde. Es war gute Überlegung am Platze, wollte man die Übergabe des Tales an die Alliierten erreichen, ohne das Blut der Landsleute nutzlos zu vergießen. Namentlich die Napola-Lager bildeten mit ihren fanatisierten jungen Insassen eine ernste Gefahr, zumal sie mit Waffen, Munition und Sprengstoffen reichlich ausgerüstet waren. Immer wieder waren diese jungen Leute belehrt worden, daß sich der Werwolf in erster Linie aus ihren Reihen rekrutieren müsse. Eine etwa 60 Mann starke schwerbewaffnete, kriegserfahrene Kosakenabteilung, die in Reichenbach bei Oberstdorf stand, hätte nach Hirschegg verlegt werden sollen. Es gelang Peter Meusburger, dieses Vorhaben zu hintertreiben.

Überraschenderweise drangen nicht die Amerikaner von Norden her gegen Sonthofen vor, sondern es drückten die Franzosen vom Bodensee her auf Immenstadt. Die Straßenverbindung mit Bregenz war abgeschnitten. Der Kriegsschauplatz rückte bedenklich näher. Es war auch die Befürchtung sehr ernst zu nehmen, daß vom Bregenzerwald und vom Tannberg her Truppenteile über die verschiedenen Pässe in das Walsertal abgedrängt würden und da einen verzweifelten Widerstand versuchen könnten *).

Das Kleine Walsertal erhebt sich

Aus dem genannten Grunde entschloß sich der Heimatschutz, den Charakter einer geheimen Organisation aufzugeben und auch nach außen hin die Macht über das ganze Tal zu übernehmen. Größere und kleinere Abteilungen teils bewaffneter, teils unbewaffneter Soldaten durchzogen schon, vom verschneiten Tannberg herunterkommend, das Walsertal.

Am Montag, 30. April, mittags begab sich Peter Meusburger zu Oblt. Richter, um mit ihm die Lage des Walsertales zu besprechen. Richter war nicht mehr in Sonthofen, sondern hatte sich mit seinen Jägern im Oytal verschanzt und hatte den Zugang durch MG-Posten gesichert. In Oberstdorf, so versicherte er, werde in der Nacht vom 30. April auf 1. Mai losgeschlagen. Da im Walsertal Unstimmigkeiten über die Frage der Verantwortlichkeit entstanden waren, die noch über Nacht geregelt werden mußten, konnte Peter Meusburger eine parallele Aktion für das Kleine Walsertal erst für 1. Mai früh in Aussicht stellen. Dabei verblieb man, wenn auch Oblt. Richter nicht gerne in diese Verzögerung seiner Flankensicherung einwilligte. Spät am Abend telefonierte Richter nach Mittelberg, daß die Aktion in Oberstdorf auf Mitternacht festgesetzt sei. Im Walsertal hielten die Männer, die davon wußten, die Waffen griffbereit.

Als gegen 4 Uhr früh Peter Meusburger im Ifenhotel zukehrte, bat ihn Botschafter Francois-Poncet, einen Brief zu Oblt. Richter nach Oberstdorf zu befördern, in dem dieser gebeten wurde, zu sorgen, daß die französischen Truppen sofort eine Abteilung zum Schutze der Diplomaten ins Walsertal entsenden, da nach seinen Informationen nationalsozialistische Fanatiker das Haus bedrohten. (Es soll sich um Gestapo-Beamte aus München gehandelt haben, die sich im Berghaus Siemens aufhielten.) Dieser Kurierdienst war ein Wagnis, da noch keine Nachricht über den mitternächtlichen Putsch da war. Als Peter Meusburger um halb 6 Uhr früh in Oberstdorf eintraf, war dort al-

---

**) Der Befehlshaber der 1. französischen Armee hatte bei den Amerikanern zu erwirken versucht, daß die Franzosen Landeck, den Reschenpaß und damit eine direkte Verbindung zu den Alliierten im Süden erhalten. Die Amerikaner ihrerseits wollten von Landeck als eigenem strategischen Ziel nicht ablassen. Als nun de Lattre erfuhr, daß die 7. amerikanische Armee am Fernpaß unerwartet aufgehalten wurde, stieß ein Teil der 1. französischen Armee in aller Eile ins Kleine Walsertal vor, um von hier aus über den Tannberg und Arlberg vor den Amerikanern nach Landeck zu gelangen. (Rauchensteiner 1970, 272 f.)*

les ruhig. Die Machtübernahme durch den Heimatschutz war auf keine Schwierigkeiten gestoßen. Nach Ausschaltung der nationalsozialistischen Partei- und Gemeindefunktionäre war also nicht mehr zu befürchten, daß beim Einmarsch der Alliierten jemand zum Widerstand aufrufen und damit den Ort in Gefahr bringen wird.

André Francois-Poncet, von 1931 bis 1938 französischer Botschafter in Berlin, wurde 1943 in Lyon von der Gestapo verhaftet und war bis zum Mai 1945 gemeinsam mit anderen ausländischen Diplomaten in Hirschegg interniert.
Mit dem Walser Heimatschutz verbanden ihn „treue und dankbare Erinnerungen an seine tapferen Beschützer".

Mit Oblt. Richter wurde jetzt vereinbart, daß das Walsertal sich um 10 Uhr vormittags erheben werde (1. Mai). Noch war kein Bürgermeister gefunden. Um 8 Uhr erklärte sich dann Altbürgermeister Gedeon Fritz bereit, seine Bedenken fallen zu lassen und an die Spitze der Gemeinde zu treten. Um 9 Uhr wurden die rot-weiß-roten Armbinden, die durch Baumeister Riedmann unter Mithilfe seiner Frau vorbereitet worden waren, an den Heimatschutz verteilt und dann begaben sich Peter Meusburger und Gedeon Fritz zum provisorischen Gemeindehaus in Riezlern. Dort ersuchten sie den bisherigen Bürgermeister Gottlieb Keßler und den Ortsgruppenleiter Künzel um eine Unterredung, in der diese von der neuen Lage unterrichtet und gebeten wurden, keine Schwierigkeiten zu machen; Bürgermeister sei jetzt Gedeon Fritz; jede Gegenaktion von außen her würde mit Waffengewalt zurückgewiesen; es sei jedoch der Wille der Heimatschützer, Blutvergießen nach Möglichkeit zu vermeiden und es sei daher im eigenen Interesse der beiden gelegen, vorläufig im Gemeindehaus in Schutzhaft zu bleiben. Die Erklärungen wurden ohne Widerrede zur Kenntnis genommen.

In diesem Augenblick fuhren Lastkraftwagen mit 31 Heimatschützern auf und umstellten das Rathaus. Der Heimatschutz trat in Kraft.

Männer des Walser Heimatschutzes, Gruppe Mittelberg . . .

. . . und Gruppe Hirschegg, nach der Waffenausgabe am 1. Mai

Eine Reihe gefährlicher Elemente wurde ins Rathaus eingeliefert, darunter auch Peter Sönke von Hirschegg, ein Evakuierter, der scheinbar als Scharfrichter ausersehen war, wenn einmal die auf der Schwarzen Liste stehenden Walser „erledigt" werden sollten.

Der ganze Telefonverkehr wurde in den Dienst des Heimatschutzes gestellt.

Zur selben Stunde, da vor dem Rathaus die Wagen auffuhren, wehten von den Häusern der Österreich treu gebliebenen Walser die rot-weiß-roten Fahnen und die Flaggen mit dem Gemeindewappen. Ein niederschmetternder Anblick für die Nationalsozialisten und die Tausende von Reichsdeutschen!

Die Übernahme der Zivilverwaltung war reibungslos vor sich gegangen. Trotzdem war noch die größte Vorsicht geboten, denn es befanden sich sehr viele bewaffnete Zivilisten im Tale, deren Haltung zweifelhaft war, nicht zu reden von den verschiedenen Wehrmachtseinheiten. Besonders unklar war die Stellung einer Luftwaffenabteilung, die sich seit einiger Zeit in der Loislhütte in Mittelberg aufhielt. Jedoch am Mittag erschien der Oberst (er hieß auch Knoblauch) bei Peter Meusburger und Bürgermeister Gedeon Fritz und bat um eine Aussprache. Es stellte sich heraus, daß der Oberst nicht die Absicht hatte, etwa sich mit seiner Truppe im Tale zu verschanzen und bis auf den letzten Mann sinnlos zu kämpfen, sondern er wollte wichtiges Aktenmaterial retten, das nach dem Kriege Tausenden von Soldaten und deren Angehörigen eine Versorgungsgrundlage sein konnte; andererseits, so meinte der Oberst, würde er wohl bereit sein, sich einer regulären Truppe zu ergeben, hingegen würde es seine Abteilung nicht leicht übers Herz bringen, sozusagen Partisanen die Waffen vor die Füße zu legen. Da aber die Heimatschützer nur wollten, daß das Tal nicht in direkte Fühlung mit dem Kriege kam, und auf der anderen Seite der Oberst eine vernünftige und ehrenvolle Haltung einnahm, wurde mit ihm eine Art Waffenstillstand abgeschlossen und der Heimatschutz versprach, daß von seinen Leuten niemand in die Hütte eindringen werde, hingegen verpflichtete sich der Oberst, dafür zu sorgen, daß niemand von seinen Leuten die Hütte verlasse.

Ein Zwischenfall ereignete sich in Mittelberg, wo die erste weiße Fahne auf dem Kirchturm gehißt wurde und dann ein Offizier mit vorgehaltenem Revolver den Pfarrer zwingen wollte, sie einzuholen. Es kam glücklicherweise nicht zu einer Schießerei. Die Fahne wehte bald wieder vom Turm und der Offizier verschwand in die Berge. Im Laufe des Tages wurden alle Besitzer von Waffen aufgefordert, sie abzugeben, sofern sie nicht dem Heimatschutz als Freiwillige beitraten.

Am 1. Mai wurden Flugblätter ausgeteilt, die für den Beitritt zum Heimatschutz warben. Der Aufruf war schon am 22. April in der Buchdruckerei Josef Müller, Riezlern, gedruckt worden und hatte folgenden Wortlaut:

Aufruf!

1. Der Zusammenbruch unserer Fronten ist eine vollendete Tatsache.
2. Verblendete und verbrecherische Elemente haben vor, trotzdem dem übermächtigen Feind nutzlosen Widerstand entgegenzusetzen.

3. Durch unser rechtzeitiges, entschlossenes Eingreifen soll verhindert werden, daß auch noch unsere engere Heimat unsinnig geopfert wird und in Flammen aufgeht. Widerstand gegen die Besatzung erfolgt nicht.
4. Deshalb tritt mit sofortiger Wirkung der freiwillige Heimatschutz in Aktion. Er hat nichts mit der Partei oder einer ihrer Gliederungen zu tun und hat ab heute Euren Schutz übernommen.
5. Schließt Euch den Männern mit der rot-weiß-roten Armbinde an und folgt deren Weisungen. Sie sorgen für Ruhe und Ordnung und werden verhindern, daß Partei, SS oder HJ in blinder Raserei Eure Wohnstätten zerstören.
6. Die Existenz der Partei hat bei uns aufgehört. Sie hat wahrlich genug Blut über unser Volk und über unsere Heimat gebracht.
7. Die Schuldigen werden zur Verantwortung gezogen. Sie sind uns bekannt.
8. Einzelaktionen haben zu unterbleiben, jedoch wird bei Widersetzlichkeit rücksichtslos von der Waffe Gebrauch gemacht.
9. Aus diesen Gründen wird mit sofortiger Wirkung der Heimatschutz aufgerufen. Nur ruhige, beherzte Männer, die mit uns für Ruhe, Ordnung und Sauberkeit eintreten, haben in unseren Reihen Platz. Meldungen auf freiwilliger Grundlage erfolgen bei den zuständigen Polizeimännern.
10. Haltet in diesen kritischen Tagen, in denen alles auf dem Spiele steht, Disziplin! Falsche Gerüchte werden streng geahndet.
11. Weiteres Blutvergießen muß verhindert werden. Wir dulden keine „Werwölfe". Derartige Elemente werden rücksichtslos ausgemerzt.
12. Freiwillige vor zum Heimatschutz! Vertraut uns! Unsere Heimat darf nicht sterben; sie ist das letzte, was wir noch haben.

Schon am selben Abend war die Zahl der Heimatschützer auf 120 angewachsen. Bei genauer Durchsicht der Meldungen zeigte es sich, daß auch einige unerwünschte Elemente sich eingeschlichen hatten. Sie wurden alsbald ausgeschieden.

Eintreffen der Franzosen

Über Ersuchen des Botschafters Francois-Poncet begab sich Peter Meusburger noch am Nachmittag des 1. Mai mit Senator Baron Delagrange nach Oberstdorf, wo es nach vielen Schwierigkeiten gelang, vom Rathaus aus eine telefonische Verbindung mit dem Kommandeur der inzwischen in Sonthofen eingetroffenen französischen Panzerspitze herzustellen. Auf die Versicherung des Oblt. Richter hin, daß Oberstdorf kampflos übergeben würde (in Sonthofen war gekämpft worden!), versprach der Kommandeur, in einer Stunde dort zu sein und mit Senator Delagrange wegen der Befreiung der Diplomaten zu verhandeln. Oblt. Richter ging den Franzosen entgegen, Peter Meusburger und der Senator warteten im Rathaus. Nach Eintreffen des französischen Kommandanten wurden hier die Verhandlungen geführt. Richter wurde als Ortskommandant von Oberstdorf eingesetzt. Peter Meusburger versicherte dem französischen Oberst, daß auch das Kleine Walsertal keinen Widerstand leiste. Mit Baron Delagrange wurde vereinbart, daß die Franzosen am kommenden Morgen (2. Mai) 8 Uhr im Ifenhotel in Hirschegg sein werden und daß die Diplomaten noch am gleichen Tag unter Bedeckung von Panzerspähwagen an die Schweizer Grenze gebracht werden sollten. Diese Abmachung wurde streng geheim gehalten.

In der Nacht vom 1. auf 2. Mai herrschte große Spannung auf Seite der Freiheitskämpfer wie auf Seite der Nazis. Es gab noch manche Einheimische und Fremde, denen der Umschwung sehr überraschend kam und die er sehr unangenehm berührte. Unbekannt war auch, wer alles sich auf den Hütten aufhalte. Seit dem 29. April hatte es in den Höhenlagen dauernd geschneit, trotzdem wiesen alle Übergänge zahlreiche Spuren von Wanderern auf. Gerüchte waren im Umlauf, daß bis an die Zähne bewaffnete SS sich in den Bergen halten wolle. Der gesamte Heimatschutz blieb während der Nacht auf den Beinen. 90 Mann hatten Streifendienst, die übrigen Alarmbereitschaft in den Wachelokalen in Mittelberg, Riezlern und Hirschegg. In das Ifenhotel wurde eine Wache von 15 besonders verläßlichen Männern gelegt, was sich auch tatsächlich als notwendig erwies.

Im Kleinen Walsertal rechnete der Heimatschutz mit dem Einmarsch der Amerikaner. Als die Franzosen bei der Walserschanze vorfuhren, standen sie vor diesem in englischer Sprache abgefaßten Transparent: „Here is Austria" („Hier ist Österreich").

Am Morgen des 2. Mai begab sich Peter Meusburger mit zehn Mann vom Heimatschutz an die Walserschanze, um das Eintreffen der Franzosen abzuwarten.

Trotz der am Vortag gemachten genauen Angaben über die Tragfähigkeit und Breite der Brücke war eine ganze Anzahl schwerer Panzer mitgekommen, die erst mühsam wenden und talwärts umkehren mußten, ehe die Kolonne, die nun aus Lastkraftwagen, Personen- und Spähwagen bestand, nach Riezlern weiterfahren konnte.

In Riezlern wurde dann das Walsertal von Bürgermeister Gedeon Fritz formell den französischen Truppen übergeben. Mit Verspätung traf die Abteilung im Ifenhotel ein, wo die Insassen schon lange für die Abfahrt gerüstet waren.

Inzwischen waren vom französischen Oberst Peter Meusburger als Ortskommandant und Gedeon Fritz als Bürgermeister bestätigt worden. Auf die Frage, ob sich im Tale noch Wehrmachtseinheiten befänden, mußte Peter Meusburger außer auf die Lazarette auch auf die Truppe in der Loislhütte in Bödmen verweisen mit dem Bemerken, daß diese bereit sei, die Waffen zu strecken. Die Abteilung, elf Offiziere und 30 Mann, wurde gefangengesetzt; ihre Waffen wurden zum Teil dem Heimatschutz übergeben.

Erst am späten Nachmittag traten die Franzosen und mit ihnen die Diplomaten mit ihren Familien die Rückfahrt nach Sonthofen an.

Oben: Heimatschützer begleiten die ersten französischen Panzer durchs Tal.

Linke Seite: In Riezlern wurde am 2. Mai 1945 das Walsertal von Bürgermeister Gedeon Fritz den französischen Truppen formell übergeben.

Veröffentlichungsblatt
der
Gemeinde Mittelberg-Kleinwalsertal

Erscheint vorerst nach Bedarf

Druck und Verlag der Buchdruckerei Josef Müller in Riezlern – Für den Inhalt verantwortlich die Gemeinde Mittelberg

Nummer 1 | Riezlern, den 12. Mai 1945 | 21. Jahrgang

Grüß Gott der ganzen Talbevölkerung!

Euer Walser „Heimatbote" ist nach 7jähriger Unterbrechung wieder da. Er bringt Euch die frohe Kunde, daß unser Vaterland vom Nationalsozialismus und seinem Terror, den auch wir Walser zum Teil mit aller Deutlichkeit zu spüren bekamen, befreit ist. Wir können uns wieder frei und offen als Walser und Österreicher bekennen. Die französischen Truppen sind nicht als Eroberer, sondern als Befreier vom Terrorregime zu uns gekommen, als Freunde des österreichischen Volkes. Wir sind uns voll und ganz bewußt, daß wir noch manche und große Schwierigkeiten zu überwinden haben werden. In zuversichtlicher einträchtiger Zusammenarbeit wird auch das Schwerste geschaffen werden. Unser Ruf zur Mitarbeit ergeht an Alle, dem Wiederaufbau wollen wir alle unsere Kräfte widmen.

Unser Gruß Grüß Gott, unsere Losung Alles der Heimat zu Liebe

Nach der Beseitigung der nationalsozialistischen Behörden wurde eine vorläufige Gemeindevertretung berufen, die bis zur späteren Durchführung freier Wahlen die Gemeindevertretung ausübt.

Die kom. Gemeindevertretung setzt sich zusammen:
Erster Bürgermeister Herr Gedeon Fritz-Mittelberg,
Stellvertr. Bürgermeister Herr Max Kessler-Riezlern,
Bauernführer und Ortsvorsteher in Mittelberg Herr Karl Leop. Fritz-Mittelberg,
Ortsvorsteher in Hirschegg Herr Norbert Drechsel-Hirschegg,
Gewerbereferent Herr Walter Riedmann-Riezlern

Mittelberg, den 12. Mai 1045

Der Ortskommandant: gez. Meusburger — Der Bürgermeister: gez. G. Fritz

Grußpflicht!

Wie bereits durch Anschlag veröffentlicht, gilt als allgemeiner Gruß „Grüß Gott".

Die französischen Offiziere – an den Querspangen der Achselklappen erkenntlich – sind durch Hutabnahme oder Handanlegen an den Mützenrand bezw. bei unbedecktem Kopf an die rechte Schläfe zu grüßen.

Nachstehend einige

Anordnungen und Verhaltungsmaßregeln,

damit Ihr wißt, was verbeten, was erlaubt und was Pflicht ist.

A. Politische Anordnungen:

1. Das Standrecht bleibt aufrecht erhalten. Das Betreten von öffentlichen Straßen und Plätzen wird nunmehr mit sofortiger Wirkung auf die Zeit von 21 Uhr bis 5 Uhr morgens festgesetzt.
2. Ebenso bleibt das Plünderungsverbot voll aufrecht.
3. **Requirieren von Lebensmitteln** und dergleichen ist nur bei Vorlage einer schriftlichen Bescheinigung des franz. Ortskommandanten erlaubt. Alle anderen Anforderungen sind zurückzuweisen und sofort anher zu melden, um Ruhe und Ordnung aufrecht zu halten und Eigentum zu schützen.
4. Den Anordnungen des Heimatschutzes ist unbedingt Folge zu leisten.
5. Die weißen Fahnen sind einzuziehen. Die franz. Armee ist nicht als Eroberer sondern als Befreier und Freund des österreichischen Volkes gekommen.
6. Mit der Beseitigung des Nationalsozialismus haben in allen Häusern die Erinnerungen an diesen, wie Hitlerbilder, Fahnen, Bücher und dergleichen zu verschwinden. Für die Durchführung ist der Haushaltungsvorstand verantwortlich.
7. Die Aneignung von Wehrmachtsgut durch Privatpersonen ist verboten. Event. noch vorhandene Waffen sind an den Heimatschutz abzuliefern.
8. Unterbringung und Beherbergung von deutschen Wehrmachtsangehörigen, die nicht auf der Liste der Verwundeten in den Lazaretten stehen, ist strengstens verboten.
9. Die Verdunkelung ist im Einvernehmen mit der franz. Militärbehörde ab sofort aufgehoben.
10. Die Meldepflicht für Kraftfahrzeuge aller Art wird nochmals in Erinnerung gebracht. Zu melden sind: Polizeiliche Kennzeichen, Wagentype, bei LKW die Tragkraft, bei PKW die Zahl der Sitze.

B. Wirtschaftliche Anordnungen:

1. Die Bargeldbestände und Spar- und Giroguthaben bei den Sparkassen und Postämtern des Tales wurden sichergestellt. Zahlungen nach auswärts dürfen nicht mehr getätigt werden. Innerhalb des

Der Heimatschutz übernimmt die militärische Sicherung des Tales

Das Walsertal war nun wieder sich selbst überlassen. Jetzt war der Heimatschutz dafür verantwortlich, daß keine feindlichen Handlungen gegen die Besatzungsmacht vorkamen. Den ganzen Tag zogen fliehende Soldaten durchs Tal, im Glauben, daß sie sich im Allgäu der Gefangennahme entziehen könnten. Hauptsächlich waren es Württemberger. Die meisten benahmen sich sehr verständnisvoll, weswegen sie auch gerne mit Zivilkleidern und Landkarten ausgestattet wurden und sie zu essen bekamen, damit sie wohlbehalten in die Heimat kommen konnten.

Der Heimatschutz blieb in ständiger Alarmbereitschaft, außerdem wurde ein Ausgangsverbot für die Nachtzeit erlassen und auch strenge durchgeführt.

Am 3. Mai abends wurde vom Stützpunkt Baad gemeldet, SS in der Stärke von 300 bis 400 Mann käme über das Starzeljoch her. Sofort wurde der gesamte Heimatschutz bis auf zehn Mann nach Baad geworfen. Gleichzeitig wurde Oblt. Richter in Oberstdorf um Hilfe ersucht, wenn diese dringend angesprochen würde. Kundschafter, die durch das Duratal vorgingen, hatten jedoch bald Fühlung mit der weit auseinandergezogenen Kolonne am Starzeljoch, und es stellte sich heraus, daß es sich um eine Kraftfahrtruppe, meist biedere Württemberger, handelte. Der Heimatschutz forderte die sofortige Niederlegung sämtlicher Waffen. Es wurde lange hin und her geplänkelt. Drüben sammelten sich die Soldaten an, herüben wurden die Heimatschützer immer mehr. Durch vernünftiges Zureden gelang es dann allmählich, die Truppe davon zu überzeugen, daß es sinnlos wäre, weiterzukämpfen. Sie ergab sich, wurde nach Baad gebracht, dort ordentlich verpflegt und am anderen Tag gegen Oberstdorf in Marsch gesetzt. An den folgenden Tagen passierten noch viele hundert Soldaten, halb erschöpft, die meisten ohne Waffen, das Walsertal. Auch diese wurden so gut wie möglich untergebracht und verpflegt und dann erst weitergeschickt. In Sonthofen wurden sie wohl von den Franzosen in Empfang genommen.

Wachsamkeit war ein Gebot der Stunde. Von erhöhten Punkten aus wurden immer wieder Blinksignale gegeben, die auf Anwesenheit von Militär oder Werwölfen schließen ließen. Am 4. Mai abends brannte die Alphütte im Aibele nieder. Sollten solche Brandschatzungen vielleicht nun überall zu fürchten sein? ...

Am 4. Mai wurde eine größere Anzahl Bergführer angefordert, da von den Franzosen die Besetzung des ganzen Tannbergs bis zum Arlberg geplant war. Am 5. Mai (Samstag), 11 Uhr, verließ die Kolonne Baad. Sie bestand aus

---

Linke Seite: Bereits am 12. Mai 1945 — fast drei Wochen vor der ersten periodisch erscheinenden Zeitung, dem „Amtsblatt der Landeshauptstadt Bregenz" — erschien im Kleinen Walsertal der „Walser Heimatbote".

rund 200 französischen Soldaten und Offizieren und 24 Mann vom Walser Heimatschutz. Die vergangenen Tage hatte es geschneit. So war die Tour eine mühsame Stapferei, die angesichts der Bergungewohntheit der Franzosen zu einem außerordentlich langsamen Tempo zwang. Niemand hatte Ski mitgenommen. Mit Maschinengewehren und -pistolen war die Truppe reichlich ausgerüstet; schwere Waffen konnten natürlich nicht transportiert werden. Auf keiner Alphütte, die kontrolliert wurde, fand man versteckte deutsche Soldaten, wenn sie auch Spuren kürzlicher Benützung aufwiesen. Um 15 Uhr traf die Spitze der Kolonne in Hochkrumbach ein, wo man höchst erstaunt war, Franzosen zu sehen. Es wurde allgemein erwartet, daß die Amerikaner aus dem Lechtal heraufkämen; dort hatte aber eine Lawine die Straße oberhalb Steeg völlig gesperrt. Die Franzosen besetzten die Tannbergdörfer und drangen bis zum Arlberg und nach St. Anton vor, während die Walser nach Einrichtung eines verläßlichen Heimatschutzes in Warth wieder in ihre Heimat zurückkehrten.

Französische Truppen beim Überschreiten des winterlichen Hochtannberggebietes

Größere Formationen von Besatzungstruppen standen in Sonthofen draußen, — so war der Walser Heimatschutz noch einmal auf sich selber angewiesen. Die Gerüchte über Widerstandsnester in den Bergen wollten immer noch nicht verstummen. Jedem dieser Gerüchte mußte nachgegangen werden, denn man durfte es nicht darauf ankommen lassen, daß sie doch nicht wahr seien. Es waren darum ständige Patrouillen des Heimatschutzes unterwegs und es wurde nicht bloß das Walsertal selbst kontrolliert, sondern auch die Seitentäler jenseits der Übergänge. Angesichts der Schneelage war dies mit erheblichen Anstrengungen verbunden. So berichtete der Posten, der auf der Schwarzwasserhütte stationiert war, daß sich ein SS-General mit seinem Stab in Schoppernau verborgen halte. Es wurde ein französiches Kommando verständigt, das sofort einen Kraftwagen über Lindau-Bregenz nach Schoppernau schickte. Die Walser Patrouille traf trotz größter Eile etwas nach den Franzosen in Schoppernau ein. Der Generaloberst war bereits in Hopfreben gefangen genommen worden (siehe Seite 231).

Auch einer weiteren Nachricht, der zufolge sich eine andere SS-Truppe über Schönebach in die Wälder der dortigen Gegend zurückgezogen hätte, wurde sehr gründlich nachgegangen; mehrfach wurde ein Spähtrupp ausgeschickt, auch das „Schneckenloch“ wurde untersucht, jedoch konnte nichts Verdächtiges festgestellt werden.

Erst am 10. Mai wurden etwa 500 Marokkaner als Besatzung in das Walsertal gelegt, an die jetzt die militärische Sicherung des Tales überging.

So hatte der Heimatschutz dafür gesorgt, daß der Krieg nicht auf dem Heimatboden ausgetragen wurde. Ruhe und Ordnung waren gesichert, ohne daß ein Tropfen Blut vergossen wurde. Werwölfe waren kaum mehr zu fürchten. Zudem war die Aufspürung von solchen Aufgabe der Besatzung

General Bethouard, der spätere französische Hochkommissar in Österreich, General de Lattre de Tassigny, der Kommandeur der 1. französischen Armee und spätere Oberbefehlshaber der NATO-Landstreitkräfte, sowie General de Montsabert bei der französischen Siegesfeier im Hotel Ifen in Hirschegg

geworden. Nur noch einmal mußte der Heimatschutz in Funktion treten, als einige Tage lang infolge Wechsels der Truppen keine Besatzung im Tale lag und auch noch keine einheimische Gendarmerie da war. Während dieser Zeit hatte im Gemeindehaus in Riezlern eine für die notwendigsten Bedürfnisse ausreichende Zahl von Heimatschützern Bereitschaftsdienst. Nach dem Eintreffen der neuen Besatzungstruppe trat der Heimatschutz wieder in den Hintergrund. Schon in den ersten Tagen nach der Befreiung des Tales richtete die Gemeinde Mittelberg an die Militärregierung in Bregenz ein Schreiben, in dem sie den Wunsch nach Wiedervereinigung mit Österreich zum Ausdruck brachte. Die offizielle Rückgliederung wurde am 20. September 1945 im Beisein der Militärregierung und der Vorarlberger Landesregierung in einem feierlichen Akt vollzogen.

Besuch des Generals de Gaulle im Kleinen Walsertal am 20. Mai 1945

Abschluß der Besetzung des Landes

Auf den Höhen des Tannbergs

Der Tannberg hatte das Glück, daß er wegen der Lawinen sowohl über Steeg wie über Langen nur zu Fuß zu erreichen war. Das Anzeichen des nahen Endes war auch hier das viele Militär, das nach beiden Richtungen durchzog. Es war ein wehmütig-trauriges Bild, wie deutsche und österreichische Soldaten nach so vielen Kriegsstrapazen wie verscheuchtes Wild der Heimat zustrebten. Manche hatten Fahrräder bei sich und schleppten sich daran im Schnee fast zu Tode. Dazwischen kam wieder ein Trupp Inder und erkundigte sich nach dem Weg in die Schweiz.

Wie bereits dargetan, traf die Kolonne, die den Tannberg besetzen sollte, vom Kleinen Walsertal herüberkommend am Samstagnachmittag gegen 15 Uhr in Hochkrumbach ein. Weder die Warther noch die in Warth lagernden deutschen Soldaten ahnten den Anmarsch der Franzosen, weil man allgemein die Amerikaner vom Lechtal herauf erwartete. So wurden im Gemeindegebiet von Warth 150 Wehrmachtsangehörige gefangengenommen und über den Hochalppaß ins Allgäu abgeführt.

Unter Anleitung der Walser Bergführer wurde in Warth über Nacht ein 30 Mann starker Heimatschutz gebildet. In der Früh entwaffneten und verhafteten die beiden Mittelberger Max Abler und Oswald Köll den bisher allmächtigen Ortsgruppenleiter und verteilten die Waffen- und Munitionsvorräte, die im Amtshause lagen, an den örtlichen Heimatschutz. Max Abler, der der französischen Sprache mächtig war, wurde von den Franzosen ersucht, am Tannberg zu bleiben. So konnte er in der folgenden Woche manches zum Wohle der Bevölkerung vermitteln.

Lech wurde am Sonntagvormittag, gerade während des Gottesdienstes, besetzt. Von Zürs ging eine Abordnung den Franzosen entgegen. Im Hotel „Alpenrose“ war Mittagsrast und wurde die Marschroute nach St. Anton besprochen.

Im ganzen Tannberg war kein Schuß gefallen, während in Steeg der Arbeitsdienst ganz sinnlos kämpfte, als die Amerikaner ankamen.

Treffpunkt Arlberg — Besetzung der abgelegenen Orte

Am Montag, 30. April, hatte die französische I. Armee Vorarlberger Boden betreten. Am Sonntagnachmittag darauf, also nach knapp einer Woche, war der Ring geschlossen, als sich die beiden Flügel der Besatzungstruppen am Arlberg die Hände reichten.

In die abgelegenen Bergorte und in die Gemeinden des hinteren Bregenzerwaldes kam das französische Militär erst in der Woche nach dem 6. Mai.

Au z. B. wurde am 10. Mai besetzt, also zwei Tage nach dem offiziellen Kriegsende.

Zersprengte SS trieb sich vereinzelt noch in den Bergen herum, bis dann auch die Werwölfe durch die Streifen der Besatzung aufgerieben wurden.

Die französischen Truppen, die Vorarlberg besetzten, waren die 5. Panzerdivision und die 4. marokkanische Gebirgsdivision im Verbande der I. Armee, deren Kommandant General de Lattre de Tassigny war. Nach Ablauf von zwei Wochen wurde ein großer Teil der Panzer aus Vorarlberg abgezogen. Ein Rest blieb noch bis in den Herbst hinein.

Drei Einbruchstellen

Übersichtshalber sei hier ein kurzer Besetzungskalender beigegeben. Die französische Armee überschritt die Vorarlberger Landesgrenze an drei Stellen, wobei die Hauptmacht Bregenz und das Vorarlberger Oberland besetzte. Die Truppe, die über Weiler—Scheffau—Hub—Thal und über Oberstaufen —Aach—Riefensberg in das Vorarlberger Allgäu eindrang, blieb an der Bolgenach und unteren Weißach stehen. Die Besetzung des Bregenzerwaldes, auch des Vorderwaldes, erfolgte von Bregenz her. Das dritte Einfallstor war das Kleine Walsertal. Mittelberg war der Ausgangspunkt für die Besetzung des Tannberggebietes und des Arlbergs.

	Über Hohenweiler	Über Thal	Über das Kleine Walsertal
Montag 30. April	Hohenweiler, Hörbranz und Lochau		
Dienstag 1. Mai	Bregenz bis zur Bregenzerach	Thal, Langen bei Bregenz, Doren und Sulzberg	
Mittwoch 2. Mai	bis Hohenems-Schwefel u. Altach-Bauern		Kleinwalsertal
Donnerstag 3. Mai	üb. Mäder, Koblach, Meiningen, Brederis nach Feldkirch und Frastanz		
Freitag 4. Mai	Nüziders, Bludenz, bis Grubsertobel bei Braz		
Samstag 5. Mai	b. Dalaas-Stelzistob.	Mittlerer und vorderer Bregenzerwald (üb. Bregenz, fast gleichzeit. auch üb. Riefensberg)	Hochkrumbach, Warth
Sonntag 6. Mai	Langen am Arlberg		Lech, Stuben, Arlberg
Montag 7. Mai	Stuben, Arlberg		

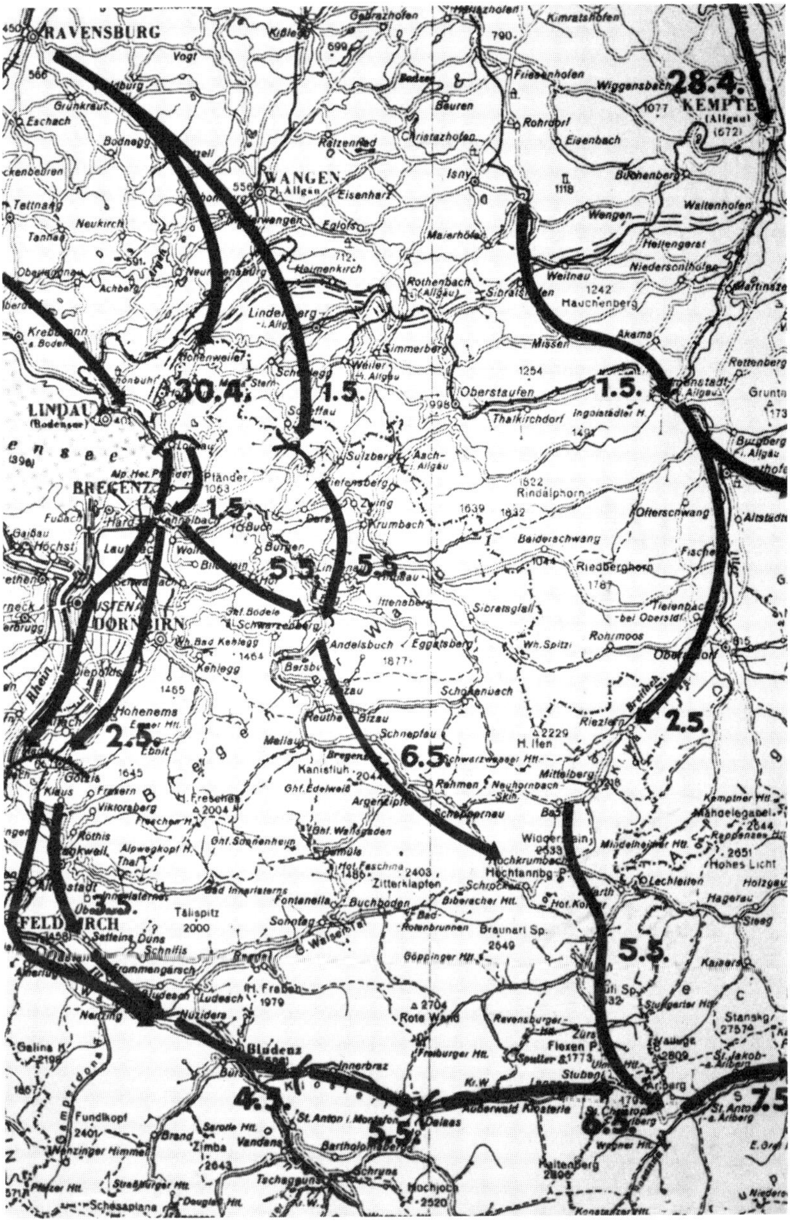

Die einzelnen Phasen der Besetzung Vorarlbergs durch die 1. Französische Armee vom 29. April bis 6. Mai 1945 (nach Theo Rossiwall, ergänzt und nach lokalen Quellen berichtigt durch Emmerich Gmeiner).

Abgetreten

Es gab einige Bürgermeister in unserem Lande, die sich während der nationalsozialistischen Zeit so aufführten, daß sie ihre Amtstätigkeit auch nachher eine Zeitlang noch ausüben durften. Auch einige Ortsgruppenleiter der Partei haben in den Kriegstagen männlich das Volk vertreten. Ihre Zahl war aber verschwindend klein.

Der politische Umschwung bedeutete für die Parteileute eine Katastrophe. Die sieben fetten Jahre waren über Nacht abgebrochen. Jetzt erst kamen die Bonzen darauf, daß sie unglaublich kurzsichtig waren. Aber aus der Haut fahren konnten sie nicht mehr.

Die Zahl der Gestapobeamten im Lande hat, wie ein Polizeioffizier mitteilt, stets stark gewechselt und dürfte im Durchschnitt etwa 60 betragen haben. Von diesen Kopfjägern waren beim Einmarsch der Franzosen nur ein paar wenige herum, solche, die kein schlechtes Gewissen hatten, wie z. B. Winkler.

Die Werwolftätigkeit war in Vorarlberg sehr gering und erstreckte sich, abgesehen vom Fall Gräsalpe in Schoppernau, nur über wenige Tage und war mehr als ratlose Flucht, denn als Widerstandswillen zu werten.

Ein Bild aus „besseren" Tagen: Im Gleichschritt paradieren uniformierte politische Leiter beim Kreisappell vor ihrem Gauleiter. — So lautstark und theatralisch wie sie aufgetreten waren, so kleinlaut waren jetzt viele Nationalsozialisten „abgetreten".

Flucht aus dem Leben

Da und dort konnte ein Parteianhänger oder Funktionär den Zusammenbruch seiner politischen Welt und seiner Zukunftsträume nicht verschmerzen und nahm sich das Leben. In einzelnen Fällen mag auch das schlechte Gewissen für diesen letzten Schritt bestimmend gewesen sein.

In Feldkirch begingen Frau Landesgerichtsrat Gebert, die Frau des Ortsgruppenleiters Dreißig und der Direktor der Lehrerbildungsanstalt, Kunkel, Selbstmord; in Bregenz Hermann Wolf, Direktor der Volksschule in Rieden-Vorkloster, mit Frau. Ortsgruppenleiter Brodbeck von Bürserberg wurde von den Franzosen zur Einvernahme vorgeladen, nahm sich ohne Zögern selber das Leben und wurde auf eigenem Grund und Boden beerdigt.

Die größte Tragödie in dieser Hinsicht spielte sich in Brand ab. Dorthin hatte sich ein Elektromonteur aus Stuttgart, namens Theodor Fritz, mit seiner Familie geflüchtet. Den Ort hatte Fritz kennengelernt, als Freiherr von Neurath von seinem Familiengut an der württembergisch-badischen Grenze in seine Villa nach Brand umzog und er (Fritz) damals den Wagen steuerte. Auf Neurath setzte er alle Hoffnung. Als aber die Franzosen am Freitag (4. Mai) abends in Brand einzogen, sofort bei der Villa Neurath vorfuhren und den Besitzer mit dem Schwiegersohn, Botschafter von Mackensen, abführten, verleidete ihm das Leben. Am Sonntagabend ging er mit seiner Familie in ein Wäldchen rechts der Alvier, tötete mit meisterhaften Genickschüssen (er galt als SS-Mann!) seine Frau, seine zwei Kinder, seine Mutter und eine Schwester vom Deutschen Roten Kreuz, bekränzte die Leichen mit Frühlingsblumen und tötete sich selbst durch einen Schuß in den Mund. Die sechs Leichen wurden auf dem Friedhof in Brand ohne kirchliche Assistenz in einem gemeinsamen Grab beigesetzt. Im gleichen Grabe liegt auch eine Frau aus Baden-Baden, die zuletzt in Dornbirn wohnhaft war, nach Brand flüchtete und von hier aus nach dem Einrücken der Franzosen mit den anderen Werwölfen ins Zalimtal entweichen wollte, aber durch mehrere Rückenschüsse getötet wurde. Unmittelbar vor dem Eintreffen der Besatzungstruppen schätzte man die in Brand Deckung suchenden SS-Leute, Parteigrößen und Flintenweiber auf über hundert.

Gefangennahme des Gauleiters Murr von Württemberg

Wie berichtet, wurde erst am 10. Mai eine Besatzung in das Kleine Walsertal gelegt. Zwei Tage später verlangten die Franzosen vom Heimatschutz je einen Bergführer über den Gemstel- und über den Hochalppaß. In einem eiligen Marsch waren bei hoher Schneelage 40 Marokkaner, die unter dem Befehl eines Leutnants standen, über die Berge zu bringen. Auf dem Wege wurden sämtliche Hütten nach versteckten Werwölfen untersucht. Von Hochkrumbach ging der Marsch nach kurzer Rast weiter, wobei unterwegs alle Hütten eingesehen wurden, ohne daß aber ein deutscher Soldat oder ein Werwolf gefunden wurde.

Die Expedition war veranlaßt worden durch ein Verhör mit einigen SS-Leuten, die tags zuvor nach Mittelberg abgestiegen und dort gefangengenommen worden waren. Sie gaben dem französischen Offizier an, sie hätten zur Begleitung des Gauleiters Murr von Württemberg gehört, sich aber von ihm getrennt. Einer von ihnen, ein gebürtiger Elsässer, bot sich an, bei einer allfälligen Expedition mitzugehen und Murr zu identifizieren. Übereinstimmend sagten die SS-Leute aus, Murr hätte sich mit Frau und Tochter auf der Biberacher Hütte am Schadonapaß befunden. Es sei anzunehmen, daß er noch dort sei, mindestens könne er nicht weit weg sein.

In Schröcken stellte es sich heraus, daß sich Murr wahrscheinlich nicht mehr auf der Hütte aufhalte, sondern ins Tal abgestiegen sei. Der französische Posten auf der Tannbergbrücke hatte einige ihm verdächtig vorkommende Zivilisten verhaftet und sie in das Gefängnis nach Egg eingeliefert. Auf einen der Verhafteten stimmte die Personalbeschreibung Murrs auffallend. Da es schon 20 Uhr geworden war und die Marokkaner durch den Marsch über die tiefverschneiten Berge sehr ermüdet waren, beschloß der Leutnant, dem Gerücht über die mutmaßliche Verhaftung Murrs zuerst nachzugehen, bevor der beschwerliche Aufstieg zum Schadonapaß in Angriff genommen würde. So blieb die Kolonne über Nacht in Schröcken und am Morgen fuhr der Leutnant mit dem SS-Mann aus dem Elsaß und mit den beiden Bergführern Lothar Blanke und Michael Wechs nach Egg. Sie kamen zu spät. Es handelte sich bei dem verdächtigen Zivilisten wohl um Gauleiter Murr, aber er war nicht mehr am Leben. Er hatte sich ebenso wie seine Frau offenbar vergiftet. Die Leiche Murrs konnte vom SS-Mann einwandfrei identifiziert werden. Auch Michael Wechs, der den Gauleiter von Stuttgart her kannte, stellte fest, daß es sich um die Leiche Murrs handle (Bericht von Wechs). Ein Protokoll wurde in Egg nicht aufgenommen, sondern erst in Riezlern.

Während das Ehepaar Murr mit mehreren anderen Zivilisten von Schröken nach Egg geführt worden war, beließ man dort ein Fräulein in häuslicher Pflege, das von den Bergen gebracht worden und, den Hautabschürfungen nach zu schließen, abgestürzt war. Umstände legen die Vermutung nahe, daß es sich um die Tochter Murrs handelte. In ihrem Rucksack fand man eine größere Anzahl Veronal-Tabletten.

Zwei Männer aus der Begleitung Murrs wurden auf Befehl des Leutnants nach Mittelberg gebracht und von da später nach Bregenz geschafft.

Aus einer bei den Toten gefundenen Bescheinigung ging hervor, daß die Inhaber des Papieres Walter und Luise Müller hießen. Nach einem von der Vorarlberger Landeskorrespondenz ausgegebenen Bericht vom 24. April 1946 war die Richtigkeit des amtlichen Schriftstückes nicht angezweifelt worden, und hatte damals der Arzt in beiden Fällen Herzschlag als Todesursache festgestellt. Vergiftung oder Herzschlag?

Nach einem Bericht des Reserveoffiziers Pizzini (Bregenz), der sich in der fraglichen Nacht auch im „Löwen" in Egg befand, hat sich der Tod Murrs und seiner Gattin so zugetragen: Am späten Abend wurde ein altes Ehepaar eingeliefert, das von Schröcken kam und über Ulm nach Stuttgart wollte. Die alte Frau, die sehr müde und mit den Nerven ganz herunten war, sagte zu der neben ihr liegenden Frau Pizzini: „Morgen will ich Ihnen erzählen, was wir alles erlebt haben, heute bin ich zu müde." Einige Zeit darauf begann die alte Dame zu stöhnen, beruhigte sich dann aber wieder und Frau Pizzini nahm an, daß ihre Nachbarin infolge der Müdigkeit im Schlafe gestöhnt habe. In der Früh fand man die alte Frau tot. Als man dies schonend ihrem Manne beibrachte, brach er mit den Worten: „Was ist mit meiner Frau?" tot zusammen. So wohl kam der Arzt zum Urteil, daß in beiden Fällen Herzschlag vorliege.

Auf Befehl des damaligen Militärkommandos in Egg wurden beide Leichen ohne Angabe der Todesursache am 14. Mai, abends, 19.30 Uhr, auf dem Ortsfriedhof in Egg begraben. Als Personaldaten wurden angegeben: 1) Müller Walter, Fliegergeschädigter, geb. 28. Juli 1888 in Ulm, 2) dessen Ehefrau Luise, geb. Hermann, geb. 25. Nov. 1893.

Im Kleinen Walsertal war es durch die Bergführer und wohl auch durch den französischen Leutnant bekannt geworden, daß Gauleiter Murr tatsächlich gefunden wurde. Aber erst nach fast einem Jahr, am 16. April 1946, erschien in Egg eine Kommission von Offizieren des französischen und amerikanischen Sicherheitsdienstes und der württembergischen Landespolizei und veranlaßte die Ausgrabung der Leiche. Der Zahnarzt des Gauleiters, Dr. Pagel aus Stuttgart, erkannte laut Protokoll die Leiche Murrs mit Sicherheit an Hand der vorgefundenen Zahnprothese und der Gebißstellung.

Auf Grund dieses Protokolls heißen die beiden Toten nicht Müller und geb. Hermann, sondern Wilhelm Murr, geb. am 16. Februar 1888 in Eßlingen, und Lina Murr, geb. Halbritter. Die Anfangsbuchstaben waren also unverändert und das Geburtsdatum wies nur geringe Abweichung auf. Der Gauleiter wählte den Namen bewußt so, weil alte Wäschestücke mit den Anfangsbuchstaben seines Namens gezeichnet waren.

Da aus der Begleitung Murrs zwei Männer verhaftet wurden, weiß man nähere Umstände über die Flucht des Gauleiters und Reichsstatthalters (Mitteilungen der „Stuttgarter Zeitung" vom 23. April 1946):

Von seiner Stuttgarter Residenz floh Murr mit zehn Wagen weg! in Trauchburg bei Wangen im Allgäu legten Murr und sein Fluchtstab die nicht mehr zeitgemäßen Uniformen ab und verwandelten sich in einfache Volksgenossen. Von dort ab begleiteten Murr unentwegt drei Männer namens Gutbroc, Dr. Spieß und Drescher. In Schruns ließ sich Murr von einem nationalsozialistischen Behördenangestellten einen gefälschten Personalausweis ausstellen, während seine Begleiter ihre Namen beibehielten. Die Gruppe ging über das Große Walsertal weiter und kam auf die Biberacher Hütte, wo sie sich aber am 12. Mai auch nicht mehr sicher fühlte und in eine Alphütte bei Schröcken floh, wo sie aber nur eine Nacht blieb. Nach dem Tode Murrs gaben die Begleiter keine Auskunft über die Person des Verstorbenen, da sie sich damit selbst verraten hätten. Murr hatte sich seinen Begleitern gegenüber geäußert, daß er sich das Leben nehmen werde, wenn er in Gefangenschaft käme. Von den zehn hochbepackten Wagen war nur noch ein Rupfensack mit ein paar Habseligkeiten übriggeblieben, zugebunden mit einer Papierschnur und versehen mit einem Zettel, auf dem von ungelenker Hand geschrieben stand: „Die Kleider des Verstorbenen aus Ulm".

Rückblick (Stand: 1. Mai 1947)

Nun sind zwei Jahre dahin, seit Vorarlberg vom Joche des Nationalsozialismus befreit worden ist. Allein hätte sich Österreich niemals vom Dritten Reich loslösen können. Man wartete sehnsüchtig auf den Tag der Befreiung. Die französische Wehrmacht stieß beim Einmarsch auch nirgends auf den Widerstand seitens der Einheimischen.

Es war ein furchtbarer Druck vom Volke genommen, so daß man die Unannehmlichkeiten, die nun einmal die Besatzung mit sich bringt, gerne in Kauf nahm. Auf einmal durfte man wieder frei reden, ohne umschauen zu müssen, wer zuhören könnte. Auch das kulturelle Leben erhielt rasch wieder ein völlig anderes Gesicht. Zu den ersten Maßnahmen der Militärregierung gehörte auch die sofortige Aufhebung der gottesdienstlichen Beschränkungen und die Übergabe des Gallusstiftes in Bregenz, dessen Kirche durch die Orgien der Nationalsozialisten entweiht worden war, und des Klosters Mehrerau an die früheren Besitzer.

Ein Teil der baulichen Kriegsschäden ist inzwischen behoben. Nur die Stadt Bregenz wird noch länger die Kriegsnarben zur Schau tragen müssen. Von den 24 Brücken, die beim Rückzug der deutschen Truppen gesprengt wurden, sind noch nicht alle ersetzt (z. B. die Brücken Meiningen-Koblach, Doren-Krumbach, Langenegg-Müselbach), der größere Teil ist ausgebessert oder provisorisch in Holz gebaut; eine prächtige neuzeitliche Betonbrücke wurde über die Lutz erstellt.

Der Sachschaden der Kriegsverwüstungen an Häusern, Brücken und Straßen wird für das ganze Land mit 6 Millionen Schilling angegeben. Die Gebäudeschäden allein belaufen sich auf 3,5 Millionen Schilling. Dies sind Schätzungen aus der Zeit vor der einsetzenden Verteuerung der Baumaterialien, also noch vor Sommer 1946. Total zerstört sind im ganzen Lande 96 Häuser. Verglichen mit anderen Bundesländern ist also Vorarlberg sehr glimpflich davongekommen.

Auch die Zahl der Todesopfer bei der Zivilbevölkerung infolge direkter Kampfhandlung muß als sehr gering bezeichnet werden. Daß eine erschrekkende Zahl von Kindern durch Spielen mit Waffen, die sie nicht kannten, tödlich verunglückten, ist leider auch Tatsache. Einzelne Täler des Landes sind vom Kriege gänzlich verschont geblieben, wie z. B. das Große Walsertal und das Laternsertal. Diese sahen vom Krieg nur den Fluchtstrom. In den Tobeln des Großen Walsertales sieht man heute noch Autos liegen.

Es wäre auch einer eingehenderen Untersuchung wert, wie viele Sprengungen von Brücken, Straßen, Industrieanlagen und Kraftwerken außer den in diesem Buch schon genannten durch die Einsicht von Offizieren und Soldaten und durch das tapfere und geistesgegenwärtige Eingreifen von Zivilpersonen im ganzen Lande verhütet worden sind. Vielerorts hatte man im stillen Bürgerwehren organisiert, denen der Schutz der Eisenbahnanlagen, der Brücken, der Trafostationen u. dgl. oblag, denn der zurückweichenden, verbitterten, landfremden SS konnte das Schlimmste zugemutet werden.

Bestellung eines Landesausschusses

Nach der Konferenz von Jalta, wo die Alliierten sich über die Wiederherstellung des österreichischen Staatswesens einigten, ging man auch österreichischerseits daran, den Aufbau der Verwaltung vorzubereiten. Zur Herstellung des Zustandes vom 31. Dezember 1937 gehörte auch die selbständige Landesverwaltung in Vorarlberg und die Loslösung von Innsbruck. Wie bereits oben angedeutet wurde, stand die österreichische Freiheitsbewegung mit dem englischen Geheimdienst (Secret Service) in Verbindung. In Vorarlberg waren es, soweit bekannt, fünf Männer, die direkt mit dem Geheimdienst verkehrten. Einer der rührigsten war Ciresa, ein aufrechter Österreicher, der Parteizugehörigkeit nach Sozialdemokrat. Als Grenzfahrer schaffte er viele Nachrichten hin und her. Der englische Geheimdienst in St. Gallen hatte einen Grenzvertreter in Altstätten. Bei ihm liefen die Fäden zusammen.

Eines Tages, es war im Februar 1945, zeigte Ciresa dem Rechtsanwalt Dr. Arthur Ender in Feldkirch einen einfachen Zettel, der eine einwandfreie Legitimation für Ciresa war, ausgestellt von einem Schweizer Freunde Dr. Enders. Ciresa überbrachte Dr. Ender den Auftrag, die Besetzung sämtlicher Verwaltungsposten im Lande Vorarlberg vorzubereiten und Leute namhaft zu machen, die allgemeines Ansehen genießen, gleich welcher Parteirichtung, aber ohne nationalsozialistische Vergangenheitsbelastung.

Dr. Ender nahm den Auftrag an, fuhr einige Tage lang das Land ab und nahm Fühlung mit Männern, die er für die wichtigsten Posten als geeignet fand. Für die Landesregierung schlug er vor: Ulrich Ilg als Landeshauptmann, als dessen Stellvertreter Bertsch (Sozialdemokrat), als Landesräte von der ehemaligen Christlichsozialen Partei Zerlauth und Vögel, dazu noch einen Vertreter der Sozialistischen Partei — er dachte an Dr. Häfele — und einen Vertreter der Kommunistischen Partei. Ausgehend vom Gedanken, daß nach dem Kriege die Volksernährung die Hauptsorge der Landesregierung sein werde, drängte Dr. Ender darauf, daß aus jedem Bezirk ein Bauernvertreter in die Landesregierung geholt werde und daß auch der Landeshauptmann aus dem Bauernstande komme. Die Besetzung der Bürgermeisterämter des Bezirkes Bludenz besprach Dr. Ender mit Altnationalrat Josef Schmidt (Bludenz) und mit Präsident Zerlauth.

Ein zweiter Auftrag des englischen Geheimdienstes an Dr. Ender — im März 1945 — lautete, er solle einen bewaffneten Widerstand gegen das Naziregime in Vorarlberg organisieren. Diesen lehnte er entschieden ab mit der Begründung, daß zu wenig Waffen da seien, daß die zuverlässigen Leute in den Volkssturm hineingepreßt worden seien und daß sich Vorarlberg an keine nachbarliche Kriegsmacht, etwa England oder Rußland, anlehnen könne, folglich gebietsmäßig völlig isoliert dastünde; eine große Metzelei im Stile Warschau provoziere er nicht, da mache er nicht mit. Die Gründe wurden anerkannt.

Dr. Arthur Ender oder vielmehr „Engler", wie er mit dem Decknamen hieß, erhielt bald einen dritten Auftrag: beim Einmarsch der alliierten Truppen, sofort dem Kommandanten die vorgeschlagene Regierungsliste mitzuteilen.

Am Donnerstag, 3. Mai, mittags 13 Uhr, standen die Franzosen in Feldkirch. Um 18 Uhr stellte sich Dr. Ender im Hotel „Löwen" dem Kommandanten vor und teilte ihm mit, daß er vom englischen Geheimdienst den Auftrag habe, die Regierungsliste für Vorarlberg zu überreichen. Der Kommandant erklärte, mit dieser Angelegenheit habe die Kampftruppe nichts zu tun; mit der Verwaltung befasse sich die Militärregierung, die bald nachkomme. Nach einigen Tagen kam als Gouverneur Capitaine de Lestrange nach Feldkirch. Dr. Ender suchte ihn sofort auf und legte die Regierungsliste vor. Der Capitaine nahm sie zur Kenntnis, genehmigte sie aber nicht gleich, wohl aber beauftragte er Dr. Ender mit dem Ernährungsreferat. Dr. Ender stellte zunächst die Getreidevorräte im Lande fest.

Die Versorgungslage war katastrophal. In den Mühlen lagen noch insgesamt 100 Tonnen Getreide bei einer Einwohnerzahl von damals 216.000 Seelen. Am 13. Mai holte sich Dr. Ender von General de Lattre de Tassigny, dem Kommandeur der 1. französischen Armee, in Langenargen die Ermächtigung, sich in der Schweiz nach Lebensmitteln umzusehen. Die Aktion mußte frühzeitig abgebrochen werden.

Erste Sitzung des Vorarlberger Landesausschusses am 24. Mai 1945 im Feldkircher Gesellenhaus. Von links: Dr. Elmar Grabherr (Schriftführer), Emil Nesler, Hans Mayer, Vizepräsident Jakob Bertsch, Präsident Ulrich Ilg, Karl Zerlauth, Adolf Vögel, Eugen Leissing, Eduard Ulmer.

Mehrmals bemühte sich Dr. Ender vergebens, Ulrich Ilg zu bewegen, das Amt des Landeshauptmannes anzunehmen. Endlich — es war bei einer Besprechung im Hause des Landesrates Eduard Ulmer, etwa am 15. Mai — sagte er zu: „In Gottes Namen; ich mache es." Das Ernährungsreferat übergab Dr. Ender dem Landesrat Zerlauth, dann führte er kurze Zeit die Geschäfte der Stadt Feldkirch und zog sich wieder ins Privatleben zurück. Den Auftrag des „Secret Service" hatte er erfüllt.

Natürlich ging dann bei der Stellenbesetzung für Landesregierung, Bezirkshauptmannschaft und Bürgermeisterämter nicht alles genau am Schnürchen, wie es vorgesehen war. Wichtig war aber, daß Vorarlberg eine eigene Landesverwaltung hatte und daß überhaupt sich Leute finden ließen, die in einer solch schwierigen Zeit zupackten, und daß man nicht auf solche angewiesen war, die sich selber aufdrängen wollten.

Bis die Landesregierung vorläufig einmal als Landesausschuß bestätigt wurde, dauerte es noch eine geraume Zeit. Der ständige Wechsel in den höheren und niederen Verwaltungsstellen bei der Militärregierung wirkte sich hemmend aus. Zudem mußten den französischen Behörden zuerst Geschichte und Organisation der Vorarlberger Landesverwaltung eingehend mündlich und schriftlich auseinandergesetzt werden.

Erste Sitzung der neugewählten Vorarlberger Landesregierung am 11. Dezember in Bregenz. Von links: Landesrat Eduard Ulmer, Landesrat Andreas Sprenger, Landesrat Adolf Vögel, Landesstatthalter Doktor Martin Schreiber, Landeshauptmann Ulrich Ilg, Landesrat Jakob Bertsch, Landesrat Hans Draxler, Landesamtsdirektor Dr. Meinhard Grabmayr, Regierungssekretär Dr. Elmar Grabherr.

In diesem Sinne arbeiteten in Bregenz unabhängig von der Aktion Dr. A. Enders die alten Politiker des Landes, ohne indes schon auf Personalfragen einzugehen.

Am 24. Mai 1945, 11.30 Uhr, genehmigte General de Hesdin, Kommandeur der vierten marokkanischen Gebirgsdivision, die Einsetzung eines Landesausschusses für Vorarlberg und bestätigte als Präsidenten den ehemaligen Staatssekretär Ulrich Ilg. Da die Militärregierung damals unter Capitaine de Lestrange ihren Sitz in Feldkirch hatte, mußte auch der Sitz der Landesregierung vorläufig in Feldkirch bleiben. Die erste Regierungssitzung wurde im Mehlbüro der Müllervereinigung abgehalten, das im Hause des kath. Gesellenvereines am Jahnplatz untergebracht war. Die Mitglieder des Landesausschusses waren damals: Ilg, Zerlauth, Vögel, Ed. Ulmer und Leissing von der Österreichischen Volkspartei und Nesler, Mayer und Bertsch von der Sozialistischen Partei.

Anfangs September des gleichen Jahres wurde der Präsident des Landesausschusses als Landeshauptmann bestätigt und der Landesausschuß in Landesregierung umbenannt*).

**) Am 15. Juni übersiedelte der Landesausschuß samt Landesverwaltung nach Bregenz, nachdem das ehemalige Landesregierungsgebäude in der Montfortstraße auf Veranlassung des französischen Militärkommandanten geräumt worden war. Damit war Bregenz wieder Landeshauptstadt. (Vgl. Löffler Bolka 1975, 144)*

Personenregister

Ortsregister

Literaturhinweise

Benutzte und weiterführende Literatur:

Ammann, Carl: Die Befreiungsaktion des Standschützen-Bataillons Feldkirch 1945. In: Vorarlberger Oberland 1/1984, S. 11—20.

Berkmann, Josef: Stehen geblieben. Vor vierzig Jahren, am 30. April 1945, überschritt die Erste französische Armee bei Hohenweiler die österreichische Grenze. In: Vorarlberger Volkskalender 1985, S. 85—89.

Bethouart, Emile-Marie: Die Schlacht um Österreich. Wien 1967.

Bregenz 1945. Zeitgeschichtliche Dokumentation des Archivs der Landeshauptstadt Bregenz, Bregenz 1970.

Frommelt, Hubert: In memoriam Georg Schelling. In: Vorarlberger Oberland 1/1982, S. 1—5.

Gschwend, Robert: Die letzten Tage des Zweiten Weltkrieges an der st.gallischen Rheingrenze. In: Unser Rheintal, 22/1965.

50 Jahre Marktgemeinde Hard. Bregenz 1955.

Haut-Commissariat de la Republique Francaise en Autriche (Hg.): Bulletin d'Information et de Documentation. Innsbruck 1947.

Küng, Heribert: Die Ostschweiz und das Ende des Zweiten Weltkriegs in Vorarlberg. In: Montfort 1972, S. 7—158.

Längle, Ernst: Altacher Chronik. Dornbirn 1983.

Lattre de Tassigny, Jean de: Histoire de la première armée francaise. Rhin et Danube, Paris 1949.

Löffler-Bolka, Dietlinde: Vorarlberg 1945. Das Kriegsende und der Wiederaufbau demokratischer Verhältnisse in Vorarlberg im Jahre 1945, Bregenz 1975.

Johann-August-Malin-Gesellschaft (Hg.): Von Herren und Menschen. Verfolgung und Widerstand in Vorarlberg 1933—1945, Bregenz 1985.

Minott, Rodney: Top Secret — Hitlers Alpenfestung. Tatsachenbericht über einen Mythos, Reinbek 1967.

Moser, Arnulf: Die Grenze im Krieg. Austauschaktionen für Kriegsgefangene und Internierte am Bodensee 1944/45, Konstanz 1985.

Pichler, Meinrad: Eine unbeschreibliche Vergangenheit. Die Vorarlberger Geschichtsschreibung und der Nationalsozialismus. In: Ders. (Hg.): Nachträge zur neueren Vorarlberger Landesgeschichte. Bregenz 1982, S. 191—206.

Pirker, Paul: Citadelle Bregenz. Bregenz 1946.

Raggenbass, Otto: Trotz Stacheldraht 1939—1945. Grenzland am Bodensee und Hochrhein in schwerer Zeit, Konstanz 1946.

Rauchensteiner, Manfred: Krieg in Österreich 1945. Wien 1970.

Ders.: Der Sonderfall. Die Besatzungszeit in Österreich 1945—1955, Graz 1979.

Rossiwall, Theo: Die letzten Tage. Die militärische Besetzung 1945, Wien 1969.

Rupp, Willi: Vor 40 Jahren endete die Naziherrschaft. Befreiung Vorarlbergs begann im Leiblachtal. In: Vorarlberger Nachrichten vom 12. 5. 1985.

Schmidt, Gerhard: Regimentsgeschichte des Panzer-Artillerie-Regimentes 73. Bremen o. J.

Stohs, Herbert: Die letzten Kriegstage im Reservelazarett Bregenz. In: Vorarlberger Nachrichten vom 24. 5. 1984.

Weiß, Hans: Verfolgung und Widerstand in Vorarlberg. In: profil 21/1985, S. 54—58.

Bildquellennachweis

Seite	
11	Stadtarchiv Bregenz
14	Stadtarchiv Bregenz
16	Theo Halbeisen, Bregenz
25	Emmerich Gmeiner, Bregenz
27	Anton Winsauer, Dornbirn
28	Karl Knill sen., Bregenz
29	Stadtarchiv Bregenz
32	Stadtarchiv Bregenz
35	oben, Stadtarchiv Bregenz
35	unten, Johann Melz, Bregenz
37	Stadtarchiv Bregenz
42	Stadtarchiv Bregenz
45	links, Gert Huber-Sannwald, Breg.
45	rechts, Hadwig Tarabochia, Breg.
50	Stadtarchiv Bregenz
56	Stadtarchiv Bregenz
58	Stadtarchiv Bregenz
59	Frieda Kopf, Bregenz
61	Etabl. Cinemat.
62	Etabl. Cinemat.
69	Etabl. Cinemat.
71	Stadtarchiv Bregenz
73	ORF, Wien
74	Etabl. Cinemat.
75	Etabl. Cinemat.
76	Stadtarchiv Bregenz
78	Stadtarchiv Bregenz
79	Karl Spieler, Bregenz
80	Karl Spieler, Bregenz
81	Karl Spieler, Bregenz
82	Stadtarchiv Bregenz
84	links, Fritz Renz, Bregenz
84	rechts, Dir. Hans Falch, Innsbruck
85	oben, Stadtarchiv Bregenz
85	unten, Dr. Grete Saiko, Bregenz
87	Foto Spang, Stadtarchiv Breg.
97	Stadtarchiv Bregenz
100	Stadtarchiv Bregenz
105	Stadtarchiv Bregenz
113	Stadtarchiv Bregenz
114	Stadtarchiv Bregenz
123	DMG

Seite	
133	oben, Stadtarchiv Bregenz
133	unten, Landesstraßenbauamt Feldkirch
136	Gemeindearchiv Rankweil
139	Landesstraßenbauamt Feldkirch
141	Stadtarchiv Feldkirch
149	links, Stadtarchiv Feldkirch
149	re., Vlbg. Landesbibliothek
152	Bahndirektion Buchs
153	Bahndirektion Buchs
169	Etabl. Cinemat.
170	Landesstraßenbauamt Feldkirch
175	Etabl. Cinemat.
179	Vlbg. Landesbibliothek
185	Etabl. Cinemat.
186	Etabl. Cinemat.
193	Etabl. Cinemat.
194	Foto Hegenbart, Bludenz
199	J. Mayerhofer, Langen a. A.
200	Etabl. Cinemat.
201	Etabl. Cinemat.
211	Vlbg. Illwerke AG
219	DMG
220	Dipl.-Ing. Hellensteiner, Dornbirn
223	Stadtarchiv Bregenz
229	Stadtarchiv Bregenz
234	P. Meusburger, Mittelberg
237	P. Meusburger, Mittelberg
238	P. Meusburger, Mittelberg
241	Stadtarchiv Bregenz
242	Stadtarchiv Bregenz
243	Stadtarchiv Bregenz
244	P. Meusburger, Mittelberg
246	P. Meusburger, Mittelberg
247	P. Meusburger, Mittelberg
248	Foto Kessler, Mittelberg
251	Stadtarchiv Bregenz
252	Stadtarchiv Bregenz
258	Ulrich Ilg, Dornbirn
259	Stadtarchiv Bregenz

Abkürzungen:
Etabl. Cinemat. = Etablissement Cinematographique des Armées, Fort d'Ivry, Ivry-sur-Seine, Frankreich
DMG = Dokumentensammlung der Johann-August-Malin-Gesellschaft, Bregenz